石漠化区典型苔藓植物水土保持功能研究

王 妍 陈秋帆 著

科学出版社
北 京

内 容 简 介

本书以云南省为研究对象，采取野外调查、室内控制和模型拟合相结合的方式，探析石漠化区典型生境中苔藓植物物种分布差异性及影响因素，筛选石漠化区典型苔藓物种，探究典型苔藓植物对干旱-复水的生理动态响应，进一步明晰苔藓植物的水土保持特征，研究结果可为典型苔藓植物在石漠化区发挥水土保持功能提供理论参考和技术支撑。本书不仅对西南岩溶石漠化地区常见苔藓植物的水土保持功能进行了评价，还对相关研究方法进行了探讨。

本书可供从事地质、农林、水利和环境保护等方面的科研人员及有关高等院校师生阅读参考。

图书在版编目(CIP)数据

石漠化区典型苔藓植物水土保持功能研究 / 王妍, 陈秋帆著. -- 北京 : 科学出版社, 2025. 6. -- ISBN 978-7-03-081926-0

Ⅰ. S157.9

中国国家版本馆 CIP 数据核字第 2025T5U750 号

责任编辑：刘　琳 / 责任校对：彭　映

责任印制：罗　科 / 封面设计：墨创文化

科学出版社出版

北京东黄城根北街16号

邮政编码：100717

http://www.sciencep.com

成都锦瑞印刷有限责任公司 印刷

科学出版社发行　各地新华书店经销

*

2025年6月第　一　版　　开本：787×1092　1/16

2025年6月第一次印刷　　印张：12

字数：300 000

定价：148.00 元

（如有印装质量问题，我社负责调换）

前　言

我国西南喀斯特地区是全球三大喀斯特集中分布区中连片裸露碳酸盐岩面积最大、岩溶发育最强烈的地区之一。截至2016年底，我国石漠化土地总面积为1007万hm^2，占岩溶面积的22.3%。石漠化分布广泛且较为严重的区域集中在我国的西南地区，其中排名前三的省份依次是贵州省、云南省和广西壮族自治区，石漠化面积分别为247万hm^2、235.2万hm^2和153.3万hm^2。喀斯特生态环境因特殊的土层结构、土地质量、土壤肥力等特征，以及水土资源空间分布的差异性，所以其生态系统敏感度高、抗干扰能力弱、稳定性差，从而引发石漠化等一系列生态问题。治理石漠化的核心是解决植被-水-土三者相互协调的问题，石漠化恢复区植被研究主要集中在乔、灌、草三类，而对苔藓植物的水土保持功能的探讨较为少见，系统研究更为稀缺。因此，探讨石漠化区苔藓植物的水土保持功能，进而研究其在生态修复中的应用，具有一定的理论和实践意义。

全书共分为9章，由王妍和陈秋帆共同完成。第1章西南石漠化区常见修复物种与土壤养分特征，通过文献分析法摸清我国西南五省份(云南、广西、四川、贵州、重庆)石漠化区常见的修复物种种类及五省份林下修复后的土壤养分特征。第2章常见苔藓植物及功能研究，通过文献综述法得到石漠化区苔藓植物及功能研究进展，寻找目前研究存在的空白区域。第3章滇中高原石漠化区苔藓植物分布及影响因素，采用野外调查法和室内分析法相结合的方式，调查不同生境中苔藓植物物种的分布情况并进行典型苔藓植物的筛选，同时探索滇中高原苔藓植物分布的影响因素。第4章干旱-复水对典型苔藓植物生理生化特征的影响，采用室内控制试验法探究苔藓植物生理生化指标对干旱-复水的动态响应，研究典型苔藓植物的耐旱机理。第5章典型苔藓植物对土壤生理化指标和抗冲刷性的影响，采用室内模拟控制试验法，分析苔藓植物短期生长对土壤生理化性质变化的影响和苔藓植物土壤抗冲刷试验。第6章典型苔藓植物对土壤水分蒸发的影响，通过室内模拟苔藓植物土壤水分蒸发试验，深入了解苔藓植物生物学特性和土壤性质与土壤水分蒸发的关系。第7章典型苔藓植物强降水后土壤水分入渗特征及模拟，通过开展苔藓植物覆盖处理的一维土柱水分入渗过程室内试验，探索表层覆盖苔藓植物对土壤水分入渗产生的影响。第8章基于熵权法TOPSIS模型评价苔藓植物的水土保持功能。第9章秸秆混掺对石漠化地区苔藓发育的影响，重点研究秸秆混掺对苔藓发育及土壤养分分布的影响。

衷心感谢各位专家、学者和课题组全体成员对本书研究内容的帮助！同时，笔者向本书所引用的参考文献的所有作者致以诚挚的谢意！由于作者水平有限，书中难免出现疏漏之处，恳请读者批评指正。

目　　录

绪　　论

喀斯特石漠化(karst rocky desertification)是指在亚热带脆弱喀斯特环境条件下，不合理的人类活动导致水土流失严重、岩石大面积裸露的土地退化过程[1]。石漠化的本质是土地生产力的退化，原生地质环境的脆弱性是石漠化发生的基础，强烈的人类活动是主要驱动力[2]。截至 2016 年底，我国石漠化土地总面积为 1007 万 hm^2，占岩溶面积的 22.3%。石漠化分布广泛且较为严重的区域位于我国的西南地区；其中，排名前三的省份依次是贵州省、云南省和广西壮族自治区，石漠化面积分别为 247 万 hm^2、235.2 万 hm^2 和 153.3 万 hm^2。导致石漠化形成的原因，一方面是青藏运动挤压地块形成了高差悬殊的地势结构，为石漠化区发生水土流失提供了驱动力；另一方面，人为不合理的干扰是石漠化发展的主导因素，人为破坏导致植被演替呈逆向发展，土壤生态系统退化，物种结构呈单一化发展趋势，水土流失严重，生态环境脆弱，区域持续性发展能力减弱。

石漠化是西南岩溶地区的灾害之源，严重制约着石漠化地区的经济社会发展[3,4]。党中央和国务院对石漠化区域生态环境问题高度关注，2008 年国务院批复了《岩溶地区石漠化综合治理规划大纲(2006—2015 年)》。2012 年 7 月 7 日，习近平总书记批示：“石漠化是生态建设方面的严重问题，石漠化地区扶贫任务也很重。积极采取科学有效的措施，不断加大防治力度。”同年 6 月 28 日，李克强总理也作出批示：“要巩固石漠化综合治理成果，结合重点生态工程建设，扩大防治覆盖面[5,6]。”党的十八大将生态文明建设纳入中国特色社会主义事业“五位一体”总体布局，强调了全面加强生态文明建设对社会、人类发展的重要性，系统谋划生态文明体制改革，明确提出“要实施重大生态修复工程，增强生态产品生产能力，推进荒漠化、石漠化、水土流失综合治理”，为继续推进石漠化治理提供了行动指南。2016 年，国家发展改革委会同有关部门联合印发《岩溶地区石漠化综合治理工程“十三五”建设规划》，其中明确提出石漠化治理基本理念是绿色发展，坚持保护优先、自然修复为主[7]。党的十九大报告中明确提出推进荒漠化、石漠化、水土流失综合治理；2021 年 3 月第十三届全国人民代表大会第四次会议表决通过《中华人民共和国国民经济和社会发展第十四个五年规划和 2035 年远景目标纲要》，其中明确提出：科学推进水土流失和荒漠化、石漠化综合治理，开展大规模国土绿化行动，推行林长制；坚持山水林田湖草系统治理，着力提高生态系统自我修复能力和稳定性，守住自然生态安全边界，促进自然生态系统质量整体改善[8]。2022 年 1 月，《国务院关于支持贵州在新时代西部大开发上闯新路的意见》(国发〔2022〕2 号)中指出：科学推进岩溶地区石漠化、水土流失综合治理，支持苗岭、武陵山区、赤水河流域等一体化保护修复[9]。在巩固前期建设成果基础上，为了科学精准推进石漠化区综合治理，我国建立了多层次、多目标、多功能的立体生态恢复体系，使石漠化治理走上可持续发展之路。

石漠化区苔藓植物特征及功能的研究较少。随着石漠化治理进程的加速，西南地区探索出诸多植被恢复模式以解决水土流失问题，主要依赖乔木、灌木和草本植物。然而，仍需进一步优化物种配置结构，提高物种多样性以增强生态系统稳定性。苔藓植物具有耐旱、耐干扰、石生等特点，已成为石漠化区的先锋植物，扮演初级生产者角色，为草本植物和灌木的出现奠定了物质基础。已有研究表明，在喀斯特石漠化地区，苔藓植物通常与藻类、细菌、真菌和根际细颗粒共存于裸露的岩石上，形成苔藓结皮。苔藓结皮不仅具有独特的生态功能，而且具有高生物量和明显的生态效应，在退化生态系统的恢复和重建中发挥着不可替代的作用。在喀斯特石漠化地区，其生态功能包括：①加速破碎岩石的崩解；②通过吸收大气中的水分、尘埃颗粒和营养物质来增加岩石表面的保水性和肥力；③通过释放 CO_2、有机酸和碳酸酐酶促进矿物分解和土壤形成；④平衡土壤的酸碱度，改善土壤的理化性质，为其他物种的入侵和定居创造条件；⑤影响微生物群落组成及其生长繁殖[10-12]。

苔藓作为表层覆盖物，其空间异质性强，种类繁多。滇中高原石漠化区域地形复杂、气候多样，决定了云南石漠化区苔藓植物的多样性。然而，针对滇中高原石漠化区苔藓植物的研究相对有限，对云南锅盖山区、罗平县、昆明西山区等单一地区苔藓植物群落的研究较多，并对部分苔藓物种与保水、抗侵蚀、土壤酶活性、土壤形成的关系进行了初步研究。苔藓植物的最佳物种选择、苔藓植物与微生物的共生关系、人工培养技术等尚未引起研究人员足够的重视；集中于单一石漠化类型或采样点的研究无法揭示整个地区苔藓植物物种组成的变化。因此，对不同石漠化地区苔藓植物多样性的调查是进一步利用优势苔藓植物的必要前提。云南石林县郊区不同生境中苔藓物种种类分布及其与生态因子的关系未知；有必要在该区域不同典型生境中调查苔藓植物多样性，分析特定区域中苔藓植物分布特征及与环境之间的关系。同时，滇中高原石漠化区的优势苔藓植物如何应对干旱，尤其在干旱-复水条件下的生理应激状态，值得深入研究。苔藓生物结皮在荒漠化生境中对土壤物理、化学、生物过程以及土壤水文、侵蚀过程发挥着重要作用。目前，关于苔藓植物在石漠化区水土保持功能的研究较少，且内容较为单一，尚未形成系统的研究成果。生物结皮发育的中后期，苔藓是重要的储碳生物，有助于提高土壤肥力、土壤稳定性和控制径流量[13]。与裸露土壤相比，中国黄土高原的生物结皮苔藓可使径流量减少 30%以上，沉积物产量减少 80%以上[14]。由于苔藓与蓝藻的共生关系，接种苔藓可以显著增加土壤 C 和 N 含量[15]。此外，苔藓生物结皮的形成使得土壤表面具有更高的水分吸附率，因此比其他类型的生物结皮具有更高的水分入渗率。根据一份报告，耐干燥苔藓可以吸附高达其干质量 1400%的水分[16]。这一特征有助于减轻干旱环境中因缺水而产生的压力，而缺水是阻碍土地恢复的一个因素，苔藓的存在也被认为有助于植物在干旱生态系统中生存。因此，有必要对特定苔藓植物的水土保持功能进行综合评价，为石漠化区苔藓植物的有效利用提供依据。

植被修复技术是促进石漠化区生态恢复的重点方法，其中先锋植物——苔藓的水土保持功能综合分析，将为其在生态恢复中的应用提供基础数据。首先，研究苔藓植物的分布及影响因素，了解 4 类不同生境中的苔藓植物特征及差异性，深入分析不同环境因子对苔藓物种分布的影响，为进一步研究苔藓植物种群的适应进化奠定基础。其次，临时性干旱会对苔藓植物生长造成强烈的影响，但这些微小的苔藓植物在石漠化区的生长繁殖过程中，已形成一套应对恶劣生境的适应性机制，包括形态结构特征的适应性、生理生态的适应性以及遗传机制的适应性。因此，研究苔藓植物在干旱-复水下的生理生化动态响应特征，为明确苔藓植物对石漠化生态环境的适应性机制提供依据，进而有助于找到科学合理的发展石漠化区苔藓植物的技术，同时可为苔藓生物多样性的保护，尤其是濒危物种的保护提供基础。再次，喀斯特地区形成了大面积的人工林，显著增加了喀斯特地区植被覆盖度和生物量，人工林对改善石漠化区恶劣的生态环境发挥着重要的水土保持作用，但是人工林树种相对单一，生物多样性保育功能低下，病虫害发生率增加，也受喀斯特区土层浅薄、土壤总量有限、矿质养分不足的制约，难以持续。而苔藓植物作为先锋植物，具有蓄水保土、改善土壤理化性质、防风固沙等生态效益；另外，苔藓植物发挥生理生长特性在一定程度上可以为石漠化区其他物种的生长提供基础物质条件。综合评价典型苔藓植物在石漠化区的水土保持功能，将为苔藓植物应用到石漠化治理中提供理论和实践意义；进一步优化石漠化治理物种的群落配置，发挥不同植被的生态修复效益以促进石漠化生态系统恢复，将为我国西南喀斯特地区石漠化精准治理提供数据支撑。

本书采取野外调查、室内控制和模型拟合相结合的方式，探析石漠化区典型生境中苔藓植物物种分布差异性及影响因素，筛选石漠化区典型苔藓物种，探究典型苔藓植物对干旱-复水的生理生化动态响应，进一步明晰苔藓植物的水土保持特征。滇中高原石漠化的石林县郊区，小石藓(*Weissia controversa*)、大灰藓(*Hypnum plumaeforme*)、牛舌藓(*Anomodon viticulosus*)、蕊形真藓(*Bryum coronatum*)分别是灌丛地、林地、裸岩地、耕地中重要值和生态位最大的物种，表明这 4 种苔藓对生境资源的竞争力更强。影响苔藓植物差异性的主要因素有共生植被物种数量、土壤含水率、全钾(total potassium，TK)和全磷(total phosphorus，TP)等，它们与苔藓植物分布呈正相关。4 种典型苔藓植物在干旱-复水过程中其生理生化响应有共性也有差别。本书采用隶属函数值法综合评价 4 种苔藓植物的耐旱性，得到牛舌藓耐旱能力最强，大灰藓耐旱能力最弱，这与苔藓植物野外生境有关。通过 6 个月的苔藓植物培育发现，与裸土组对比，4 种苔藓植物均能显著提高土壤中碱性磷酸酶(alkaline phosphatase，ALP)、脱氢酶(dehydrogenase，DH)、蔗糖酶(sucrase，IN①)、脲酶(urease，URE)的活性($p<0.05$)。综合分析得到，牛舌藓在短时间内改良土壤生理化指标的效果较其他 3 种苔藓植物更佳。4 种苔藓植物短期生长均能提高土壤抗冲刷的能力，大灰藓和蕊形真藓抗冲刷能力较其他 2 种苔藓植物更强。抗冲刷能力与苔藓植物假根密度(rhizoid density，RD)、苔藓地上表面积生物量(aboveground surface area-based biomass of mosses，ASA-BOM)、假根根长密度(rhizoid length density，RLD)、饱和吸水率(saturated water retention，SWR)、糙率(roughness coefficient，RC)呈显著正相关($p<0.05$)，与土壤 IN 呈显著负相关($p<0.05$)。通过苔藓培育控制试验探析苔藓植物对土壤水分蒸发的影响发现，与裸土组对比，4 种苔藓植物能促进土体水分蒸发。土壤水分累积蒸发量与土壤效应呈负相关，与苔藓植物效应呈正相关；苔藓植物效应与 RD、SWR 和 RC 呈显著负相关($p<0.05$)；土壤效应与 URE 和 ALP 呈显著正相关($p<0.05$)。通过模拟短时强降水苔藓植物覆盖土壤

① 蔗糖酶又称转化酶(invertase)。

水分入渗试验，得到表层覆盖 4 种苔藓植物后土壤水分初始入渗速率、稳定入渗速率、平均入渗速率和累积入渗量均大于裸土，表明其促进了水分的入渗。促进水分入渗的原因是：阻碍土壤表层产生物理结皮以保护孔隙率不被减小、增强水分渗透的效应，大于苔藓植物层截留阻碍水分入渗效应。经典的霍顿(Horton)入渗模型更适合模拟苔藓植物土壤水分入渗过程，而裸土水分入渗则采用菲利普(Philip)入渗模型效果更好，若精度要求不高且为了简便则可以采用基于辛格(Singh)熵入渗方程的考斯加科夫(E-Kostiakov)入渗模型。最后，选取苔藓植物的饱和吸水率(SWR)和蒸腾速率(transpiration rate，TR)、苔藓植物土壤的累积蒸发量(cumulative evaporation，CE)、累积入渗量(cumulative infiltration，CI)、抗冲刷能力(anti-scour ability，ASA)，以及苔藓植物改良土壤养分(improved soil nutrient，ISN)即改良土壤生理生化指标等 6 类指标，利用熵权法 TOPSIS①模型综合评价 4 种苔藓植物在石漠化区的保水固土功能。评价结果表明，牛舌藓和大灰藓在石漠化区的水土保持功能较优，研究结果为苔藓植物在石漠化区的进一步运用奠定了基础。

① TOPSIS 指 technique for order preference by similarity to ideal solution，即理想解相似度排序法。

第1章　西南石漠化区常见修复物种与土壤养分特征

1.1　石漠化区常见修复物种

西南石漠化区在实施植被修复与保护过程中，涉及的修复物种繁多。为了深入分析先锋植物——苔藓目前在石漠化区植被修复中的运用情况，采用文献分析法(检索到的目标文献详见附录)，以省份为区域尺度分析石漠化修复区物种特征，并以此为基础，总结植被的水土保持功能特征。通过总结分析前人研究成果，为之后更精准地实施石漠化治理提供数据支撑。石漠化治理的关键是解决岩溶环境中水-土-植被不协调的问题[17]。在国家石漠化治理规划大纲中明确提出，植被修复是我国石漠化治理的三大工程之一。目前，我国石漠化植被修复技术的运用，基于因地制宜和适地适树的原则，以发挥生态效益优先，提升单位面积生态系统服务功能，兼顾社会效益和经济效益。石漠化植被恢复工作囊括了封山育林、植树种草、退耕还林还草、天然林保护工程、乔灌草立体生态林和营造人工林等植被生态修复措施，开展了石漠化适生植被物种筛选与培育、人工诱导栽培、耐旱植被群等研究，部分改善了生态系统水热资源得不到充分利用的现状和生态系统稳定性差的问题，以期修复和重建遭破坏的自然生态系统，使其逐渐发挥效益。

1.1.1　常见乔木树种

贵州省的花椒(*Zanthoxylum bungeanum* Maxim.)、桃(*Prunus persica* L.)、构(*Broussonetia papyrifera*)、化香树(*Platycarya strobilacea* Sieb.et Zucc.)、香椿[*Toona sinensis*(A. Juss.) Roem.]等是石漠化植被修复的热点物种，文献统计中所占比重分别为14.6%、7.6%、6.5%、6.3%、6.1%。云南省的云南松(*Pinus yunnanensis* Franch.)、墨西哥柏木(*Hesperocyparis lusitanica*(Mill.) Bartel)、花椒(*Z. bungeanum* Maxim.)、华山松(*Pinus armandi* Franch.)、西藏柏木(*Cupressus torulosa* D.Don)等是石漠化植被修复的热点物种，文献统计中所占比重分别为11.3%、10.7%、8.9%、6.5%、5.4%。广西壮族自治区的任豆(*Zenia insignis* Chun.)、青冈(*Quercus glauca* Thunb.)、青檀(*Pteroceltis tatarinowii* Maxim.)、香椿[*Toona sinensis*(A. Juss.) Roem.]、吊丝竹[*Dendrocalamus minor*(McClure) L. C. Chia et H. L. Fung]等是石漠化植被修复的热点物种，文献统计中所占比重分别为16.8%、9.7%、9.0%、6.8%、5.4%。湖南省的枫香树(*Liquidambar formosana* Hance)、侧柏[*Platycladus orientalis*(L.) Franco.]、白栎(*Quercus fabri* Hance)、麻栎(*Quercus acutissima* Carruth.)、柏木(*Cupressus funebris* Endl.)等

是石漠化植被修复的主要物种，文献统计中所占比重分别为9.7%、5.6%、5.6%、5.6%、5.6%。重庆市的杏(*Prunus armeniaca* L.)、桑(*Morus alba* L.)、樟[*Camphora officinarum* Nees]、乌桕[*Triadica sebifera*(L.)Small]、柏木(*C. funebris* Endl.)等是石漠化植被修复的主要物种，文献统计中所占比重分别为9.0%、7.7%、6.4%、6.4%、10.3%(图1-1)。

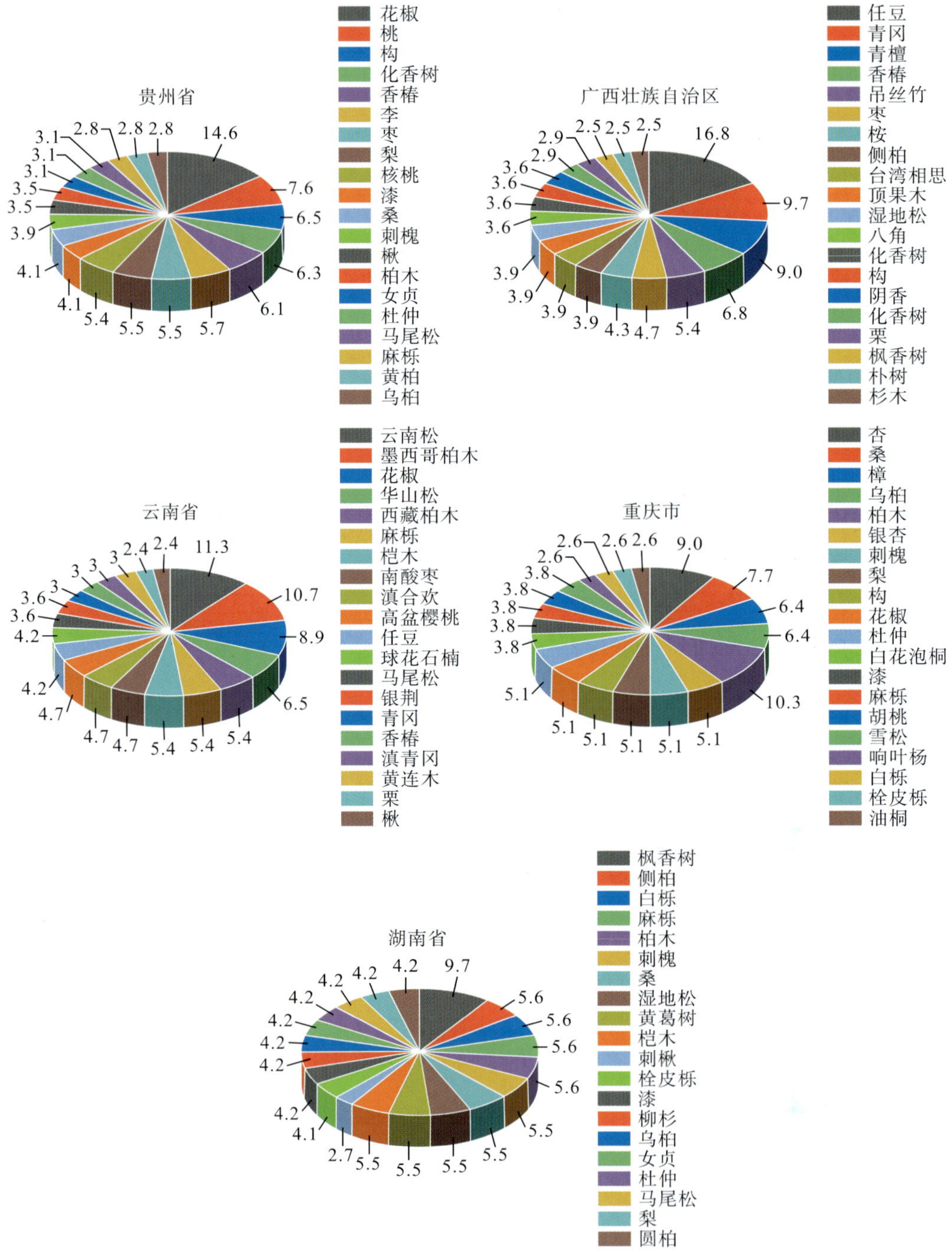

图1-1 五省份石漠化修复区热点乔木物种分布占比(%)

注：若总和不为100%是数据在计算过程中四舍五入造成的误差，后同

1.1.2　常见灌木物种

贵州省植被修复区热点灌木丛占比从大到小排序为忍冬(*Lonicera japonica* Thunb.)、火棘[*Pyracantha fortuneana*(Maxim.) Li]、刺梨(*Ribes burejense* Fr. Schmidt.)、冬青叶鼠刺(*Itea ilicifolia* Oliv.)、栾(*Koelreuteria paniculata* Laxm.)等，文献统计中所占比重分别为 29.1%、17.9%、9.9%、7.9%、7.3%。云南省植被修复区灌木丛占比从大到小排序为忍冬(*L. japonica* Thunb.)、麻栎(*Quercus acutissima* Carruth.)、车桑子[*Dodonaea viscosa* (L.) Jacq.]、火棘[*P. fortuneana*(Maxim.) Li]、银合欢[*Leucaena leucocephala*(Lam.) de Wit]等，文献统计中所占比重分别为 23.2%、21.4%、17.9%、8.9%、8.9%。广西壮族自治区植被修复区热点灌木丛占比从大到小排序为黄荆(*Vitex negundo* L.)、红背山麻秆[*Alchornea trewioides*(Benth.) Müll. Arg.]、酸枣[*Ziziphus jujuba* var. *spinosa*(Bunge)]、忍冬(*Lonicera japonica* Thunb.)、木豆[*Cajanus cajan*(Linn.) Mill sp.]等，文献统计中所占比重分别为 23.3%、17.5%、10.7%、9.7%、9.7%。重庆市植被修复区灌木丛占比从大到小排序为忍冬(*L.japonica* Thunb.)、火棘[*P. fortuneana*(Maxim.) Li]、紫穗槐(*Amorpha fruticosa* Linn.)、刺梨(*R. burejense* Fr. Schmidt)、黄花槐(*Sophora xanthantha* C. Y. Ma)等，文献统计中所占比重分别为 50.0%、18.2%、13.6%、9.1%、4.5%。湖南省植被修复区灌木丛占比从大到小排序为杜鹃(*Rhododendron simsii* Planch.)、火棘[*P. fortuneana* (Maxim.) Li]、忍冬(*L. japonica* Thunb.)、刺梨(*R. burejense* Fr. Schmidt.)、紫穗槐(*A. fruticosa* Linn.)等，文献统计中所占比重分别为 26.1%、17.4%、13.0%、13.0%、13.0%(图 1-2)。

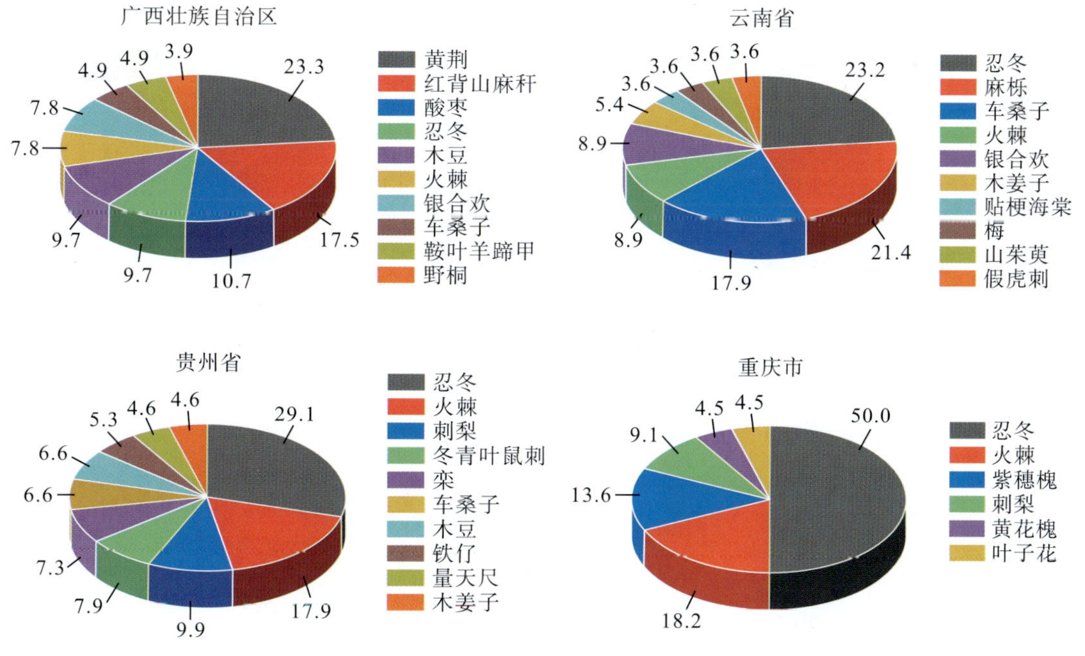

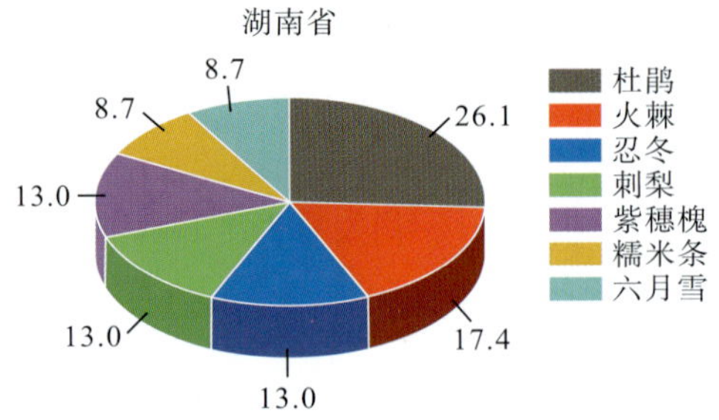

图 1-2　五省份石漠化修复区热点灌木物种分布占比(%)

1.1.3　常见草本物种

贵州省植被修复区热点草本植物主要有芒(*Miscanthus sinensis* Anderss.)、姜(*Zingiber officinale* Rosc.)、砂仁(*Amomum villosum* Lour.)等，文献统计中所占比重分别为 20.7%、13.8%、12.6%。广西壮族自治区草本植物修复区主要有类芦[*Neyraudia reynaudiana* (Kunth) Keng ex Hitchc.]、白茅[*Imperata cylindrica* (L.) Beauv.]、菖蒲(*Acorus calamus* L.)等，文献统计中所占比重分别为 14.5%、14.5%、9.7%。云南省草本植物修复区主要有白车轴草(*Trifolium repens* L.)、黑麦草(*Lolium perenne L.*)、百脉根(*Lotus corniculatus* L.)等，文献统计中所占比重分别为 26.5%、8.8%、8.8%。重庆市草本植物修复区主要有南天竹(*Nandina domestica* Thunb.)、白茅[*I. cylindrica* (L.) Beauv.]、中华猕猴桃(*Actinidia chinensis* Planch.)等，文献统计中所占比重分别为 12.5%、8.3%、8.3%。湖南省草本植物修复区主要有牡荆[*Vitex negundo* L. var. *cannabifolia* (Sieb. et Zucc.)]、芒(*M. sinensis* Anderss.)、野菊(*Chrysanthemum indicum* L.)等，文献统计中所占比重分别为 25.0%、16.7%、12.5% (图 1-3)。

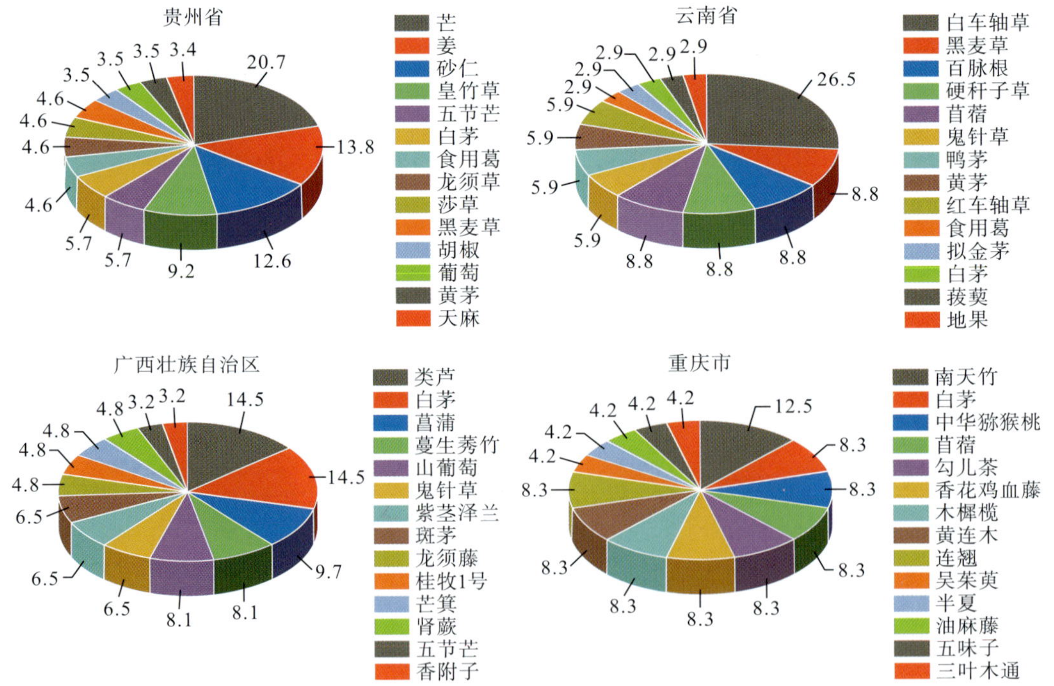

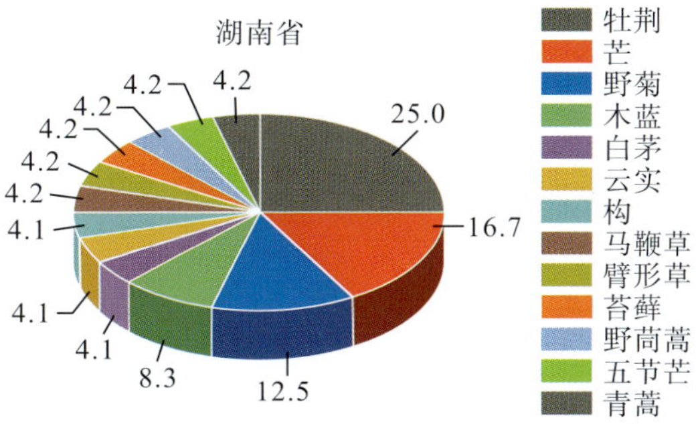

图 1-3　五省份石漠化修复区热点草本物种分布占比(%)

1.1.4　常见热点修复物种

湖南省、贵州省、广西壮族自治区、云南省、重庆市共有热点乔木植被修复物种 9 种，云南省和贵州省共有 12 种，贵州省和广西壮族自治区共有 12 种，湖南省、贵州省、云南省、重庆市共有 7 种，贵州省、广西壮族自治区、云南省、重庆市共有 7 种，贵州省、广西壮族自治区、云南省共有 6 种(图 1-4)。

贵州省、广西壮族自治区、云南省、重庆市、湖南省五个省份共有热点灌木植被修复物种 3 种，贵州省和广西壮族自治区共有 5 种，云南省和贵州省共有 2 种，重庆市和广西壮族自治区共有 2 种，云南省和广西壮族自治区共有 2 种(图 1-4)。

湖南省、重庆市、贵州省、广西壮族自治区共有热点草本植被修复物种 1 种，云南省和广西壮族自治区共有 3 种，云南省和贵州省共有 3 种，贵州省和广西壮族自治区共有 7 种(图 1-4)。

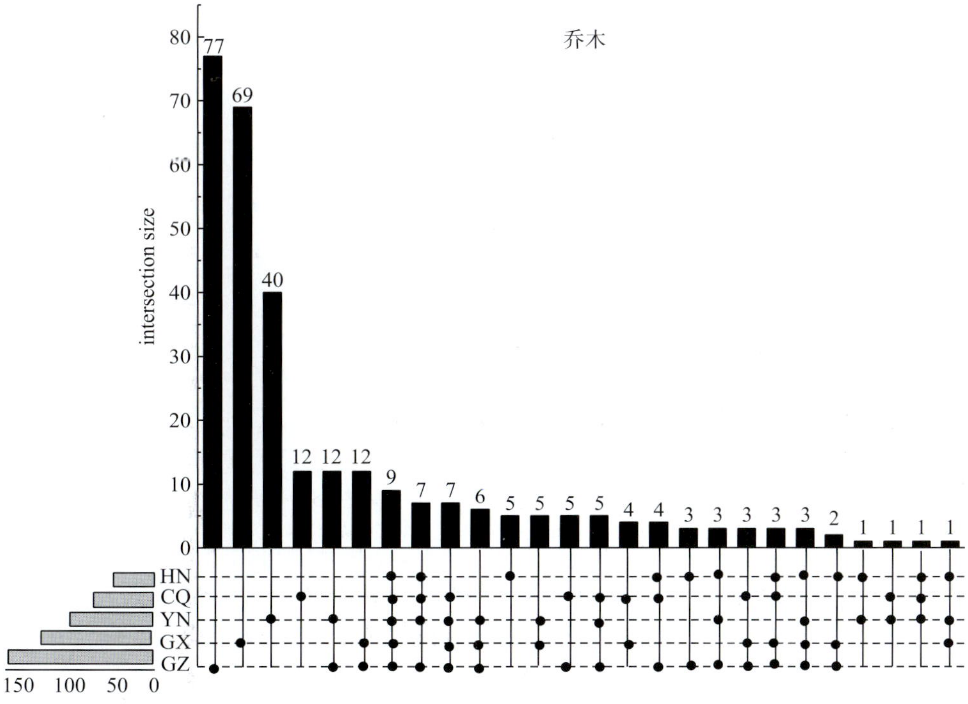

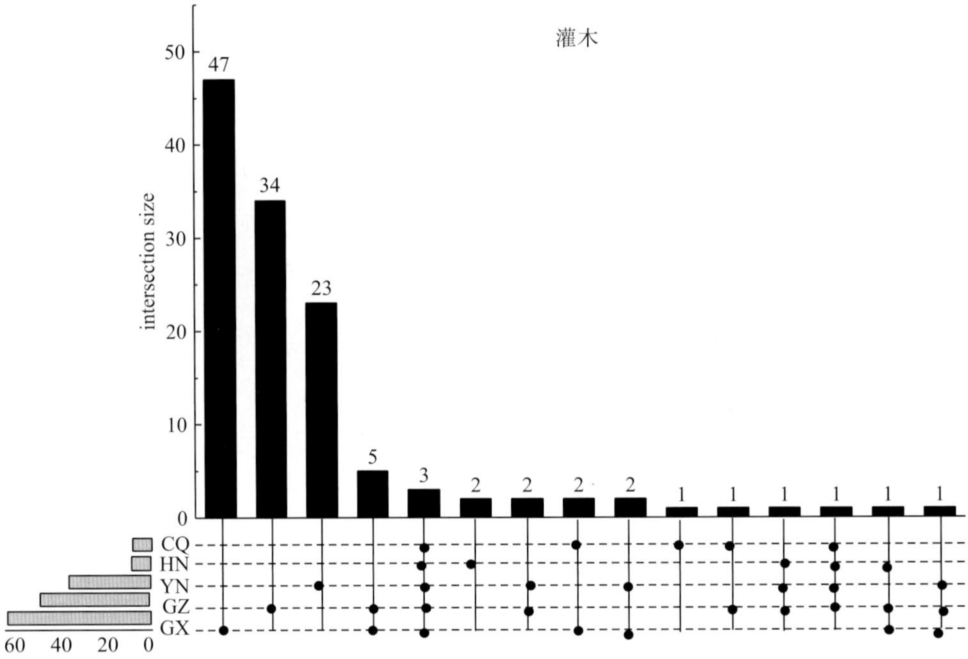

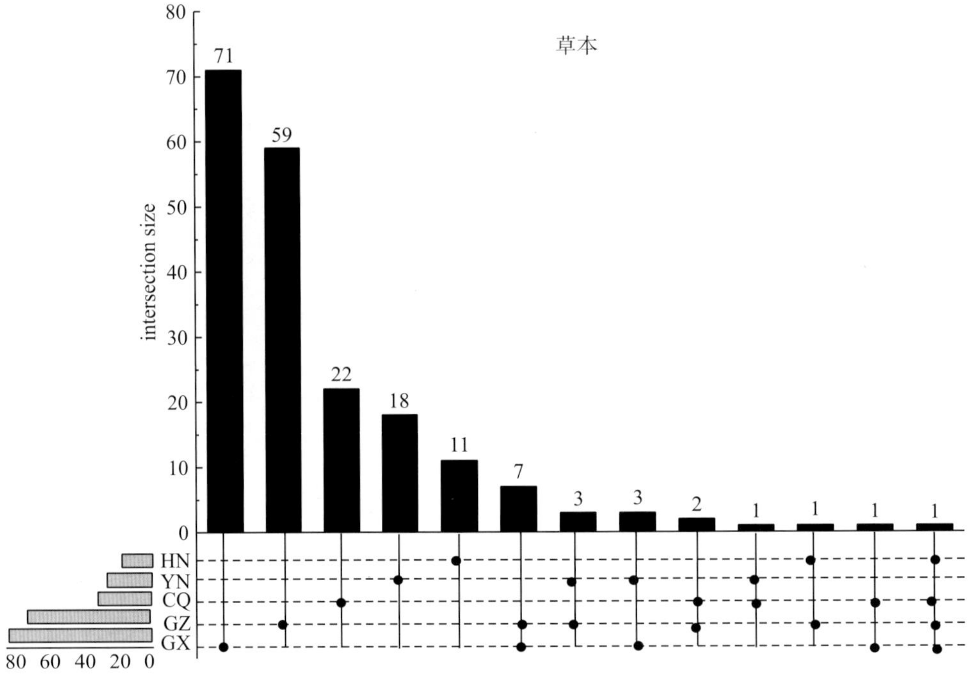

图 1-4 五省份石漠化修复区热点乔木、灌木和草本物种种类集合交集图

注：intersection size 表示交集的数据集；CQ-重庆市，HN-湖南省，YN-云南省，GZ-贵州省，GX-广西壮族自治区

五省份共有的热点修复物种乔木包括樟[*C. camphora* (L.) Nees]、白栎(*Q. fabri* Hance)、枣(*Ziziphus jujuba* Mill.)、桑(*Morus alba* L.)、梨(*Pyrus* spp.)(表 1-1)，这些物种根系发达，适应于喀斯特石漠化地区土壤瘠薄、矿质养分不足、保水能力差等生境，在石漠化区除了能发挥生态修复效益外，还兼顾经济效益。

表 1-1　石漠化修复区五省份共有热点乔木物种(部分优势物种)

贵州	广西	云南	重庆	湖南	优良乔木种
TRUE	TRUE	TRUE	TRUE	TRUE	樟-ES[*C. camphora* Nees]、白栎(*Q. fabri* Hance)、枣-ES(*Ziziphus jujuba* Mill.)、桑-ES(*Morus alba* L.)、梨-ES(*Pyrus* spp.)
TRUE	FALSE	TRUE	TRUE	TRUE	青冈-ES(*Q. glauca* Thunb.)、漆-ES[*Toxicodendron vernicifluum* (Stokes) F. A. Barkl.]、麻栎-ES(*Q. acutissima*)、乌桕-ES[*S. sebiferum* (L.) Roxb.]
TRUE	TRUE	TRUE	TRUE	FALSE	无患子(*Sapindus mukorossi* Gaertn.)、栗-ES(*Castanea mollissima* Bl.)、李-ES(*Prunus salicina* Lindl.)、胡桃-ES(*Juglans regia* L.)、香椿-ES[*T. sinensis* (A. Juss.) Roem.]、构-ES(*B. papyrifera*)、花椒-ES(*Z. bungeanum* Maxim.)
TRUE	TRUE	TRUE	FALSE	FALSE	吊丝竹[*Dendrocalamus minor* (McClure) L. C. Chia et H. L. Fung]、桉-ES(*Eucalyptus* spp.)、任豆(*Z. insignis* Chun.)、喜树-ES(*Camptotheca acuminata*)、楸(*Catalpa bungei* C. A. Mey.)
TRUE	FALSE	TRUE	TRUE	FALSE	银杏-ES(*Ginkgo biloba* L.)
TRUE	TRUE	FALSE	TRUE	TRUE	侧柏-ES[*P. orientalis* (L.) Franco.]、柏木(*C. funebris* Endl.)
TRUE	FALSE	TRUE	FALSE	TRUE	西藏柏木(*Cupressus torulosa* D. Don)
TRUE	TRUE	TRUE	FALSE	TRUE	南酸枣-ES[*Choerospondias axillaris* (Roxb.) Burtt et Hill.]
TRUE	TRUE	FALSE	TRUE	FALSE	青冈-ES(*Q. glauca* Thunb.)、柏木-ES(*Cupressus funebris* Endl.)
TRUE	TRUE	FALSE	FALSE	TRUE	枫香树-ES(*Liquidambar formosana* Hance.)
FALSE	FALSE	TRUE	TRUE	TRUE	桤木-ES(*Alnus cremastogyne* Burk.)

注：a.经济物种-economic species(缩写 ES)，花卉-flowers and plants(缩写 FP)；b.TURE 代表物种出现在该省份，FALSE 代表物种未出现在该省份；c.物种同时出现在三个省份以下未列出；后同。

五省份共有的热点修复物种灌木包括忍冬(*L. japonica* Thunb.)、刺梨(*R. burejense* Fr. Schmidt.)、火棘[*P. fortuneana* (Maxim.) Li](表 1-2)；这些物种发挥生态效益的同时兼顾经济效益，前人研究表明忍冬的适应性很强，对土壤和气候的选择并不严格。刺梨适应性强，耐寒，耐旱，耐盐碱，耐水湿，在沙土、黄土、重盐碱土上都可生长，生态适应幅度大，耐寒力极强。火棘喜强光，耐贫瘠，抗干旱，耐寒，对土壤要求不严[18]。

表 1-2　石漠化修复区五省份共有热点灌木物种

贵州	广西	云南	重庆	湖南	优良灌木
TRUE	TRUE	TRUE	TRUE	TRUE	忍冬-ES(*L. japonica* Thunb.)、刺梨-ES(*R. burejense* Fr. Schmidt.)、火棘-ES-FP[*P. fortuneana* (Maxim.) Li]
TRUE	FALSE	TRUE	TRUE	TRUE	紫穗槐-ES(*A. fruticosa* Linn.)
TRUE	TRUE	TRUE	FALSE	FALSE	车桑子[*D. Viscosa* (L.) Jacq.]

四省份(除云南外)共有的热点修复植被物种草本植物为白茅[*I. cylindrica*(L.) Beauv.](表 1-3)。该物种喜光，稍耐阴，耐水淹，耐干旱，在各种土壤上均可生长；竞争扩展能力极强，根风干后，埋入土壤仍能成活，属于顽固型杂草[19]。

表 1-3 石漠化修复区五省份共有热点草本物种

贵州	广西	云南	重庆	湖南	优良草本
TRUE	TRUE	FALSE	TRUE	TRUE	白茅[*I. cylindrica*(L.) Beauv.]
FALSE	FALSE	TRUE	TRUE	FALSE	苜蓿-ES-EP(*Medicago sativa* L.)

总之，五省份石漠化区植被修复有共同的热点物种，这些热点物种的运用与目前石漠化治理的总体思路保持一致，即瞄准喀斯特高原石漠化综合治理与生态衍生产业发展的关键科学问题，紧紧围绕石漠化环境基础理论研究—关键技术研发—生态产业模式集成与辐射推广这一主线，通过多学科、跨领域交叉融合，宏观与微观多尺度结合，多方位、多角度探索石漠化区生态修复技术，植被是解决这一科学问题的关键介质。广西壮族自治区积极推广石漠化治理林业建设“六字方针——封、造、退、管、沼、补”，通过在石漠化区实施封山育林、人工造林、退耕还林、林木管护、建沼气池、生态补偿等措施，建立了100 多个治理示范点，辐射带动治理工作全面推进[20,21]。云南省基本形成了石漠化综合治理的 3 种模式：以生态恢复为主的治理模式、生态建设与产业发展兼顾的治理模式、综合治理模式[22]。贵州省充分挖掘不同区位特色优势资源，构建合理的生态恢复布局，根据山区坡面垂直分异带特性，建立了以植被修复为主的立体生态产业，推行“山顶戴帽子(植树造林)—山腰拴带子(经果林)—山脚铺毯子(生态农业)”模式，实现了石漠化植被立体修复模式的新进程[23,24]。

随着植被恢复技术的提升，高效特色林业产业的路子已经在石漠化治理中得以运用，各地探索出多种混交造林、林果和中草药生态林等模式，例如，复羽叶栾(*Koelreuteria bipinnata* Franch.)、山胡椒(*Lindera glauca*(Siebold et Zucc.) Blume)等生态效益高的次生林；中华猕猴桃(*Actinidia chinensis* Planch.)、刺梨(*R. burejense* Fr. Schmidt.)、忍冬(*L. japonica* Thunb.)、花椒(*Z. bungeanum* Maxim.)等经果林；天麻(*Gastrodia elata* Bl.)、黄皮树(*Phellodendron chinense*)、大叶冬青(*Ilex latifolia* Thunb.)等中草药生态修复林。植被修复不仅对改善石漠化区生境具有重要意义，还具有重要的经济价值，有利于减弱生态环境与人口增长、社会经济发展和资源需求严重不协调的矛盾，从而建设人与自然和谐共生的现代化社会[25-27]。另外，特有物种被运用在石漠化修复区不仅可提高物种多样性，而且可挖掘其潜力形成特色产业，如贵州省特有的构(*B. papyrifera*)、冬青叶鼠刺(*I. ilicifolia* Oliv.)、栾(*K. paniculata*)、车桑子[*D. viscosa*(L.) Jacq.]、木豆[*C. cajan*(*Linn.*) Mill sp.]等，广西壮族自治区特有的任豆(*Z.insignis* Chun.)、青冈(*Q. glauca* Thunb.)、青檀(*P. tatarinowii* Maxim.)，云南省特有的云南松(*P. yunnanensis*)、墨西哥柏木[*Hesperocyparis lusitanica*(Mill.) Bartel]等，这些特有物种突破了植被生物多样性重建与恢复中的常规乔灌草配置，植被配置得以进一步优化。然而，在采用植被措施进行修复的文献统计中发现，在石漠化生态恢复中关于苔藓植物研究的公开发表的文献较少，但是在这些修复区域的生境中实际上仍然有苔藓植物的生长繁殖并发挥一定的生态效益，只是未受到重视，所以有必要进一步研究苔藓植物的水土保持功能特征。

植物可通过乔木层、灌木层、枯枝落叶层和根部土壤等多方面生物学特征发挥其水土保持功能。研究表明，近 40 年来我国森林生态系统水土保持方面的作用非常明显，调节水量增加了 2827 亿 m^3/a，固土量增加了 37.04 亿 t/a，分别提升了 94.91%和 82.55%[28]。乔木层外在树冠宽大，枝繁叶茂，对降雨具有有效的截留作用，树枝和高大的树干在降雨中可作为雨水流通的路径，多余的水分沿着树枝和树干下流，可以减缓对地表土壤的直接冲刷。灌木层对强降水的截留作用和乔木层的原理是一致的[29-31]。通常情况下，植被数量越多，覆盖度越大，对降雨引起的地表侵蚀将越小，截留效果也更好。水土保持研究工作者选取云南省滇中高原通海县的秀山和杞麓湖区为研究区域，开展了为期两年的地表径流观测，研究结果表明不同区位的植被所发挥的水土功能效益为：常绿阔叶林＞云南松林＞次生荒草地＞放牧荒草地＞旱作地与裸地，证明了自然生长的植被对防止地表侵蚀发挥着巨大效益[32]。有研究者通过对比研究黄土高原 4 个小流域的水土保持功能，发现森林覆盖率为 35.6%的区域产生的沙量是森林覆盖率为 48.4%的区域产沙量的 4.3 倍。另外，无森林覆盖的区域比森林覆盖度为 77.1%的区域的产沙量高 33.4 倍[33]。

枯枝落叶层通过减缓降雨冲刷和存储更多水分以及较大的表层糙率对多余的水分进行分解而发挥较优的水土保持效益[34]。有研究者通过人工模拟降雨发现，当土壤表层覆盖大量枯枝落叶时，此区域产流较裸土区域更稳定且产流会明显更小。落叶覆盖在土壤表层，增加了土壤表层的径流糙率，水流路径较裸土具有延迟性；另外不同地类中的枯枝落物层对径流所产生的影响不一样[35,36]。枯枝落物层不仅具有较强的截持降水、增加水分下渗、减弱水分蒸发而增强储蓄水分的能力，还能改善土壤生理化性质以及蓄水减沙，具有保育水土的功能[37-39]。随林地林分和郁闭度逐渐增加，一般情况下凋落物蓄积量越多，凋落物层厚度越厚，截留降水能力越强，蓄水保水效果越明显。当枯落物厚度超过 0.8～1.2cm 标准厚度时，单独场次降雨条件下，随着凋落物厚度的差异性变化，凋落物层截留的降水量差异并不显著。截留降水能力还与凋落物层的持水能力有关系，持水能力越大的凋落物层，分解水分的速率越快，截留能力越强[40]。另外，凋落物层通过微生物腐化分解参与土壤团粒结构形成，改善了表土结构和土壤物理性状，尤其是对 0～10cm 土层的改善作用最为明显，提高了土壤表层的腐殖质层厚度[44]。

土壤层在自然界水文循环中是重要的介质，土壤层影响着土壤—植物—大气 3 个界面物质和能量的交换过程[36]，能涵养水源、调节降水、促进水和元素的循环；是联系大气水、地表水和地下水的纽带，对水分的入渗、蒸发、产流都具有重要的影响[37]。植物群落、土壤性质和功能之间存在着非常复杂的关系，形成了植物和土壤的反馈机制[38]。植被生长发育促进土壤总氮、全磷、全钾、有机质等一系列物质循环和能量流动，有利于保持水土、增强生态系统稳定性，促进生态系统正向演替[41,42]。研究表明，森林生态系统植物群落的林分结构、初级生产力和资源利用效率不断变化，从而导致土壤理化性质的改变[43]。有研究者通过研究植物根系与土壤理化性质的关系得到，当土壤表层植被覆盖度增加，土壤中植被的根系密度将增大，从而导致土壤孔隙度等指标增大，增大的土壤孔隙，将为水分的入渗及径流提供畅通的通路[45]。土壤的蓄水能力与土壤层厚度、孔隙度、质地、有机质含量等因素密切相关[46]。一般来说，森林生态系统良好且未被其他因素干扰的自然土壤的蓄水能力相对较强。林地土壤多孔疏松、孔隙度高、物理结构好，具有较强的透水性和储水性。另外，由于森林植被根系较发达，根系对土壤具有固持作用，因此，能够在一定程度上提高土壤的抗冲性[47]。所以，进一步总结分析西南石漠化区经过植被修复后土壤层的化学指标特征，将为分析石漠化区治理成果提供依据。

1.2 石漠化修复区土壤养分功能分析

1.2.1 西南五省份土壤养分整体特征

从表 1-4、图 1-5 可知，西南石漠化区植被修复后土壤总有机碳(total organic carbon，TOC)、总氮(total nitrogen，TN)、TP、TK 指标经科尔莫戈罗夫-斯米尔诺夫检验(Kolmogorov-Smirnov test)均符合正态分布，土壤 TOC、TN、TP、TK 指标范围分别为 5.23～151.87g/kg、0.26～8.28g/kg、0.032～4.64g/kg、0.21～36.36g/kg，集中区间分别为 30～50g/kg、1.75～2g/kg、0.25～0.5g/kg、2～12g/kg，均值分别为 46.31g/kg、2.56g/kg、0.82g/kg、9.61g/kg；土壤 TOC、TN 均值均高于第二次全国土壤普查养分分级标准一级标准，TP 处于二级标准范围，土壤养分状况较好，反映出经植被修复后喀斯特区土壤养分改善显著，但 TK 含量属于标准范围五级低钾区。石漠化植被恢复区统筹规划，因地制宜，以植被修复与保护为原则，开展规模化示范与技术集成，治理后土壤养分得到极大改善[48,49]。同时植被恢复后 TOC 增量明显，高于全国土壤养分标准等级一级 15.8%。从 TN 增量看，高于全国土壤养分标准等级一级 28%，土壤 TN 增加主要来源于氮沉降和凋落物分解，已有研究表明，经由大气沉降进入森林生态系统中的外源氮不到 1%被植物利用，绝大部分被固定在土壤中[50]。但石漠化区高钙偏碱性特殊背景下土壤对大气和凋落物两者氮素矿化、硝化和反硝化相互转换速度、通量的响应机制是否与非石漠化区域不同，此问题将是氮沉降研究的重点[51]。植被恢复下土壤养分 TP 含量也有所增加，高于全国土壤养分标准等级二级 2.5%，植物凋落物对土壤养分指标影响较大，Vincent 等研究表明，3 年的凋落物去除使矿质土壤表层 2cm 的有机磷浓度降低了 23%，而添加凋落物使其增加 16%；增加凋落物的投入有可能增加热带森林土壤溶液中的磷浓度[52]。TK 含量依然位于全国土壤养分等级五级低钾范围，《2016 年全国耕地质量监测报告》公布华南区及长江中下游部分地区 TK 含量相对缺乏，均低于 100mg/kg，因西南地区存在 TK 匮乏的背景，同时钾元素累积速率慢也会导致 TK 含量低，Waldrop 等应用“反向示踪技术”研究纽约红松砂土，得到在一个有 43 年历史的人工林中，60%的叶片中钾含量可归因于 9 年前施用的钾肥。同样，在一个有 46 年历史的种植园中，35%～40%的叶片中钾含量可能来自 23 年前施用的钾肥[53]。

表 1-4　石漠化区植被修复下土壤 TOC、TN、TP、TK 指标

省份	区域		TOC 样本数	TOC 范围 /(g/kg)	TOC 平均值 /(g/kg)	TN 样本数	TN 范围 /(g/kg)	TN 平均值 /(g/kg)	TP 样本数	TP 范围 /(g/kg)	TP 平均值 (g/kg)	TK 样本数	TK 范围 /(g/kg)	TK 平均值 /(g/kg)
贵州	南部	织金县城关镇	3	29.98～40.76	36.57	3.00	1.56～1.79	1.69	3.00	0.29～0.45	0.35	3.00	1.72～2.11	1.93
		关岭县与贞丰县地带	14	32.51～64.8	47.40	14.00	1.14～5.19	3.39	14.00	0.65～1.5	1.08	14.00	2.59～11.78	7.73
		紫云县	6	16.79～94.06	41.37	6.00	1.07～3.721	2.01	5.00	0.62～3.66	1.47	6.00	7.68～17.354	12.19
		普定县	13	5.23～95.8	49.18	14.00	0.26～4.84	2.48	14.00	0.0981～1.59	0.59	9.00	1.57～19.16	8.86
		荔波县	2	43.14～50.72	46.93	2.00	2.66～2.85	2.76	2.00	0.64～0.87	0.76	2.00	12.45～15.2	13.83
		茂兰国家级自然保护区	3	54.72～79.33	67.28	4.00	3.86～5.77	4.55	4.00	0.45～0.73	0.61	4.00	8.53～11.25	10.37
	西部	毕节市七星关区撒拉溪示范区	9	17.69～104.12	53.96	9.00	1.41～2.87	1.68	6.00	0.33～4.67	1.31	8.00	4.38～8.93	5.80
		晴隆县(属高原峡谷区)	4	26.39～100.6	58.03	4.00	1.76～5.45	3.53	4.00	0.63～1.38	1.03	4.00	7.21～18.93	10.27
		黔西县(现黔西市)	3	36.45～80.95	57.05	3.00	2.25～4.43	3.20	3.00	0.67～0.75	0.70	3.00	2.85～11.48	5.85
	中部	贵阳市	4	56.09～92.88	79.46	4.00	0.47～4.38	2.86	6.00	0.31～0.65	0.47	4.00	0.40～19.49	9.43
	东北部	黔东南黄平县	8	19.46～62.45	36.36	8.00	1.16～2.5	1.64	8.00	0.13～0.925	0.53	5.00	7.63～14.33	11.51
		黔东南地区	4	43.34～93.9	69.69	4.00	2.57～4.09	3.14	4.00	0.34～2.85	1.06	2.00	3.69～18.7	11.20
广西	都安县		9	36.8～131.72	59.30	9.00	1.42～6.75	2.83	9.00	0.2～1.05	0.84	9.00	3.61～8.99	6.39
	环江毛南族自治县		45	9.87～151.87	59.56	44.00	1.31～8.28	4.15	44.00	0.23～2.46	1.08	41.00	1.75～16.9	7.33
	南宁、桂林、防城港等地		12	10.97～112.4	54.08	12.00	0.92～7.2	3.98	11.00	0.308～1.7	0.97	1.00	16.95	16.95
云南	曲靖市		15	20.81～125.88	64.83	16.00	0.95～7.13	4.11	16.00	0.31～2.25	1.02	16.00	0.52～14.33	8.79
	石林县		9	14.09～21.99	18.50	9.00	0.74～2.49	1.31	9.00	1.70～1.89	1.82	9.00	1.38～2.14	1.75
	文山市		22	11.67～129.7	47.48	21.00	0.29～6.18	2.70	22.00	0.032～2.5	0.80	19.00	0.21～15	11.09
重庆	南川区、北碚区、黔江区、巫溪县等典型石漠化地区		22	10.36～115.81	40.70	21.00	0.4～3.636	1.97	20.00	0.3～1.17	0.71	20.00	0.91～36.36	13.44
湖南	湘中、湘南等典型石漠化地区		25	8.09～85.04	36.00	22.00	0.92～2.64	1.76	24.00	0.18～0.88	0.37	21.00	1.91～15.4	5.86
石漠化区总计			232	5.23～151.87	46.31	229	0.26～8.28	2.56	228	0.032～4.67	0.82	200	0.21～36.36	9.61

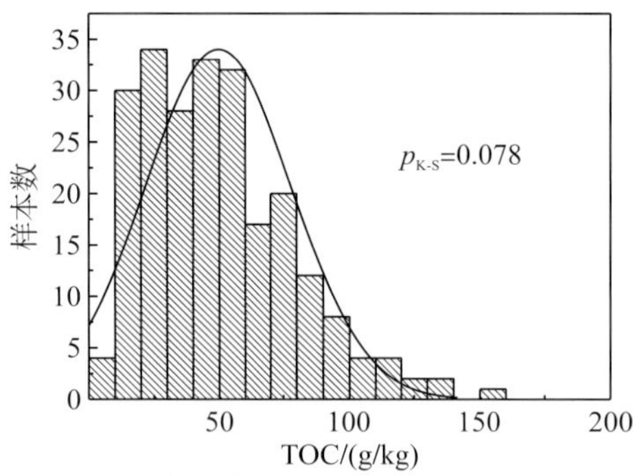

(a) 西南石漠化区林下土壤TOC分布特征

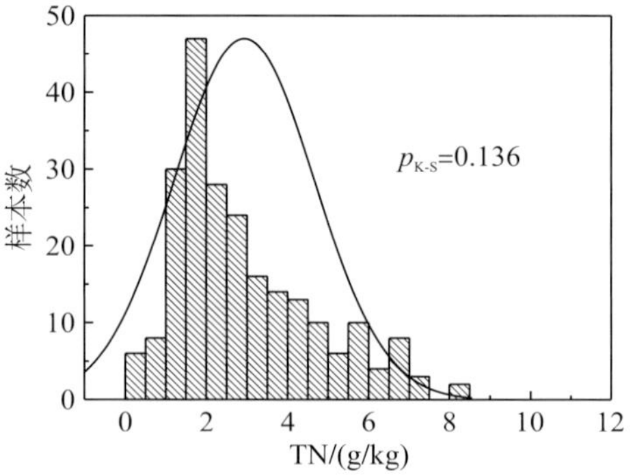

(b) 西南石漠化区林下土壤TN分布特征

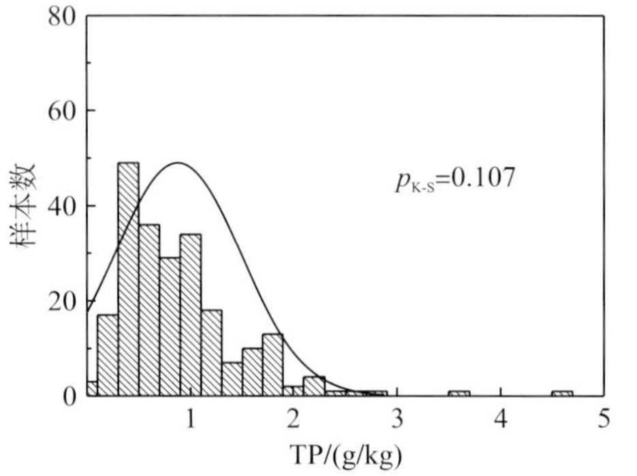

(c) 西南石漠化区林下土壤TP分布特征

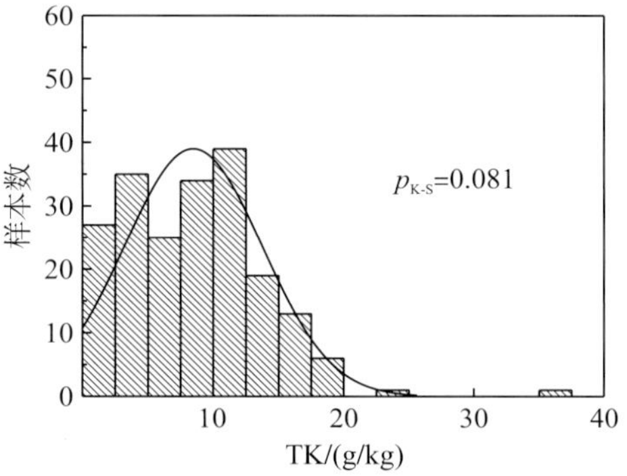

(d) 西南石漠化区林下土壤TK分布特征

图 1-5 西南石漠化区植被修复土壤 TOC、TN、TP、TK 含量分布特征

(p_{K-S}＞0.05 表示呈正态分布)

1.2.2 西南五省份土壤养分差异性分析

五个省份各个土壤养分指标之间差异显著(p=0.05)，均呈正态分布(p_{K-S}＞0.05)，各省份土壤养分指标各有特点(图 1-6)。

广西壮族自治区 TOC 和 TN 含量均值都排五省份第一，分别为 57.65g/kg、3.65g/kg，TOC 和 TN 指标分别高于全国土壤养分等级一级标准值的 44%和 82.5%，TP 和 TK 含量均值分别为 0.96g/kg、7.354g/kg，分属于全国土壤养分等级的二级和五级，养分含量增加明显。石漠化区植被的生态修复对土壤养分改良效益显著，这主要源于广西壮族自治区 20 世纪 80 年代开始进行石漠化区生态修复工作，采取“封山育林、造林补植、改燃节柴、石缝造植”等措施，加快了造林绿化步伐，截至 2018 年，广西森林面积 1480 万 hm^2，森林覆盖率 62.37%，活立木总蓄积量 7.90 亿 m^3，人工林面积居全国第一，石漠化土地面积减少率位居全国第一，改善了石漠化区恶劣的生态环境。

贵州省 TOC、TN、TP、TK 含量均值分别为 53.61g/kg、2.74g/kg、0.83g/kg、9.08g/kg，TOC、TN 指标比全国土壤养分等级一级标准值高 34%和 37%，TP 值属于全国土壤养分等级二级，TK 值属于全国土壤养分等级五级，贵州省石漠化区实施植被修复后土壤肥力提升明显。贵州省从 1980 年的石山治理阶段到石漠化水土保持小流域试点治理，截至 2016 年底，贵州省石漠化面积为 3705.15 万亩（1 亩=667m^2），比 2011 年底的 4535.70 万亩减少了 830.55 万亩，其中，重度和极重度石漠化面积从 2011 年的 637.05 万亩下降到 2016 年的 422.70 万亩，全省石漠化扩展趋势得到有效遏制，进一步说明贵州省石漠化治理已取得明显成效。

云南省 TOC、TN、TP、TK 含量均值分别为 43.60g/kg、2.71g/kg、1.21g/kg、7.21g/kg；TOC、TP 指标分别比全国土壤养分一级标准值高 9%、21%，TN 属于全国养分等级一级，TK 属于五级水平。云南省 TP 含量为五省份最高，主要原因是云南拥有全国最大的磷矿，磷矿资源丰富致使云南省土壤全磷元素较高，同时随着云南省对石漠化治理进程的加速，其他三个土壤指标也有不同程度提高。

重庆市 TOC、TN、TP、TK 含量均值分别为 40.70g/kg、1.97g/kg、0.71g/kg、13.44g/kg，TOC 指标比全国土壤养分一级标准值高 1.75%，TN 和 TP 属于全国土壤养分等级二级和三级，TK 属于四级范畴，在五省份中最高。重庆市 TK 含量偏高可能原因是该区域石漠化面积小，土壤受到负面干扰小，土壤中的钾元素淋溶作用较其他省份弱；前人研究土壤中钾元素回收利用较慢，与钾元素流失风险有关系；所以钾元素含量较高。重庆市土壤养分指标改善程度不如广西壮族自治区、贵州省和云南省明显，需要加快石漠化治理进程。

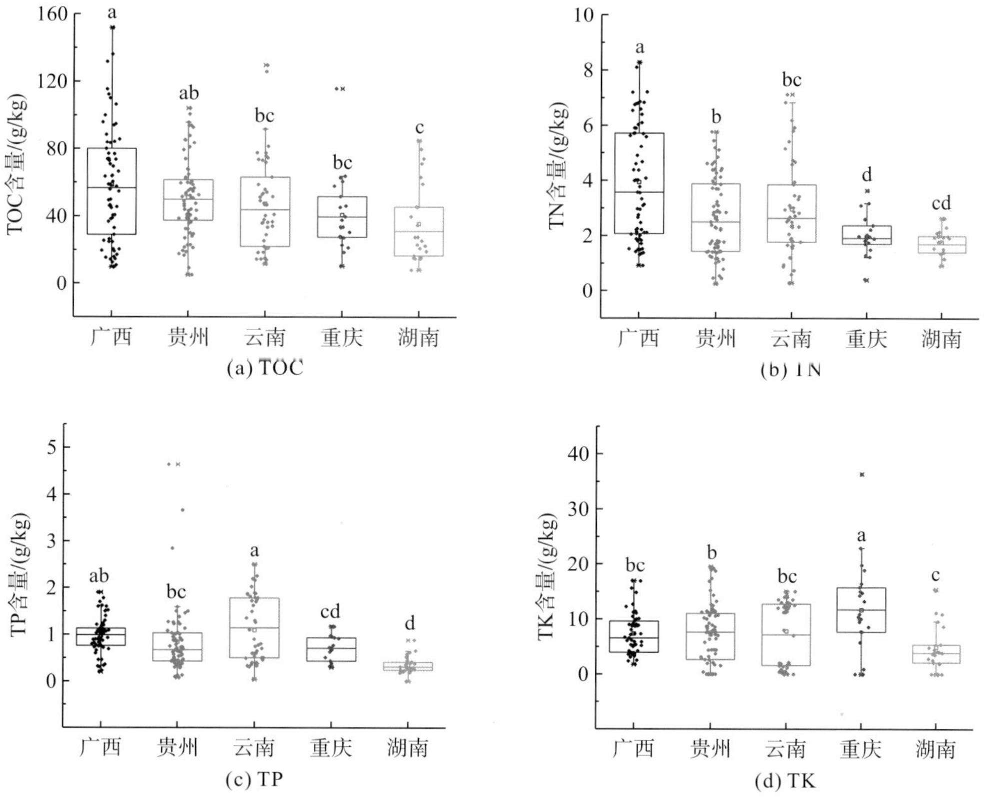

图 1-6　西南石漠化区植被修复下土壤 TOC、TN、TP、TK 含量差异性分析

（小写字母表示在 p=0.05 水平下土壤各个指标差异性）

湖南省 TOC、TN、TP、TK 含量均值分别为 36.00g/kg、1.76g/kg、0.37g/kg、5.86g/kg，TOC 指标为五省份中唯一低于全国土壤养分等级一级的省份，TN、TP、TK 值分别属于全国土壤养分等级的二级、五级、五级，土壤养分指标的改善最不明显，可能是由于湖南省石漠化土地较其他省份少，湖南省对石漠化治理的关注度小于其他省份，因此湖南省应加强石漠化治理力度，加速石漠化生态系统恢复。

1.2.3 西南五省份土壤化学计量特征分析

石漠化区林下土壤养分化学计量分析(表 1-5)，C、N、P、K 分别是 TOC、TN、TP、TK 的缩写；五省份石漠化区土壤化学计量 C∶N 为 19.46、C∶P 为 80.57、C∶K 为 9.67、N∶P 为 4.37、N∶K 为 0.56、P∶K 为 0.19，C∶N 高于全球森林土壤比值(12.4)，当土壤处于碳积累时，C∶N 会呈增加趋势，很好地解释了石漠化区域森林植被具有较强的碳汇功能。C∶P 与全球森林土壤比值(81.9)基本持平。N∶P 低于全球森林土壤比值(6.6)，TN、TP 的累积与释放对此比值的贡献率还需进一步研究。C∶K、N∶K、P∶K 均高于古尔班通古特沙漠比值的 0.099、0.013、0.034；说明整个中国土壤养分元素含量分布不均匀，变异性较大。整个西南石漠化地区(土壤 TK 含量为 9.16g/kg)都属于低钾范围区，且 C∶K、N∶K、P∶K 化学计量比值的大小受 C、N、P 含量的影响大。

表 1-5 石漠化区土壤化学计量特征比

地区	C∶N	C∶P	C∶K	N∶P	N∶K	P∶K
贵州	23.20	83.49	10.17	4.36	0.42	0.17
广西	16.20	65.83	11.81	4.64	0.71	0.19
云南	19.47	85.98	13.91	3.97	0.93	0.37
重庆	21.27	61.26	4.82	3.16	0.27	0.12
湖南	17.18	106.29	7.62	5.72	0.47	0.10
石漠化区	19.46	80.57	9.67	4.37	0.56	0.19

由各个元素指标相关分析(图 1-7)得，西南石漠化区林下土壤 TOC 和 TN 指标呈正相关趋势，说明氮元素的累积促进碳元素的累积，此结论与 Spinnler 的研究结论一致：在陆地生态系统中，90%以上的地上部分净生产量通过凋落物的方式返回地表，其在模拟森林土壤碳库对不同氮沉降水平的响应实验中，发现氮沉降延缓了土壤腐殖质的分解速度，进而提高了碳储量，土壤 C、N 在积累和消耗之间存在固定比值，且两者相关性显著，在外界环境影响下响应保持同步。五省份石漠化区 C∶K 和 P∶K 呈显著负相关，由于 TOC 和 TP 呈正相关，但是相关系数较小，说明较低含量的 TK 对 C∶K 和 P∶K 的相关性影响较大。五省份石漠化区土壤中 TK 含量都较低，植物的生长亦受低 TK 含量限制，土壤需要补充 K 元素，此结论与有关研究人员得出云南地区植物生长受到钾元素限制的结论保持一致[31]。

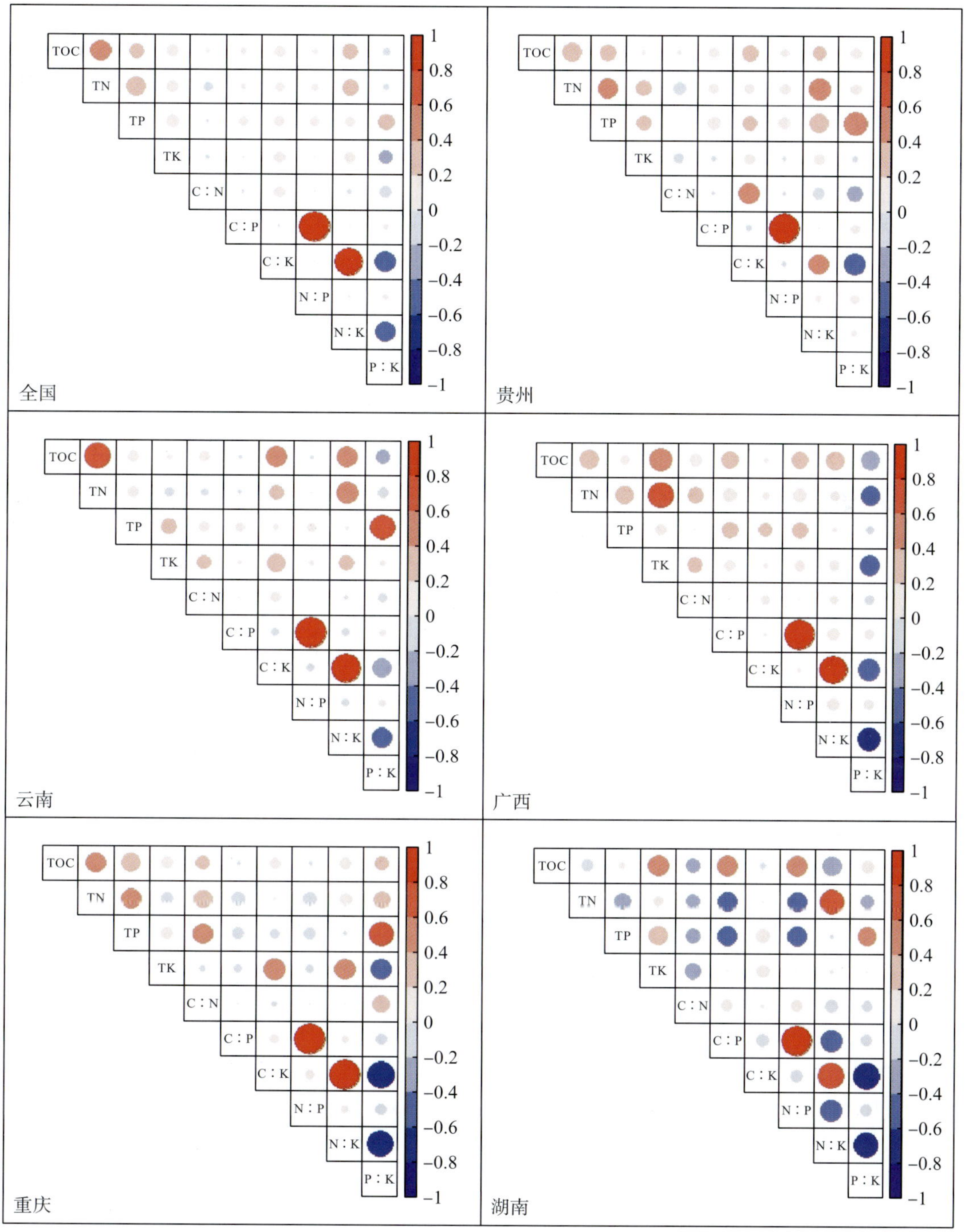

图 1-7　石漠化区土壤养分化学计量特征相关性

1.2.4 西南五省份化学计量特征差异性分析

贵州石漠化林地土壤 C∶N 为 23.20、C∶P 为 83.49、C∶K 为 10.17、N∶P 为 4.36、N∶K 为 0.42、P∶K 为 0.17，C∶N、C∶P、C∶K 均大于全国均值。由于贵州土壤中 TN、TP、TK 含量和全国水平差异不大，这表明贵州石漠化区植被修复土壤固碳能力高于全国均值；另外，TN 和 TP 呈显著正相关，但 N∶K 和 P∶K 呈正相关不显著，再次说明较低含量的 TK 对化学计量比的影响较大。贵州石漠化区土壤中 N∶P 与全国水平持平，由此可知贵州土壤中 N 元素和 P 元素分解与存储速率之比与全国水平之间维持在一个稳定值。

广西 TOC 和 C∶K 呈较为显著的正相关，TOC 和 TN 与 N∶K 呈正相关，TP 与 P∶K 呈正相关，再次说明 TOC 和 TN 之间存在正相关关系。但广西的 TN 和 TP 呈正相关不显著，广西 C∶N(16.20) 和 C∶P(65.83) 低于全国平均水平，其他化学计量比值均高于全国平均水平，说明广西石漠化植被修复后不仅土壤 TOC 含量累积快，而且土壤 TN 和 TP 养分存储速率也较快，证实广西植被修复对土壤指标营养改良效益明显。

云南 TOC 和 TK、TN 和 TK 呈显著正相关，说明云南植被修复石漠化土壤养分 TOC、TN、TK 之间存在较密切的联系，趋同性保持一致。云南 C∶P、C∶K、N∶K、P∶K 高于全国平均水平，C∶N 与全国平均水平持平，N∶P 低于全国平均比值，因云南 TP 含量居五省份第一，说明云南石漠化林地植被固碳能力高于全国平均水平，证明云南石漠化林地植被土壤养分指标状况良好，主要问题是 K 元素偏低。

重庆 TN 和 C∶N 呈正相关趋势，TN 和 TOC 呈显著正相关，说明 TOC 增量较 TN 大，植被修复土壤养分 TOC 存储速率大于 TN 存储速率。重庆除 C∶N(21.27) 高于全国平均水平外，C∶P 和 N∶P 均低于全国比值，主要与重庆 TP 含量高有关，重庆 C∶K、N∶K 和 P∶K 低于全国平均水平，主要与较高的 TK 含量有关。

湖南是五个省份中养分元素化学计量关系最复杂的省份，TN 和 TOC 相关性和其他四个省份不一样，关系不显著；而 C∶P 和 N∶P 呈显著正相关，C∶K 和 N∶K 呈显著正相关，说明在 TP、TK 的参与下，化学计量比值的相关性更加显著，证明湖南石漠化林地植被受 TK、TP 的影响极大；同时，TN、TP 与 N∶P 都呈负相关，则 TP 对土壤养分的影响较 TN 大。C∶P、N∶P 比值大于全国比值，其他化学计量比值小于全国比值，石漠化林地土壤在碳和氮循环速率相当的情况下，TP 元素匮乏导致其化学计量比高于全国；另外，TK 含量极低，因此湖南林地植被土壤除了需要额外补充 TP 相关肥料外，还需要补充 TK 相关肥料。

全国及五省份石漠化区土壤养分化学计量特征相关性如图 1-7 所示。

第 2 章　常见苔藓植物及功能研究

苔藓植物是土壤养分积累、生物量积累的先锋植物类群，扮演初级生产者角色[56]，为草本植物和灌木的出现奠定物质基础[57]；具有耐高温、抗干旱、蓄水能力强、保墒和固土的特点[58]。环境与植物群落之间的关系一直是生态学的核心问题，不同苔藓植物生长于特定环境中并发挥其生态作用。研究表明，自然界中苔藓植物对环境变化敏感，物种的分布不是随机的[59]，植物的分布被物种分类学用来描述对特定环境条件的反应和对基质的亲和力[60,61]，由于空间和时间的差异性，不同区域的苔藓物种分布及生态适应性不同。研究表明，植物群落组成与土壤性质和地形的异质性密切相关，包括底层地质和地貌等特征都会影响植物分布[62,63]。中国西南喀斯特环境时空变异性强，干旱、石生等特殊的生境对植被种类分布具有强烈的选择性，这些关于生态系统的信息有助于预测不同环境条件下植被的适应性，也有助于设计不同演变阶段的植被恢复措施[64,65]。部分研究者发现，苔藓植物物种组成结构与分布受到植被类型、结构、地形及干扰等因素的影响，这些因素会通过水分、光照强度、温度、营养元素以及土壤酸度等多个维度共同作用，使苔藓植物的分布呈现出梯度变化[66,67]。在石漠化面积分布广泛的云南地区，关于石漠化的研究涵盖了云南全省石漠化分布特点及危害研究，石漠化区植物生态适应性研究，石漠化区生态修复技术探讨，对石漠化发生发展的主导因素及形成机理的讨论，通过卫星遥感演变探讨石漠化区演变机制等内容。而关于石漠化区苔藓植物的研究极少，在已发表的文章中，张朝晖等对昆明西山、罗平、石林乃古等区域开展了少量的调查，并探讨了苔藓植物物种和区系生态特征，这些研究得出昆明西山苔藓植物共 55 科 158 属 374 种[68]；曲靖市罗平县多依河（含三江口）、九龙瀑布群、转长河三个区域共有苔藓植物 45 科 110 属 281 种，且转长河谷区人类活动影响导致石漠化严重，苔藓丰富度最低[69,70]；石林乃古岩面、岩面薄土、石槽壁上共记录苔藓植物 18 科 38 属 84 种[71,72]。上述研究虽然对不同区位苔藓植物的多样性进行了调查，但关于云南苔藓植物多样性的研究仍然较少；另外，地形复杂和气候多样决定了云南石漠化区苔藓植物多样性研究较为复杂。因此，在滇中石漠化地区开展苔藓植物物种组成调查将为生态学家、自然资源保护主义者和森林管理者提供重要信息。

2.1　苔藓植物对干旱的生理响应

全世界约有 23000 种苔藓植物，中国有 2800 多种。苔藓植株形体微小，缺乏真正的根系组织和维管束组织，结构简单，属于典型的变水植物，极易失去水分[73]。在极端缺水条件下，苔藓植物通过失去水分迅速转入休眠状态；当遇到水分，叶片吸收水分舒展恢复生理活动。20 世纪 70 年代起，国内外已经开展了耐旱藓类的耐旱机理研究。

苔藓植物在生长发育过程中，形成了较多的耐旱适应性策略，主要包含避免干旱、耐受干燥和耐受干旱三种策略。避免干旱指苔藓植物通过生长在隐蔽的、水分相对充足的环境或生长紧密矮小以避免水分的散失。耐受干燥指苔藓植物通过快速脱水、停止生长和生理活性度过干旱阶段，而当水分充足时恢复其活性[74]。耐受干旱指干旱发生后苔藓植物通过调节形态或生理以适应干旱环境。事实上，苔藓植物的干旱耐受能力更具有重要性，具有干燥耐受能力的苔藓植物通常也具备干旱耐受的能力，如葫芦藓(*Funaria hygrometrica*)既能脱水耐受，又能在脱水耐受前调控脱落酸的含量以适应干燥前的干旱[75]。超级耐旱的苔藓植物复水后依然能恢复正常生理活动，而且部分苔藓植物能在复水之后短时间内恢复生理活性。

苔藓植物对缺水环境的适应性包括其形态结构特征、生理生化水平和代谢机制等多方面，具体通过苔藓植物的形态特征变化、光合特征变化、抗氧化酶活性、渗透势、膜系统的保护能力等多方面调节[76]。通常认为，植物基本的生理生态过程是研究物种在胁迫环境条件下抗性强弱的第一步，也是生态适应性研究中采用较多的一种方式。关于苔藓植物植株形态特征与干旱的相关研究发现：干旱胁迫下苔藓植物的生长特征受到抑制，干旱胁迫显著抑制泥炭藓(*Sphagnum palustre*)、尖叶泥炭藓(*Sphagnum nemoreum*)及喙叶泥炭藓(*Sphagnum recurvum*)三种泥炭藓的生物量生产、高度增长和侧枝总数[77]。有研究者表明，部分苔藓植物在严酷的自然环境中，叶片进化为能反射光照的毛状尖，叶片细胞壁有疣状突起等特征以增强其耐旱能力[78]。另外，大量的苔藓植物群通过形成苔藓结皮的方式共同抵御各种极端环境。

苔藓植物的生理生化特征随干旱胁迫的动态响应被大量学者研究。在干旱状态下，苔藓植物体内会产生大量氧自由基对植物膜系统造成胁迫[79]。有研究表明，耐旱的苔藓植物经过干旱胁迫后膜脂氧化增加不显著，但是不耐旱的苔藓植物则膜脂氧化增加较为显著，不耐旱植物的膜脂氧化物含量比耐旱植物要高出 5～6 倍，表明耐旱苔藓经过干旱已经形成一套保护自身膜脂氧化的机制[80]。有研究表明，干旱胁迫下苔藓植物体内会产生大量超氧阴离子损伤植物的细胞[81]。有研究发现，狭叶仙鹤藓(*Atrichum angustatum*)干旱后复水过程中能产生 H_2O_2，推测 O_2 可能转变成羟基自由基(—OH)或 H_2O_2，因此植物体内 H_2O_2 的水平能在一定程度上反映植物对不良环境的适应能力，藓类植物在长期进化过程中形成了完善的活性氧保护机制，通过提高保护酶活性以降低膜脂过氧化[82]。苔藓植物通过调动体内抗氧化系统保护细胞免受损害，包括过氧化物酶(peroxidase，POD)、过氧化氢酶(catalase，CAT)、超氧化物歧化酶(superoxide dismutase，SOD)、谷胱甘肽还原酶(glutathione reductase，GR)等一系列指标[83]。有研究表明，3 种藓类植物体内游离脯氨酸、可溶性糖和可溶性蛋白含量随着干旱处理时间延长急剧增加，而 POD、CAT 活性和脯氨酸(proline，Pro)含量先升高后降低。有研究表明，干旱胁迫下苔藓植物会提高可溶性糖和脯氨酸含量以维持渗透势平衡[84]。研究发现，干旱胁迫诱导多蒴灰藓以及湿地匍灯藓植物体内 SOD、POD 和 CAT 活性增加。前人用 PEG-6000 模拟干旱胁迫发现，当苔藓植物的相对含水率降低至 0.2 以下时，苔藓植物

体细胞内检测到的 H_2O_2 会引起植物细胞质膜氧化胁迫[85]。

苔藓植物的光合荧光特征对水分的变化也极其敏感。苔藓植物已经形成了一套完整的光合反应体系以应对缺水的环境，耐旱的苔藓植物依然能在缺水的环境中合成光合色素保持光合效能，当外界条件极其恶劣时，苔藓植物可能采取休眠方式抵抗恶劣环境。在一定范围内，大多苔藓植物的净光合速率与组织含水量呈正向变化趋势。在水分含量较低时，叶绿素含量呈下降趋势，苔藓植物的光合系统 II(PSII) 反应中心关闭，光量子转化效率较低，当恢复供水后，光合系统又逐渐恢复其工作状态[86,87]。当水分含量降低至阈值后，苔藓植物的叶绿素荧光相关参数(初始荧光产量、最大光化学效率、非光化学猝灭系数等)呈逐渐下降的趋势，如毛尖紫萼藓(*Grimmia pilifera* P.Beauv) 在阈值内脱水，光合荧光参数受到的影响比较小且保持稳定状态，当低于阈值时，相关的荧光参数会逐渐下降。轻中度干旱胁迫下，苔藓的非光化学猝灭系数(qN)、非光化学猝灭(non-photochemical quenching，NPQ) 的量子产量随水分降低呈升高趋势，降低因缺水造成的光损耗，从而使光系统维持在可恢复状态，但是 PSII 原初光能转化效率(F_v/F_m)、光合量子产额、光合电子传递速率(photosynthetic electron transport rate，ETR)、光化学猝灭系数(qP) 呈降低趋势；历经重度干旱后，该苔藓植物即使再水化也难以恢复[88]。有研究证明了尖叶拟船叶藓(*Dolichomitriopsis diversiformis* Nog.) 对水分及光照极为敏感，微小的水分或弱光变化会导致光合参数 ETR 的下降，证明 ETR 对苔藓植物所处的外部环境变化极其敏感；荧光参数 F_v/F_m 和实际光能转化效率先降低后升高[89]。

2.2　苔藓植物水土保持功能研究

苔藓植物可以促进地表原生生物结皮的扩展，发挥地表覆盖、改良土壤微生物肥力的作用，进而达到改善土壤结构和功能、促进生态系统快速恢复的目的。但是在石漠化区，关于苔藓植物的研究主要集中在喀斯特地区苔藓群落的分类构成、演替习性分析、植物持水性等部分功能特性方面，苔藓植物的基础和应用研究严重滞后，有关苔藓植物生态功能的定性定量研究更是严重匮乏。目前，关于苔藓结皮的研究主要集中在国内外干旱半干旱气候的荒漠区，研究者主要针对苔藓植物、地衣和藻类的生物结皮开展相关研究。

2.2.1　苔藓植物对土壤养分的影响

以苔藓植物为主的生物结皮在条件恶劣的环境中依然能够生长繁殖，通过累积土壤养分以防止土壤侵蚀[90,91]。已有大量研究表明，生物结皮的假根、微生物及其酸性分泌物等相互黏结，使得表层土壤中的小颗粒物质(黏粒、粉粒) 占比提高，土壤中团聚体含量增加，土壤的结构得到改变，保护土壤难以被水蚀和风蚀而加速土壤累积[92]。生物结皮在生态系统中参与养分循环促进土壤中养分累积，是土壤的氮源和碳源[93,94]。生物结皮发育和演替，可积累土壤表面的腐殖质、钾、钙等指标含量，增加表层土壤营养物质。有学者研究了大盆地中心的东北部地区，发现该区域生物结皮固氮量为 25kg/($hm^2 \cdot a$)[95]；高丽倩等研究黄土丘陵区退耕地生物结皮对土壤理化性状的影响，发现土壤表面黏结力被显著提高且土壤中总氮和有机碳聚集于表层土壤中，表层厚 0～5cm 的土壤肥力改善显著[96]。

土壤酶的生物催化功能有利于酶促反应加速，有助于土壤中养分的累积而达到改善土壤性质的目的。研究表明，沙地生物结皮较流动沙丘能显著提高土壤的酶活性，酶活性是流动沙丘表层的数倍甚至数百倍[97]；生物土壤结皮的存在可显著提高土壤脲酶、脱氢酶、过氧化氢酶、蔗糖酶和碱性磷酸酶的活性（$p<0.05$）。比较流动沙丘和生物结皮中的土壤酶活性发现，藻类、地衣和苔藓结皮均能显著提高土壤中蛋白酶、纤维素酶和碱性磷酸酶的活性；且发育晚期的藓类结皮下土壤碱性磷酸酶、蛋白酶和纤维素酶的活性显著高于发育早期的藻类、地衣结皮下土壤酶的活性（$p<0.05$）[98]。而关于石漠化区生物结皮对土壤养分影响的研究极少，仅有刘润等研究了 4 种苔藓植物覆盖对表层土壤酶活性的影响，结果表明美灰藓[*Hypnum leptothallum*(Müll. Hal.) Paris]、双色真藓（*Bryum dichotomum* Hedw.）、小青藓（*Brachythecium perminusculum* Müll. Hal.）、多疣细羽藓[*Cyrto-hypnum pygmaeum* (Schimp.) W. R. Buck et H. A. Crum]可以显著提高土壤多酚氧化酶、过氧化氢酶、脲酶、脱氢酶的活性[99]。

2.2.2 苔藓植物对土壤抗水蚀性的影响

苔藓结皮不仅可作为表层覆盖物改变地表微形态降低径流量，还可以通过其新陈代谢过程中遗留的残体、多肽和多糖等分泌物与真菌、放线菌、藻类的菌丝体和土壤颗粒黏结，促进表层土壤胶结形成土壤团聚体、微团聚体，提高土壤稳定性以更好地抵抗冲刷[100]。而且苔藓结皮是一种水平方向稳定性极强的层状结构体，这种结构使得生物结皮具有较强的抗侵蚀能力[101]。Bowker 等研究认为，水蚀量受到生物结皮盖度的影响较大，且生物结皮覆盖对土壤抗侵蚀作用的解释程度是其他因子的 3 倍[102]。Bowker 等另有研究则认为，生物结皮能够减少侵蚀量主要是由于其覆盖及物理保护作用，而非其对土壤属性的改变[103]。另外，大多数研究者从生物结皮对土壤性质的改变角度研究其抗冲刷性，Halilou 等将念珠藻菌株接种到土壤中，发现土壤的抗分解能力显著提高，接种 365 天后土壤团聚体稳定性增加了 66%，对雨滴的溅蚀具有较强的抵抗能力，使其在土壤累积中产生重要影响[104]。有研究认为，类似海绵的生物结皮对雨滴和径流产生的动能具有消能效果，可以减少表层土壤被水流冲刷。另有研究表明生物结皮能够有效削减降雨动能，减少雨滴对土壤的击打。还有研究者对生物结皮抗冲性进行了研究，结果表明当藓盖度>50%时，生物结皮即可完全抵抗径流的冲刷作用，且认为生物结皮抗冲性与土壤黏结力及团聚体含量有关系[105]。高丽倩对黄土高原的生物结皮研究表明，生物结皮改变了土壤属性，降低了土壤的可蚀性。室内模拟实验证明：与无生物结皮相比较，在降雨强度 46.0mm、历时 1h 的条件下，生物结皮在 50°的坡度下可减少 49%～64%的径流量，从而消除土壤侵蚀[106]。目前，学术界对于生物结皮能提高土壤表面稳定性已形成共识，也对其机理进行了一定的解释，但是大多数研究者的研究对象以藻类、地衣、苔藓混合组成的生物结皮为主，仅有苔藓植物作用下对土壤抗蚀性的研究鲜有报道，还需进一步研究特定苔藓植物土壤的抗冲刷性能。

2.2.3　苔藓植物对蒸发的影响

从 2003～2019 年，全球总蒸发增加了 10%，土壤蒸发的微小变化可以驱动全球水平衡的大变化[107]。据估计，生物土壤结皮在全球地表天然覆盖中约占 12%[108]。生物结皮可影响地表土层的连续性，通过调控土壤水分的输入和输出影响区域水文循环格局[109]。据报道，苔藓结皮通过改变土壤性质、持水量、表层土壤微地形和热性质影响水分蒸发[110]。生物结皮对土壤水分蒸发的影响还未形成定论，主流观点有 3 种：①苔藓植物的生物结皮促进水分蒸发，有研究者认为，一方面，生物结皮的发育会改变土壤表层的空隙度，为水分蒸发提供更大的通道；另一方面，类似海绵的微生物结皮水分含量相对较多，延长了水分被维持在土壤表层的时间，被蒸发的风险增加，且生物结皮表层颜色较裸土深，会吸收更多的辐射促进水分蒸发[111]。②苔藓植物的生物结皮抑制水分蒸发，有研究认为生物结皮存在于土壤表层，其对土壤的遮盖作用导致蒸发减少；杨立文等研究太行山主要的苔藓植物在 1995 年 8 月日蒸发量仅为 0.45mm，而裸地表的日蒸发量为 1.82mm[112]。③苔藓植物的生物结皮对水分蒸发无影响，也有研究认为生物结皮对蒸发是否有影响依赖于特定的土壤条件[113]。研究土壤水分蒸发的主流方法是科学简单的称重法，产生分歧的根源为气候、表层覆盖生物结皮种类、下伏土壤特征等性质在时间和空间上的差异性。苔藓结皮生长发育过程中，一方面通过表层生物苔藓作为覆盖层影响土壤水分蒸发，另一方面通过分泌酸性代谢物，蓄积空气和降水中的粉尘、颗粒物，并与植物体紧密丛集的残体结合在一起，逐渐改变原生表层土壤性质，影响蒸发；而大多数研究者将苔藓结皮土壤视为一个整体来研究其蒸发特性，不能阐明苔藓结皮发育后究竟以何种机理影响了地表蒸发，因此有必要将结皮表层和改变下伏土壤性质对蒸发的影响进行区分研究。

2.2.4　苔藓植物对水分入渗的影响

苔藓植物是与非生物和生物过程都相关的生态系统工程师[114]。土壤表层粗糙度、孔隙度、保水率、聚集状态和扰动历史等的改变会影响水分入渗[115-117]。关于苔藓植物水分渗透相关结论，存在三种分歧。第一种观点是苔藓结皮对水分入渗的影响是积极的，促进水分入渗归因于苔藓结皮生长发育导致土壤孔隙率的增加、团聚体稳定性的增强和物理结构的改善，为水分渗透提供有利条件。此外，繁殖的生物结皮会逐渐变平导致粗糙程度减小，从而减少保水时间[118]。持有消极观点的研究者认为，苔藓结皮吸水膨胀形成水分难以渗透的密闭层或苔藓结皮土壤存在一定拒水性会阻碍水分入渗，有研究表明，一年中沙坡头地区的生物结皮将 10%～40%的降雨截留在其表层而不下渗到深层土壤，降低了水分渗透的速率，也使湿润锋减小，水的渗透深度变浅[119]。无影响观点认为土壤特征决定入渗，有研究在大量实验后，总结出在饱和入渗的情况下，生物结皮对于水分渗透没有影响，而在非饱和入渗的情况下，表现出同样的规律[120]。总之，降水时间和降水量的差异性、生物结皮组成结构和下伏土壤性质在时间和空间上的复杂性、试验方法和手段的多样性等是产生三种分歧的原因。不同研究者常以苔藓、地衣、藻类三大类分别进行生物结皮土壤水分入渗过程的研究，但构成生物结皮的植物种类繁多且不同植物生理特性、持水保水、饱和吸水率、糙率等特征差异显著，有必要进一步细化不同种类苔藓植物影响下的土壤水分入渗特性。另外，生物结皮土壤水分入渗受到表层和下伏土壤特性二者共同的影响，多数研究者一般在野外采样后将表层苔藓植物结皮和下伏土壤作为一个整体研究水分入渗过程，难以阐明苔藓结皮生长繁殖后影响土壤水分入渗的具体机理，因此有必要将苔藓植物层和苔藓影响下下伏土壤性质的改变对水分入渗的影响进行区分研究，为进一步揭示苔藓植物土壤水分入渗提供数据支撑。

2.3 水土保持功能评价研究进展

功能评价是对人类与生态环境相互作用维持有序结构和动态平衡过程中输出效益之和的评价；水土保持功能评价涉及提高土壤养分、控制土壤侵蚀、涵养水源、改善气候条件等方面。大量学者对石漠化的修复模式、植被生态功能特征、治理方法等多方面进行了评价，这对科学、有序推进石漠化治理具有重要意义。1994 年，黎锁平在深入探究灰色系统理论的基础上，建立了石漠化区水土保持综合效益评价的指标体系，并将灰色系统理论运用到指标评价中[121]。2006 年，字淑慧等采用灰色系统中的关联分析法，综合评价了 9 种牧草在坡耕地水土保持中发挥的效益最终得出翠碧高羊茅的综合性能最佳[122]。有研究对贵州省石漠化区的两种典型治理模式，采用层次分析法和分级赋值法综合评价分析生态效益、经济社会效益和模式推广前景，得出效益较高的为顶坛模式[123]。周晨霓等利用灰色关联度分析法，在重庆西南石漠化治理示范区根据土壤性质、径流量、植被覆盖度和经济收入情况等多方面综合评价了 8 种治理模式的生态效益和经济效益[124]。有研究团队采用模糊综合评价模型对都安瑶族县石漠化治理示范区的生态、经济和社会效益进行评价。有研究采用模糊评价法对贵州石漠化问题突出的县的生态环境脆弱性进行评价[125]。还有研究采用主成分分析法评价了广西典型石漠化区 8 条小流域的水土保持综合效益[126]。众多研究者采取不同方法评价石漠化区治理模式的水土保持效益及功能，归纳总结石漠化区关于效益功能评价的常用模型如下。

1. 层次分析法

层次分析法(analytic hierarchy process，AHP)分析复杂问题的思路与人的思维过程具有一致性。首先，需将被解决的问题依据问题的限制和需要达到的目的逐步分层化，按照问题因素之间的隶属关系及其相互影响，对问题进行分层聚类，使这些问题成为具有共性的问题组成因素，并形成一个有序和递阶的层次结构模型。然后，根据客观事实判断各层次因素的相对重要性并给予其定量评价，之后确定各层次因素的相对重要性权重。最后，通过指标层相对于目标层的相对重要性次序的组合权值，比较选择方案的优劣[127]。AHP 建模的步骤大致如下：①建立递阶层次结构模型；②构造出各层次中的所有判断矩阵；③层次单排序及一致性检验；④层次总排序及一致性检验。

2. 灰色关联分析法

灰色关联分析法是一种描述系统因子之间相互影响程度的方法[128]。其原理是以一个发展的系统为对象，采用定量描述和比较的方法，利用几何形状相似程度来判定参考数据列和若干个比较数据列的紧密程度，反映了曲线间的关联程度[129]。参考数列和比较数列关系越紧密，则其发展方向和速率越接近。由于该方法对样本量及样本有无规律都没有限制，因此被广泛地应用于各个领域。灰色关联分析法的步骤为：①确定分析序列；②对变量序列进行无量纲化；③求绝对差序列、最大差和最小差；④计算关联度；⑤关联度结果；⑥依关联度排序。

3. 模糊综合评价法

美国查德(Zadeh)教授提出了模糊集合理论的概念，用以表达事物的不确定性。模糊综合评价法是以不确定的事物为研究对象，考察不确定因素，运用模糊数学工具及其相关原则进行评价的一种方法[130]。模糊综合评价法的基本原理是：首先确定评价等级集，该集合由评价对象的因素(指标)组成；然后通过分析确定各个因素的权重和隶属度矢量，以进一步获得模糊综合评价矩阵；最后把模糊评判矩阵与因素的权矢量进行模糊运算并进行归一化，得到模糊综合评价结果[131]。模糊综合评价法的建模步骤是：①确定评价对象的因素集；②确定评价对象的评语集；③确定评价因素的权重向量；④进行单因素模糊评价，确立模糊关联矩阵 $\boldsymbol{R}$；⑤多指标综合评价(合成模糊综合评价结果矢量)。

4. 主成分分析法

主成分分析法起源于英国的皮尔森引入非随机变量的研究，1933 年美国的数理统计学家霍特林将此方法推广到随机向量的情形[132]。主成分分析的核心问题是通过一组变量的几个线性组合来解释这组变量的方差-协方差结构[133,134]。我们选择基于标准化的数据进行主成分分析，进而得到综合评价的指标函数，步骤如下：①将数据标准化；②计算样本相关矩阵 $\boldsymbol{R}$ 的特征根和特征向量；③得到样本主成分；④得到综合评价的指标函数；⑤综合评价。

5. 熵权法

熵可以衡量系统信息的混乱程度。熵权法是指由指标内部所包含的信息量反映某项指标在所有指标中的地位[135]。熵权法是按照评价体系中各指标的差异程度，客观揭示数据所蕴含的有效信息，利用信息熵的方法计算出各指标的熵权，通过熵权对评价指标的权重进行修正，得到客观的指标权重，使评价结果更加精准、科学[136]。熵权法的步骤如下：①标准化处理；②计算每个维度的熵；③计算冗余度(差异)；④计算权重；⑤计算综合评分。

2.4 目前研究中存在的问题

苔藓植物种类繁多，现有关于苔藓植物的研究还存在如下问题：

(1)关于石漠化区苔藓植物特征及功能的研究较少。随着石漠化治理进程加速，西南地区探索出诸多植被恢复模式以解决水土流失问题，但仍需进一步优化物种配置结构，提高物种多样性以增强生态系统稳定性。苔藓植物因耐旱、耐干扰、石生等特点成为石漠化区的先锋植物，已有大量研究表明其在荒漠化区具有积极的生态意义，但苔藓植物空间异质性强、苔藓种类繁多，滇中高原石漠化区关于苔藓植物的研究甚少，云南石林县郊区不同生境中苔藓物种种类分布及其与生态因子的关系仍不明确；有必要在该区域不同典型生境中调查苔藓植物多样性，分析特定区域中苔藓植物分布特征及与环境之间的关系。

(2)不同苔藓植物干旱-复水下的生理响应机制有待探究。虽然前人对苔藓植物的光合作用、抗氧化保护、渗透调节等生理指标对水分变化的响应开展了大量研究，但苔藓植物个体矮小，植株对水分变化反应快，研究方法上存在一定难度。国内关于耐旱藓类生理生态的研究较少，且不同苔藓各项机制对干旱-复水的响应规律不完全一致，所以有必要在野外调查基础上深入研究滇东石漠化不同生境中典型苔藓植物的耐旱机理，综合评估苔藓植物在干旱-复水条件下的生理应激状态。

(3)包含苔藓植物的生物结皮在荒漠化生境中的作用研究不足。该生物结皮在荒漠化生境中对土壤物理、化学、生物过程以及土壤水文、侵蚀过程发挥着重要作用，但目前极少研究者在石漠化区开展苔藓植物生理特性及其水土保持功能的研究，研究内容单一且未形成系统，不同苔藓物种生理特性及水土保持功能差异显著。因此，有必要综合评价特定苔藓植物的水土保持功能，为石漠化区苔藓植物发挥效益提供依据。

(4)水土保持效益评价方法存在局限性。目前水土保持效益评价研究中，较多采用层次分析法、灰色关联分析法、模糊综合评价法、主成分分析法和熵权法等。其中，层次分析法带有模拟人脑决策的特点，定量成分较少、定性数据较多；灰色关联分析法需要预先确定各项指标的最优值，主观性较强，同时部分指标最优值难以确定；模糊综合评价法计算复杂，指标权重矢量的确定主观性较强；熵权法的应用范围有限，仅适用于计算权重。这些方法各有优缺点，但综合评价生态水土保持功能既需要客观，又需要对评价结果进行排序便于选择最优方案。所以，有必要探索科学合理的评估方法。

第3章　滇中高原石漠化区苔藓植物分布及影响因素

苔藓植物种类繁多，全世界约有苔藓植物23000种。为了探究滇中高原石漠化区不同生境中苔藓植物分布的影响因素，采用野外调查法和室内分析法相结合的方式，调查野外不同生境中苔藓植物物种的分布情况并进行典型苔藓植物的筛选，同时探索滇中高原苔藓植物分布的影响因素，为填补滇中高原石漠化区苔藓植物分布及影响因素研究的空白提供参考。

3.1　材料与方法

3.1.1　研究区概况

研究区位于喀斯特高原区的云南省石林彝族自治县，往西为滇中红色高原，往东、往南过南盘江进入滇东南峰丛洼地喀斯特区，海拔多在1700～1950m。石林县石漠化土地面积广、分布范围大，截至2017年底，总面积$4.85\times10^4hm^2$，占县域面积的28.75%，主要集中在长湖镇、西街口镇、圭山镇，3个镇的石漠化土地面积占全县石漠化土地总面积的77.59%。

石林县属低纬高原山地季风气候，四季如春，雨量充沛，气候湿润，无霜期长、云雾多、日照少。多年平均气温约16℃，多年平均降水量约939mm，多年平均日照约2100h，多年平均风速约2m/s。

3.1.2　野外调查采样

研究区位于石林县西街口镇，具体采样生境情况见表3-1。在石漠化分布较为明显的区域，选择云南松纯林植被恢复区(简称林地)、自然生长灌丛区(简称灌丛地)、重度石漠化裸岩地(简称裸岩地)和休耕期的玉米地(简称耕地)4类生境设置20m×20m的大样方，每种生境设置3个，共12个大样方。在每个大样方中选取苔藓典型分布区域，随机设置5m×5m的中样方3个，共36个中样方。在每个中样方中设置5个50cm×50cm的小样方，共180个小样方。

采用网格法，使用半透明网格(50cm×50cm)油纸调查小样方内苔藓种类、盖度、频度，采集苔藓样品带回实验室进行 DNA 条形码鉴定。采集每个小样方中苔藓植物根部附近的原生土壤(0～2cm)放置在铝盒中测定其含水率。将一个中样方中 5 个小样方内 0～2cm 的土壤混合后作为一个土样装入自封袋中带回实验室。在实际操作中，裸岩地中难以设置 20m×20m 的规则样方，所以选择连片分布的三个区域，每个区域内选取苔藓植物分布典型区设置 15 个 50cm×50cm 的小样方，将距离相近的 5 个小样方的土壤混合为一个土样，由于裸岩地土壤含量少，样品采集过程中要非常小心。在调查过程中，虽尝试访谈村民了解生境干扰的程度和耕地施肥情况，但是村民对其并不了解。不同生境苔藓植物采样图如图 3-1 所示。

表 3-1　采样生境情况

生境	经纬度	生境特征	干扰情况	石漠化等级
林地	103°20'16.67"E 24°46'8.53"N	云南松纯林	约 20 年前退耕还林，视为无干扰	无石漠化
灌丛地	103°20'9.37"E 24°46'8.10"N	灌丛、藤本及草	几乎无干扰	轻度石漠化
裸岩地	103°20'6.46"E 24°46'11.84"N	无共生植物	几乎无干扰	强度石漠化
耕地	103°20'14.85"E 24°46'7.57"N	休耕期的玉米地	重度耕作干扰	强度石漠化

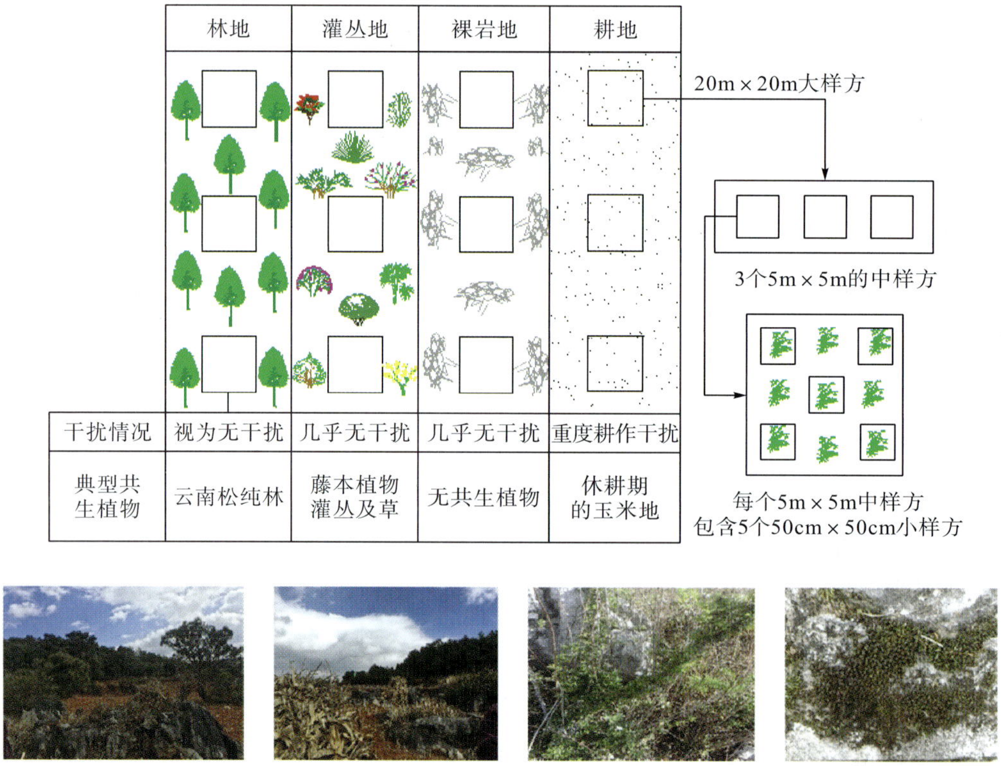

图 3-1　不同生境苔藓植物采样图

3.1.3 指标测量

1. 样本 DNA 提取

用聚乙烯(polyethylene，PE)管盛装苔藓植物样本鲜叶，参照植物基因组 DNA 提取试剂盒(天根生化科技有限公司，北京)进行 DNA 提取，待质量、浓度检测合格后吸取工作液备用。

2. 样本目标序列扩增、测序

参考 Buck 等[137]和 Liu 等[138]的研究，选取苔藓叶绿体 trnL-trnF 通用引物(Tc: 5′-CGAA ATCGGTAGACGCTACG-3′；Tf：5′-ATTTGAACTGG TGACACGAG-3′)对样本进行聚合酶链式反应(polymerase chain reaction，PCR)扩增。PCR 总反应体系总量为 25μL，其中 5×PCR buffer 10μL；dNTP (2.5mmol/L) 1μL；上下游引物(10mmol/L)各 2μL；Taq DNA 聚合酶(5 U/μL) 1μL；DNA 模板 1μL；加双蒸水至总体积 25μL。样品在 ABI 2720 型 PCR 仪(Applied Biosystems 公司生产)中进行扩增。反应程序为：94℃预变性 5min；94℃ 30s；54℃ 30s；72℃ 30s；30 个循环；72℃延伸 10min；4℃保存。扩增产物经 1.0%琼脂糖凝胶检测合格后进行胶回收测序，测序平台为 ABI 3730。

3. 测序结果拼接、比对分析

所有样品采取双向测序，得到原始序列 ab1 文件，经拼接软件 Sequencher (version 4.1.4)处理得到一致性序列 fasta 文件。通过构建所有 trnL-trnF 本地库，使用局部序列比对检索基本工具(basic local alignment search tool，BLAST)进行局部序列比对检索，得到相似性系数最高的参考物种。

其他指标测定：①土壤含水率采用烘干法测定；②土壤粒径分析采用筛分法测定；③使用哈希水质分析仪测定 pH，水土比为 5∶1；④采用重铬酸盐氧化法测量总有机碳(TOC)；⑤土壤总氮(TN)采用凯氏定氮法测定；⑥土壤全磷(TP)采用硫酸-高氯酸钼锑抗比色法测定；⑦电感耦合等离子体原子发射光谱仪测定全钾(TK)、钙(Ca)、镁(Mg)、铁(Fe)和锌(Zn)元素含量。

3.1.4 数据计算

(1)重要值(importance value，IV)：是评估群落物种多样性的重要指标，以综合数值表示植物物种在群落中的相对重要性。

$$\mathrm{IV} = (F + C)/2 \tag{3-1}$$

式中，F 为相对频度，$F = \frac{P'}{P} \times 100\%$；$C$ 为相对盖度，$C = \frac{G'}{G} \times 100\%$；$P'$为样地内某种苔藓出现的频度；$P$ 为样地内所有种出现的频度之和；G'为某种苔藓植物的分盖度，即该附生苔藓在方格网格中所占的格数与总格数的比值；G 为样地内所有附生苔藓物种出现的分盖度之和。

(2)生态位宽度(niche width，NW)：表征自然群落中物种对环境资源的利用能力，物种的生态位越宽，其对自然资源的竞争力越强。

以香农-维纳指数(Shannon-Wiener index)为基础的生态位宽度：

$$B_i = -\sum_{j=1}^{R} P_{ij} \ln P_{ij} \tag{3-2}$$

式中，B_i 指生态位宽度，其范围为[0，R]，B_i 值越大，说明该物种生态位宽度越大；P_{ij} 表示物种 i 的个体数目在 j 样方所有物种种类数中所占的比值；R 是设置调查的总样方数。

3.1.5 数据分析

使用 Microsoft Excel 2018 进行数据整理，并计算苔藓物种重要值和生态位宽度；冗余分析(redundancy analysis，RDA)通过 Canoco 5.0 软件实现；其余分析借助 Origin 2021 软件和 R 语言实现，采用 vegan 程序包进行非度量多维排列(non-metric multidimensional scaling，NMDS)，以检验群落分布和物种组成。相似性分析(analysis of similarities，ANOSIM)利用 vegan 程序包基于布拉伊-柯蒂斯(Bray-Curtis)距离值的秩次进行组间差异显著性检验。对数据先进行正态分布和卡方检验，再开展统计分析，如果分析结果不理想，则进行对数变换使数据满足正态分布和卡方分布。

3.2 结果与分析

3.2.1 苔藓物种 DNA 条形码鉴定

通过构建所有 trnL-trnF 本地库，运用 BLAST 进行比对检索，得到相似性系数最高的参考物种，表 3-2 中的匹配概率均较高，处于 95.279%～100%，说明采用 DNA 条形码鉴定所得的结果较为可靠。同时，结合显微镜观察，确定了苔藓植物的科、属、种。

表 3-2 基于 BLAST 结果的物种鉴定详细比对情况表

序号	种	序列对比上的长度	序列得分	每个序列的查询覆盖率/%	匹配概率/%	匹配出错的概率/%
ID-01	*Bryum arachnoideum*	494	905	99	99.798	0
ID-02	硬叶小金发藓(*Pogonatum neesii*)	456	843	99	100	0
ID-03	白色同蒴藓(*Homalothecium leucodonticaule*)	436	800	100	99.771	0
ID-04	绢藓(*Entodon cladorrhizans*)	429	776	95	99.301	0
ID-05	大灰藓(*Hypnum plumaeforme*)	361	662	93	99.723	0
ID-06	圆枝青藓(*Brachythecium garovaglioides*)	448	804	99	99.107	0

续表

序号	种	序列对比上的长度	序列得分	每个序列的查询覆盖率/%	匹配概率/%	匹配出错的概率/%
ID-07	牛舌藓(*Anomodon viticulosus*)	434	802	99	100	0
ID-08	真藓(*Bryum gemmilucens*)	491	896	100	99.593	0
ID-09	鳞叶藓(*Taxiphyllum deplanatum*)	441	769	99	98.186	0
ID-10	节茎曲柄藓(*Campylopus umbellatus*)	472	830	99	98.517	0
ID-11	长灰藓(*Herzogiella adscendens*)	436	761	97	98.165	0
ID-12	卷叶湿地藓(*Hyophila involuta*)	476	874	98	99.79	0
ID-13	蕊形真藓(*Bryum coronatum*)	495	898	97	99.394	0
ID-14	拟合睫藓(*Pseudosymblepharis richardsii*)	475	833	99	98.316	0
ID-15	伪脸拟合睫藓(*Pseudosymblepharis schimperiana*)	481	881	99	99.792	0
ID-16	多褶青藓(*Brachythecium buchananii*)	435	804	100	100	0
ID-17	疣齿丝瓜藓(*Pohlia flexuosa*)	493	878	99	98.986	0
ID-18	曲柄藓(*Campylopus introflexus*)	481	865	95	99.168	0
ID-19	山墙藓(*Tortula ruralis*)	466	741	96	95.279	0
ID-20	纤枝短月藓(*Brachymenium exile*)	493	911	99	100	0
ID-21	狭叶小羽藓(*Haplocladium angustifolium*)	431	797	99	100	0
ID-22	糙枝丝瓜藓(*Pohlia camptotrachela*)	473	857	99	99.366	0
ID-23	小石藓(*Weissia controversa*)	488	878	98	99.18	0
ID-24	硬叶对齿藓(*Didymodon rigidulus*)	444	765	100	97.973	0
ID-25	多荚银藓(*Anomobryum prostratum*)	517	826	96	96.132	0
ID-26	凤尾藓(*Fissidens subbasilaris*)	465	743	99	95.484	0

3.2.2　苔藓植物重要值和生态位分析

样方调查中，林地样方记录苔藓植物属 7 科 11 属 13 种；灌丛地苔藓植物属 9 科 14 属 16 种；耕地苔藓植物属 2 科 4 属 5 种；裸岩地苔藓植物属 5 科 7 属 8 种。

林地中大灰藓(IV = 0.579，NW=0.367)、曲柄藓(IV = 0.219，NW=0.275)的生态位宽度值较大，伪脸拟合睫藓(IV =0.013，NW=0.039)、山墙藓(IV =0.023，NW=0.062)的生态位宽度值较小。灌丛地中小石藓(IV=0.219，NW=0.286)、山墙藓(IV=0.204，NW=0.277)的生态位宽度值较大；圆枝青藓(IV=0.013，NW=0.043)、糙枝丝瓜藓(IV=0.026，NW=0.072)的生态位宽度值较小。耕地中绢型真藓(IV=0.462，NW=0.367)、蕊形真藓(IV=0.412，NW=0.367)的生态位宽度值较大；卷叶湿地藓(IV=0.027，NW=0.087)、小石藓(IV=0.068，NW=0.164)的生态位宽度值较小。裸岩地中牛舌藓(IV=0.450，NW=0.368)、绢藓(IV=0.313，NW=0.346)的生态位宽度值较大；狭叶小羽藓(IV=0.024，NW=0.767)、卷叶湿地藓(IV=0.046，NW=0.121)的生态位宽度值较小(表 3-3)。

表 3-3 石林县典型石漠化区 4 类生境苔藓物种区系分类

科	属	种	IV/NW			
			林地	灌丛地	耕地	裸岩地
Hypnaceae 灰藓科	*Hypnum* 灰藓属	*Hypnum plumaeforme* 大灰藓	0.579/0.367			
	Taxiphyllum 磷叶藓属	*Taxiphyllum deplanatum* 鳞叶藓		0.192/0.269		
Dicranaceae 曲尾藓科	*Campylopus* 曲柄藓属	*Campylopus introflexus* 曲柄藓	0.219/0.275			
		Campylopus umbellatus 节茎曲柄藓	0.219/0.275			
Pottiaceae 丛藓科	*Tortula* 墙藓属	*Tortula ruralis* 山墙藓	0.023/0.062	0.204/0.277		
	Weissia 小石藓属	*Weissia controversa* 小石藓	0.028/0.072	0.219/0.286	0.068/0.164	
	Pseudosymblepharis 拟合睫藓属	*Pseudosymblepharis richardsii* 拟合睫藓	0.049/0.108	0.099/0.185		
		Pseudosymblepharis schimperiana 伪脸拟合睫藓	0.013/0.039		0.220/0.312	
	Hyophila 湿地藓属	*Hyophila involuta* 卷叶湿地藓	0.037/0.088	0.102/0.187	0.027/0.087	0.046/0.121
	Didymodon 对齿藓属	*Didymodon rigidulus* 硬叶对齿藓	0.036/0.087			
Bryaceae 真藓科	*Pohlia* 丝瓜藓属	*Pohlia flexuosa* 疣齿丝瓜藓	0.139/0.215			
		Pohlia camptotrachela 糙枝丝瓜藓		0.026/0.072		
	Bryum 真藓属	*Bryum coronatum* 蕊形真藓			0.412/0.367	
		Bryum arachnoideum 绢型真藓		0.036/0.092	0.462/0.367	0.073/0.166
		Bryum gemmilucens 真藓				0.098/0.199
	Brachymenium 短月藓属	*Brachymenium exile* 纤枝短月藓		0.030/0.081		
		Brachythecium garovaglioides 圆枝青藓	0.053/0.115	0.013/0.043		
		Brachythecium buchananii 多褶青藓	0.063/0.136		0.120/0.224	
	Anomobryum 银藓属	*Anomobryum prostratum* 多荚银藓		0.069/0.145		
Thuidiaceae 羽藓科	*Homalothecium* 同蒴藓属	*Homalothecium leucodonticaule* 同蒴藓				0.132/0.189
	Anomodon 牛舌藓属	*Anomodon viticulosus* 牛舌藓				0.450/0.368
	Haplocladium 小羽藓属	*Haplocladium angustifolium* 狭叶小羽藓	0.050/0.109	0.083/0.164		0.024/0.767
Plagiotheciaceae 棉藓科	*Herzogiella* 长灰藓属	*Herzogiella adscendens* 长灰藓		0.035/0.091		
Fissidentaceae 凤尾藓科	*Fissidens* 凤尾藓属	*Fissidens subbasilaris* 凤尾藓		0.132/0.219		
Polytrichaceae 金发藓科	*Pogonatum* 金发藓属	*Pogonatum neesii* 硬叶小金发藓	0.122/0.199	0.024/0.068		
Entodontaceae 绢藓科	*Entodon* 绢藓属	*Entodon cladorrhizans* 绢藓		0.115/0.202		0.313/0.346

从 4 类生境中筛选出小石藓、大灰藓、牛舌藓、蕊形真藓 4 种典型苔藓植物用于后续的研究(图 3-2)。

图 3-2　4 类生境中优势苔藓植物

3.2.3　苔藓植物群落差异性分析

通过 NMDS，根据 4 类生境中苔藓植物群落差异性得到的胁强系数(stress)为 0.121，小于 0.2，说明其图形有一定的解释意义，表明研究区域 4 类生境中苔藓植物群落具有一定差异性。从区域分布看，灌丛地中苔藓植物群落位于其他 3 类生境中间，且与其他 3 类生境都有一定重叠区(图 3-3)。对 4 类生境中的苔藓植物群落进行 ANOSIM(表 3-4)，结果显示，林地、灌丛地、裸岩地和耕地中苔藓植物群落各两组之间的 *R* 值均大于 0，*p* 值为 0.001，小于 0.05，说明 4 类生境下苔藓植物群落组间差异性显著，其中差异性最大的为林地和裸岩地，*R* 值为 0.9907；差异性最小的为灌丛地和耕地，*R* 值为 0.6656。

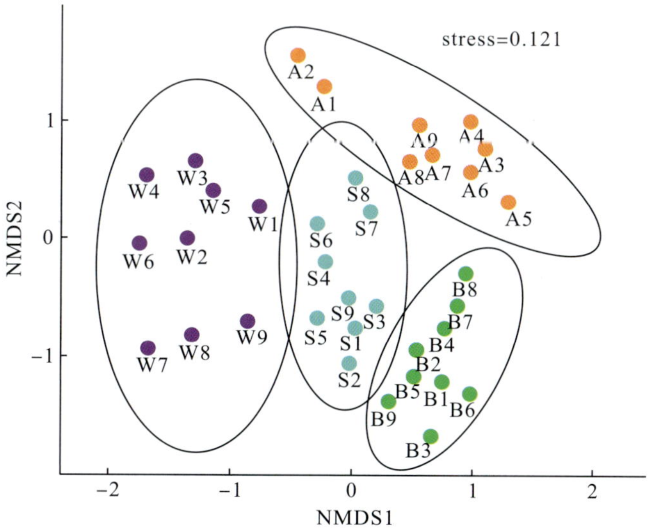

图 3-3　4 类生境苔藓植物 NMDS-2D 排序

注：W=林地；S=灌丛地；B=裸岩地；A=耕地

表 3-4　4 类生境苔藓植物 ANOSIM

生境	林地	灌丛地	裸岩地	耕地
林地	—	—	—	—
灌丛地	0.7634	—	—	—
裸岩地	0.9907	0.6838	—	—
耕地	0.8285	0.6656	0.7414	—

注：表中数据为 R 值，$p = 0.001$。

3.2.4　不同生境中土壤理化性质分析

4 类生境中 pH 都呈弱酸性。与耕地相比，林地、灌丛地中土壤含水率分别增加了 9.26 个百分点和 6.07 个百分点。灌丛地和林地中 TOC 含量较耕地分别增加了 32.88g/kg 和 28.54g/kg，但差异不显著。灌丛地、林地、裸岩地、耕地中，TN 含量分别为 2.08g/kg、1.55g/kg、1.39g/kg、1.03g/kg，且差异性显著；TP 含量分别为 1.54g/kg、1.14g/kg、1.58g/kg、1.78g/kg；4 类生境中 TK 含量差异不显著，范围为 1.71～1.75g/kg，与全国第二次土壤普查养分分级标准相比，属于低钾区范围；Ca 含量具有一定差异性，裸岩地中含量最高(17.88g/kg)，耕地中含量最低(10.73g/kg)。Mg 含量具有一定差异性，灌丛地中含量最高(3.56g/kg)，林地中含量最低(3.04g/kg)。耕地中 Fe 含量最高(39.20g/kg)，裸岩地中含量最低(31.98g/kg)(表 3-5)。

表 3-5　4 类生境苔藓植物下部土壤的理化性质($p<0.05$)

生境	土壤含水率/%	pH	TOC/(g/kg)	TN/(g/kg)	TP/(g/kg)	TK/(g/kg)	Ca/(g/kg)	Mg/(g/kg)	Fe/(g/kg)
林地	19.59±4.28a	6.27±0.49b	46.66±14.32a	1.55±0.51b	1.14±0.57c	1.75±0.26a	13.36±1.34c	3.04±0.54b	38.68±5.04a
灌丛地	16.40±4.05b	6.62±0.49a	51.00±11.62a	2.08±0.65a	1.54±0.86b	1.74±0.36a	16.17±3.61b	3.56±0.76a	35.00±5.59b
裸岩地	9.29±3.32c	6.73±0.17a	43.50±6.17b	1.39±0.19c	1.58±0.39b	1.72±0.09a	17.88±1.32a	3.29±0.38a	31.98±2.80c
耕地	10.33±3.03c	5.74±0.47c	18.12±3.66a	1.03±0.08d	1.78±0.91a	1.71±0.48a	10.73±1.07c	3.13±0.49b	39.20±4.00a

注：平均值±S.D.；表中小写字母表示在 0.05 水平下 4 类生境苔藓植物下部土壤的理化性质差异性。

根据 4 类生境中土壤粒径分析结果(图 3-4)，林地中土壤粒径$\phi \geqslant 5$mm 的占比最大(45%)，其次是 2mm$\leqslant \phi <$5mm 和$\phi <$0.25mm，分别占比 27%和 25%；灌丛地中土壤粒径$\phi \geqslant 5$mm 和 2mm$\leqslant \phi <$5mm 的占比最大，均为 34%，占比最小的是$\phi <$0.25mm(11%)；裸岩地中土壤粒径 0.25mm$\leqslant \phi <$0.5mm 的占比最大，为 51%，$\phi \geqslant 5$mm 的占比最小(6%)；耕地中粒径 0.5mm$\leqslant \phi <$1mm 的占比最大(42%)；$\phi \geqslant 5$mm 的占比最小(15%)。总体而言，林地中的土壤以大粒径居多，其次是灌丛地，耕地中的小粒径土壤占比最大。

4 类生境中土壤指标相关性分析显示出一个共同的趋势：TOC 和 TN 的含量呈正相关，TOC 越高，TN 越高。在林地中，TOC 和 TK 呈明显正相关(图 3-5)。

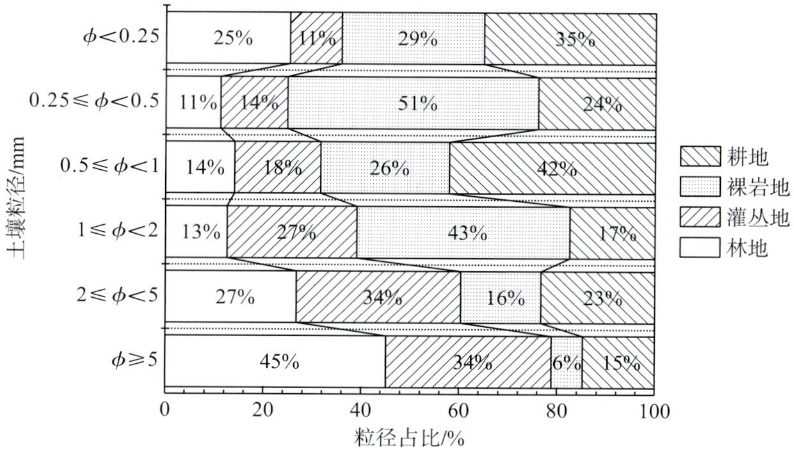

图 3-4　4 类生境中土壤粒径分析

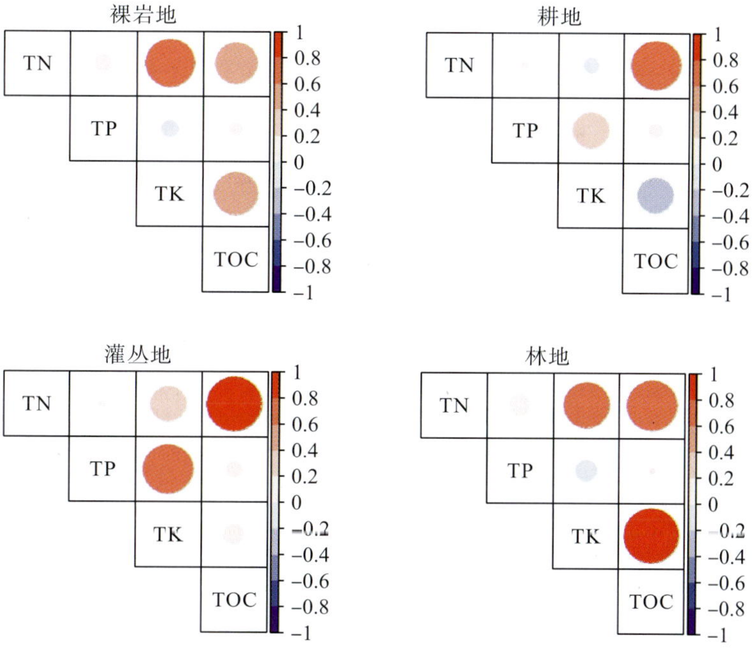

图 3-5　4 类生境土壤养分及化学计量比相关性

注：a.红色表示正相关性，蓝色表示负相关性；b.颜色深浅表示系数值的大小，颜色越深，相关性越强；c.圆点越大，表示两个变量之间的相关性系数越大；d.如果相关性 p 值大于 0.05，则无圆圈展示

3.2.5　苔藓植物分布影响因素分析

通过冗余分析(redundancy analysis，RDA)反映了部分环境因子、苔藓植物与土壤理化性质在物种尺度上的相关关系，这些因子对 4 类生境苔藓植物分布的差异性解释率为 48.8%。其中，共生植被物种数量(number of vegetation symbiosis，NVS)、土壤含水率(soil moisture，SM)、全钾(TK)和全磷(TP)对苔藓植物分布的解释起主要作用，贡献率分别为

31.7%、12.8%、11.3%、11.6%，其他因子贡献率均小于 10%。大多数苔藓植物种类分布与 NVS 和 TK、TOC、Fe、pH、TN、SM、TP 等因素呈正相关，而与耕作干扰程度(degree of tillage disturbance，DTD)呈负相关，说明苔藓植物的分布受到耕作干扰的影响，耕作干扰可导致研究区域的苔藓植物减少且对土壤养分的累积有明显的胁迫作用；蕊形真藓、绢型真藓和牛舌藓这些苔藓物种位于第一轴的负半轴，与耕作干扰呈正相关，与土壤含水率呈负相关，说明这些苔藓对干扰和干旱的环境耐受性更强(图 3-6)。

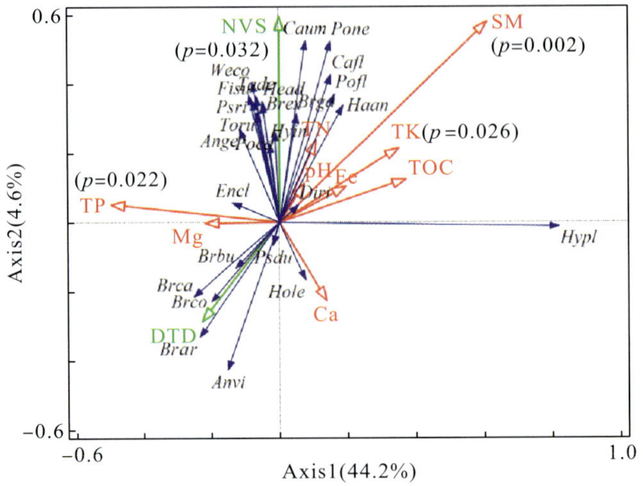

图 3-6 苔藓植物种类分布与土壤理化性质之间的关系

注：a.SM=土壤含水率，W=林地，S=灌丛地，B=裸岩地，A=耕地；b.根据 4 类生境情况，将共生植被物种数量划分为 0、1、3 三个等级，裸岩地和耕地为 0 等级，林地为 1 等级，灌丛为 3 等级；耕作干扰程度划分为 0、5 两个等级，林地、裸岩地、灌丛地为 0 等级，耕地为 5 等级；c.斜体字母为苔藓物种的前四个字母缩写

Hypl—Hypnum plumaeforme；*Tade—Taxiphyllum deplanatum*；*Cain—Campylopus introflexus*；*Caum—Campylopus umbellatus*；*Toru—Tortula ruralis*；*Weco—Weissia controversa*；*Psri—Pseudosymblepharis richardsii*；*Pssc—Pseudosymblepharis schimperiana*；*Hyin—Hyophila involuta*；*Diri—Didymodon rigidulus*；*Pofl—Pohlia flexuosa*；*Brco—Bryum coronatum*；*Brar—Bryum arachnoideum*；*Brge—Bryum gemmilucens*；*Brex—Brachymenium exile*；*Poca—Pohlia camptotrachela*；*Brga—Brachythecium garovaglioides*；*Brbu—Brachythecium buchananii*；*Anpr—Anomobryum prostratum*；*Hole—Homalothecium leucodonticaule*；*Anvi—Anomodon viticulosus*；*Haan—Haplocladium angustifolium*；*Head—Herzogiella adscendens*；*Fisu—Fissidens subbasilaris*；*Pone—Pogonatum neesii*；*Encl—Entodon cladorrhizans*。

3.3 讨　　论

3.3.1 不同生境苔藓物种丰度分析

根据样方调查结果，人工纯云南松植被恢复林地和自然生长灌丛地两类生境中，苔藓植物物种数量均比石漠化区裸岩地和休耕期的玉米地丰富，说明人工播种植被形成的林地修复区和未被破坏的自然生境灌丛地有利于增加石漠化区苔藓植物数量，这两类生境可为苔藓植物的生长提供适宜的生态位。前人研究结论表明，与其他植被类型相比，陆地上的森林植被具有最大的生物量积累。但云南松纯林恢复生境中，苔藓物种数量少于自然生长的灌丛区，这与部分研究者关于混交林中苔藓植物种类、数量高于灌丛的观点相反[139]。其原因可能为：①在调查样方中，云南松纯林中林分同质性降低了生境的异质性，导致苔藓植物种类及数量减少[140]；②云南松纯林大量生长且郁闭度较高，使苔藓植物生长生态位受到压缩，相比之下，灌丛区共生植被数量与种类多，冬季采样时，许多灌木随季节而发生枯萎死亡，为苔藓植物生长创造了更多的生态位[141]。前人研究表明，森林冠层覆盖度减少，可能改变林下微气候，导致地衣、苔藓覆盖层群落发生变化[142]。

4 类生境中，重度石漠化的裸岩地苔藓植物丰度高于耕地，其原因为：①不同苔藓植物对裸岩基质和土壤基质两种不同生长基质的适应性具有差异性，部分苔藓植物可能更适合生长于裸岩基质中，但是关于苔藓植物对生长基质的适应性还需进一步研究；②苔藓植物生长在裸岩基质上的养分来自大气沉降、苔藓植物截留等，而生长在耕地中受原生土壤基质的影响较大，裸岩地生境可以为不同耐旱藓类生长提供更加多样化的生长环境；③耕地和裸岩地中土壤含水率差异性小，一些耐旱类的苔藓植物成为耕地和裸岩地中的建群种，但是在耕地中受耕作干扰的影响，耐旱类苔藓植物中繁殖速度慢的类群被淘汰，导致苔藓植物数量进一步减少。研究表明，中度干扰和重度干扰（干扰强度 60%和 90%）对苔藓植物结皮生长发育均有负面影响，干扰强度越大，负面影响越大[143]。

3.3.2　不同生境中苔藓植物土壤理化性质差异性分析

土壤作为生态系统的重要组成部分，对植物的生长起着关键性作用。在 4 类生境中，全钾含量不仅是影响该区域苔藓植物分布的关键土壤因子，而且全钾含量低成为该区域植物生长的限制因素。钾含量低主要受成土母质、气候等成土因素的影响。碳酸盐岩中的钾含量远低于其他岩石种类，即使在热带、亚热带气候条件下，碳酸盐岩溶解释放钾的数量也远低于植被恢复所需要的数量，导致土壤中钾的含量和钾库耗损，从而表现出土壤低钾的现象[144]。同时，也说明石漠化区不同生境土壤生态系统中钾元素的累积增加效应不显著：一方面，大量的土壤钾处于一个稳定的存储库，即土壤含钾矿物中，钾移动性小、循环缓慢[145]；另一方面，钾元素参与植被-土壤生态系统循环，导致钾流失风险较大。前人研究表明，土壤中钾元素在降雨条件下很容易被淋溶而流失，通过沥滤损失的钾为 6～70kg/(hm^2·a)[146]。本研究中林地土壤有机质含量和全钾含量呈明显正相关，说明此区域林地生态系统中增加土壤有机质可以促进全钾含量的存储。与耕地相比，云南松纯林区和灌丛区中含水率、总有机碳、总氮等土壤指标较高，主要源于土壤表层生长植物通过林冠层、地表植被及枯枝落叶层和根系土壤层相互协调存储水分，大幅度减少降水冲刷带走的土壤养分，发挥涵养水源和储存土壤养分的功能。而耕地受到耕作干扰，水土流失导致大量土壤养分流失[147,148]。在 4 类生境中，土壤总有机碳与总氮呈正相关关系，全氮的增加有助于促进有机碳在石漠化植被修复管理中的储存。有研究表明，在酸性土壤中外源氮、土壤含水率、铁元素、pH 对有机碳存储的影响占比分别为 22.2%、19.9%、15.5%、9.5%[149]。耕地中土壤全磷含量较高可能与耕作中施用磷肥密切相关，前人研究证明了旱地中碳和氮相对受到限制，但磷富集[150]，而在云南松纯林中土壤全磷含量最低，有研究表明，土壤中氮和磷的有效性制约着土壤中的碳库，且森林中氮沉降的增加会进一步限制土壤磷的增加[151]。

3.3.3 苔藓植物分布影响因素分析

4 类生境中苔藓植物群落差异性显著，这是因为苔藓植物是敏感物种，在不同生境中可以作为环境变化的指示物种。与云南松纯林恢复生境相比，裸岩地和耕地生境较为恶劣，迫使适应干旱与干扰能力弱的物种逐渐被替代而形成较为单一的物种。研究区域中，牛舌藓、蕊形真藓、绢型真藓等优势苔藓物种可作为耐旱和耐干扰环境的指示物种。

冗余分析(RDA)能有效确定影响物种分布的、具有最大解释能力的最小变量组。共生植被物种数量、土壤含水率、全钾和全磷等因子显著影响苔藓群落的分布。其中，土壤含水率对苔藓植物分布的影响最大，这与前人的研究表明水分是影响苔藓植物生长和分布模式的关键因子的结论一致[152]，共生植被物种数量通过改变水分、光照强度等因素综合影响苔藓植物的分布[153]；全磷成为影响苔藓植物分布的显著因子，与前人研究得到全磷影响苔藓植物的组成及分布关联度最高的结论保持一致[154]。多数苔藓物种种类分布与共生植被物种数量、全钾、总有机碳、铁、总氮、土壤含水率、全磷、pH 等因素呈正相关。苔藓植物通过生长基质获取养分，发挥保持水土的作用，有效减少土壤养分的流失并供给生长植物吸收利用，共生植被生长又为苔藓植物生长提供适宜环境，生态系统中不同物种发挥其功能促进生态恢复。

本书通过比对分析苔藓植物物种差异性及土壤理化性质对苔藓植物的分布影响，可为石漠化区生态恢复和管理策略提供理论及数据支撑。人为干扰与苔藓植物、共生植被物种数量和土壤理化性质指标呈负相关，表明减少人为干扰有利于石漠化区生态修复。全钾含量低是该区域植被生长的限制因素，提高全钾含量的措施会对该区域植被生长繁殖提供有利条件；以云南松纯林和大灰藓为主要植被组成的林地生态系统可能对改善该区域全钾含量低具有重要的意义，但还需进一步研究其过程及机理。

3.4 小　　结

(1) 4 类生境中苔藓植物分布及组成差异性显著。灌丛地记录的苔藓植物有 9 科 14 属 16 种，林地有 7 科 11 属 13 种，裸岩地有 5 科 7 属 8 种，耕地有 2 科 4 属 5 种。林地和裸岩地生境中苔藓植物分布和组成差异性最大，ANOSIM 的 *R* 值为 0.9907；差异性最小的是灌丛地和耕地生境，ANOSIM 的 *R* 值为 0.6656。小石藓(*Weissia controversa*)、大灰藓(*Hypnum plumaeforme*)、牛舌藓(*Anomodon viticulosus*)、绢型真藓(*Bryum arachnoideum*)分别是灌丛地、林地、裸岩地和耕地中重要值和生态位最大的物种。

(2) 4 类生境中苔藓植物下部土壤的理化性质有共性也有一定差异性；共性为 4 类生境中土壤 pH 均呈弱酸性，全钾含量均极低且无显著性差异，较低的全钾含量是该区域植物生长的限制因素。差异性为林地和灌丛地生境中土壤含水率、全氮、总有机碳较裸岩地和耕地生境更高，但是耕地中土壤全磷含量是 4 类生境中最高的，其值为 1.78g/kg；就土壤中金属元素而言，灌丛地和裸岩地 Ca 和 Mg 元素含量较高，而 Fe 元素含量最高的是耕地(39.20g/kg)，裸岩地 Fe 含量最低(31.98g/kg)。

(3) 苔藓物种组成及分布与共生植被物种数量、pH、全钾、总有机碳、铁、总氮、土壤含水率、全磷等因素呈正相关，与耕作干扰呈负相关，表明耕作干扰对土壤养分的累积有明显的胁迫作用。其中，共生植被物种数量、土壤含水率、全钾和全磷对苔藓物种分布的解释贡献率较高。

(4) 小石藓、大灰藓、牛舌藓、蕊形真藓 4 种典型苔藓植物被从 4 类生境中筛选出来用于后续的研究。

第 4 章　干旱-复水对典型苔藓植物生理生化特征的影响

虽然已有较多关于干旱条件下苔藓植物生理生化变化过程的研究，但是鉴于以下两方面原因，关于滇中高原石漠化区耐旱苔藓植物的干旱响应机制尚未有报道：一方面，苔藓植物种类繁多；另一方面，现有研究主要集中于干旱阶段，而在干旱-复水条件下苔藓植物的耐旱性研究较少。然而，苔藓植物历经干旱，复水后植株体的恢复机能是表征苔藓植物耐旱能力的一个重要方面。为了研究典型苔藓植物的耐旱机理，本书采用室内控制试验法探究苔藓植物生理生化指标对干旱-复水的生理生化动态响应，为解释不同典型苔藓植物对生境的适应性特征提供依据。

4.1　研究方法

4.1.1　试验设计

在石林县石漠化区林地、灌丛地、耕地、裸岩地 4 类生境中采集优势苔藓——大灰藓、小石藓、蕊形真藓、牛舌藓，去除假根底部的杂质运回实验室。将苔藓植物平铺于不锈钢的培养盘中，在室内喷洒水分进行复活培养，使野生配子体由风干萎缩状至茎叶体伸展并恢复生长状态，复活培养 7 天后挑选生长较好的苔藓植物清洗干净后模拟干旱-复水处理(图 4-1)。用 10%的霍格兰(Hoagland)溶液平衡苔藓植物 24h，购买上海化学试剂公司生产的分析纯(analytical reagent，AR)PEG-6000 化学试剂，配制质量浓度为 15%的 PEG-6000 溶液，模拟干旱胁迫处理 4 种苔藓植物，将配制好的溶液倒入含有苔藓植物的培养盘中，设置气候条件为温度 20℃、空气湿度 60%～70%、光照周期 12h，于干旱胁迫前 0h，干旱处理 9h、24h、48h、72h 后取苔藓植株体测量相应指标；每类苔藓设置 3 个重复组。复水处理：将苔藓植物取出放入 10%的 Hoagland 溶液中，于复水后 9h、24h 取苔藓植株体测量相应指标，每类苔藓设置 3 个重复组。

4 种苔藓植物的形态特征各异(图 4-2)。大灰藓植物形体大，黄绿色或绿色。茎匍匐，可长达 10cm。茎横切面圆形，皮层细胞厚壁，4～5 层，中部细胞较大，薄壁，中轴稍发育。规则或不规则羽状分枝；分枝平铺或倾立，长可达 1.5cm。假鳞毛少数，黄绿色，丝状或披针形。茎叶基部不下延，阔椭圆状或近心脏形，渐上阔披针形，渐尖，尖端一向弯曲，长 1.8～3.0mm，宽 0.65～1.0mm，上部具纵褶；叶缘平展，尖端具细齿；中肋 2 条。

雌雄异株。孢子小，直径 12～18μm。

牛舌藓植物体较硬挺，纤长或较粗大，黄绿色、鲜绿色、深绿色或褐绿色，疏松或紧密丛生。主茎匍匐生长，次茎直立或倾立，稀具不规则羽状分枝，尖部卷曲或呈尾尖状，无鳞毛。茎叶与枝叶近于同形，干燥时覆瓦状排列或倾立，叶片无纵长皱褶，由卵圆形或椭圆状卵圆形基部向上渐狭成舌形，长舌形或披针形叶尖，具细齿或细圆疣状突起，稀具不规则疏齿或粗齿；中肋单一，多数长达叶中部以上或近叶尖部。雌雄同株或异株。蒴柄纤细，孢蒴通常为卵形。

小石藓植物体矮小，密集丛生，绿色或黄绿色。茎单一直立或具分枝，高 0.5～1cm，叶呈长披针形，先端渐尖，叶缘内卷，全缘。中肋粗壮，突出叶尖，叶片上部细胞呈多角状圆形，壁薄，基部细胞长方形，平滑，透明，无疣，蒴柄长 5～8mm；孢蒴直立，卵状圆柱形，齿片短。

蕊形真藓植物体密集丛生，黄绿色，无光泽，下部暗褐色，茎长约 5mm。茎叶覆瓦状，披针形至卵状披针形，边缘多由上至下背卷，全缘，中肋粗壮，褐色，冠顶具长芒状尖。枝叶三角状披针形；蒴柄长 10～35mm，蒴台膨大，基部圆钝，蒴盖圆锥形，尖部具小凸起，外齿层齿片具细疣。孢子直径 8～13μm，具细疣。

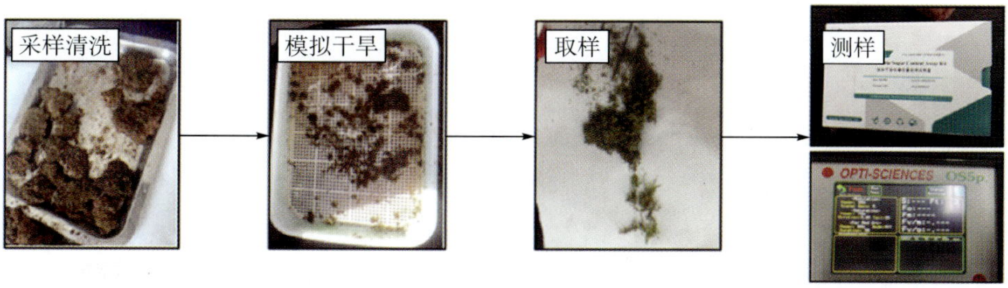

图 4-1　干旱-复水试验操作步骤

图 4-2　4 种优势苔藓植物细部放大图

注：(a) 大灰藓，(b) 牛舌藓，(c) 小石藓，(d) 蕊形真藓；比例尺为 1∶400

4.1.2 苔藓植物生理生化特征指标测量

1. 植物组织含水量测定

将称量过鲜质量的苔藓植物样品置于烘箱内，采用 100℃的温度烘至恒质量后称取其干质量，植物组织含水量的计算公式为

$$组织含水量 = \frac{M_F - M_D}{M_F} \times 100\% \tag{4-1}$$

式中，M_F 为苔藓植物鲜质量，g；M_D 为烘干后的样品质量，g。

2. 细胞膜透性的测定方法

细胞膜透性测定采用电导法。称取 0.1g 样品放入 15mL 刻度试管中，迅速加入蒸馏水 10mL 完全浸泡样品。用玻璃棒搅动叶片后摇匀，完成后静置 30min，在 20～25℃恒温下测定其电导率 L_1，测定后在 100℃沸水浴中加热 10min 以杀死植物组织，冷却后再次测其煮沸电导率 L_2。每个处理重复 3 次。相对电导率(C)计算公式如下：

$$相对电导率 = \frac{L_1}{L_2} \times 100\% \tag{4-2}$$

3. 叶绿素含量测定

采集新鲜植株体，用滤纸吸干表面水分，剪碎，每个样品称取 0.1g 放入研钵中，每个样品重复 3 次，加入 1mL 蒸馏水和少量(约 10mg)碳酸钙避光研磨后，用乙醇-丙酮混合液(1∶2 体积比配制)冲洗后转移至离心管中定容至 10mL，摇匀，在黑暗处浸提 3h，其间颠倒混合 2、3 次，观察底部组织残渣接近白色则提取完全。当样品全部变白时，用 UV-1800 型紫外分光光度计分别测定 663nm、645nm 波长下吸光度 A。

采用利希滕塔勒(Lichtenthaler)法计算叶绿素 a(chlorophyll a，Chlla)、叶绿素 b(chlorophyll b，Chllb)和总叶绿素(total chlorophyll，Tchll)含量。计算公式如下：

$$叶绿素\ b\ 含量(mg/g) = 0.01 \times (202.88 \times A_{645nm} - 54.67 \times A_{663nm}) \times D / M \tag{4-3}$$

$$叶绿素\ a\ 含量(mg/g) = 0.01 \times (12.72 \times A_{663nm} - 2.59 \times A_{645nm}) \times D / M \tag{4-4}$$

$$总叶绿素含量 = 叶绿素\ a\ 含量 + 叶绿素\ b\ 含量 \tag{4-5}$$

式中，M 为样品鲜重，g；D 为稀释倍数，值为 1。

4. 丙二醛含量测定

丙二醛(malondialdehyde，MDA)含量测定采用硫代巴比妥酸法(thiobarbituric acid method，TBA)：提取酶液1mL(酶液提取详见4.1.2节第6条)，加600μL MDA 检测工作液和相应的试剂后，沸水浴处理60min，冰浴冷却至室温，10000r/min 常温离心10min，取上清液在 UV-1800型紫外分光光度计上测定450nm、532nm、600nm 波长下的吸光度 A。同时进行空白对照。计算 $\Delta A_{450}=A_{450测定}-A_{450空白}$，$\Delta A_{532}=A_{532测定}-A_{532空白}$，$\Delta A_{600}=A_{600测定}-A_{600空白}$。

$$\text{MDA含量(nmol/g)} = \frac{[6.45\times(\Delta A_{532}-\Delta A_{600})-0.56\times\Delta A_{450}]\times V_{总}}{W\times V_{样}\div V_{提}} = 5\times[6.45\times(\Delta A_{532}-\Delta A_{600})-0.56\times\Delta A_{450}]\div W \quad (4\text{-}6)$$

式中，$V_{总}$为体系总体积，1.5mL；$V_{样}$为反应体系中加入待测样本的体积，0.2mL；$V_{提}$为提取液体积，1.5mL；W为样品质量，g。

5. 渗透调节物质

可溶性糖(soluble sugar，SS)含量的测定：采用Boxbio①植物可溶性糖检测试剂盒测量，称取 0.1g植物样本，加入 1mL蒸馏水研磨至匀浆，95℃处理 10min(密封以防止水分散失)，冷却至室温，8000r/min常温离心 10min，取上清液用蒸馏水稀释 5 倍后即为待测样本。吸取待测样本 200μL，加入相应的试剂混合后，吸取 1mL反应液至 1mL比色皿中，用UV-1800 型紫外分光光度计测定 620nm波长处样品的吸光度，记为$A_{测定}$；同时测量空白对照管的吸光度，记为$A_{空白}$。另外，$A_{标准}$为标准品溶液的吸光度值；计算$\Delta A_{测定}=A_{测定}-A_{空白}$，$\Delta A_{标准}=A_{标准}-A_{空白}$。每个处理重复 3 次。

可溶性糖标准曲线的制作：将 10mg/mL 葡萄糖标准液使用蒸馏水稀释至 0.2mg/mL、0.1mg/mL、0.05mg/mL、0.025mg/mL、0.0125mg/mL、0.00625mg/mL 即为标准稀释液。依次在 620nm 波长下测定标准品的吸光度。以浓度为横坐标，以其对应的吸光度为纵坐标，绘制标准曲线，得到线性回归方程 $y = kx + b$，将吸光度值代入公式得到 x(mg/mL)。

可溶性糖含量计算公式如下：

$$\text{可溶性糖含量(mg/g)} = \frac{x\times D}{W} \quad (4\text{-}7)$$

式中，x 由标准曲线计算得到，mg/mL；D 为待测样本稀释倍数，值为 5；W 为苔藓植株样本质量，g。

可溶性蛋白(soluble protein，SP)含量的测定：采用考马斯亮蓝法，称取 0.1g苔藓植物鲜样放入研钵中，加入 1mL 0.9%生理盐水，于冰水浴中充分研磨后，转入 5mL离心管中，以 4℃、8000r/min离心 10min，取上清液置于冰上待测。需同时制作空白管和标准管，所加试剂见表 4-1。取 50μL待测液，加入 3mL考马斯亮蓝显色液(考马斯G250 贮备液体积：蒸馏水体积=1：4)充分混匀后，静置 10min，用紫外分光光度计测定 595nm波长下的样品吸光度，待测样品吸光度为$A_{测定}$，标准管吸光度为$A_{标准}$，空白对照管吸光度为$A_{空白}$。

$$\text{待测样品可溶性蛋白浓度(g/L)} = \frac{A_{测定}-A_{空白}}{A_{标准}-A_{空白}}\times C_{标准}\times N \quad (4\text{-}8)$$

式中，$C_{标准}$为标准液浓度，0.524g/L；N为样本测试前稀释倍数，值为 1。

表 4-1　可溶性蛋白(SP)含量测定管对比情况

试剂及样品	空白管	标准管	测定管
蒸馏水/mL	0.05	—	—

① 北京盒子生工科技有限公司品牌。

续表

试剂及样品	空白管	标准管	测定管
蛋白标准液/mL	—	0.05	—
样品/mL	—	—	0.05
考马斯亮蓝显色液/mL	3.0	3.0	3.0

脯氨酸(Pro)含量的测定：使用Boxbio脯氨酸(Pro)含量检测试剂盒测量，称取 0.15g 植物样本，加入 1.5mL提取液，冰浴匀浆，沸水浴振荡提取 10min，冷却至室温，10000r/min 常温离心 10min，取上清液作为待测样本。吸取待测样本 500μL至 5mL离心管中，分别加入 500μL冰乙酸和 500μL显色液。沸水浴处理 30min(密封以防止水分散失)，每 10min振荡混匀一次，反应结束后冷却至室温。加入 1mL甲苯溶液振荡混匀 30s，静置片刻(使产物完全转至上层甲苯中)。同时制作空白对照管，记为$A_{空白}$。分光光度计预热 30min以上，调节波长至 520nm，以甲苯调零。吸取 0.8～1mL上层溶液至比色皿中，测定 520nm处吸光度，记为$A_{测定}$；计算$\Delta A_{测定}=A_{测定}-A_{空白}$，$\Delta A_{标准}=A_{标准}-A_{空白}$。每个处理重复 3 次。

脯氨酸标准曲线的绘制方法：将 10mg/mL脯氨酸标准液使用蒸馏水稀释至 20μg/mL、15μg/mL、10μg/mL、8μg/mL、6μg/mL、4μg/mL、2μg/mL即为标准稀释液。依次在 520nm 波长下测定标准品的吸光度$A_{标准}$。以浓度为横坐标，以其对应的吸光度为纵坐标，绘制标准曲线，得到线性回归方程$y = kx+b$，将吸光度$\Delta A_{测定}$代入公式得到x(μg/mL)。

6. 酶活性测定

酶液的提取：取茎叶样品 0.5g 置于预冷研钵中，加 2mL 预冷的提取介质(50mmol/L、pH 为 7.8 的磷酸缓冲液)，研磨成浆后转移到离心管中，加入 3mL 提取介质冲洗研钵，即酶提取液为 5mL，将离心管在 4℃下 8000r/min 离心 30min，取上清液即为粗酶提取液。将粗酶提取液移入 5mL 离心管中，0～4℃下保存备用，用于 SOD 活性、CAT 活性、POD 活性、GR 活性测定。

1)超氧化物歧化酶活性的测定

使用Boxbio超氧化物歧化酶(SOD)检测试剂盒测定植物SOD活性，分别设置测定管、对照管、空白管 1 和空白管 2，详见表 4-2。充分混匀，在 25℃下准确反应 30min。将反应液置于 1mL比色皿中，分光光度计预热 30min以上，测定 560nm处吸光度，分别记为$A_{测定}$、$A_{对照}$、$A_{空1}$、$A_{空2}$；计算$\Delta A_{测定}=A_{测定}-A_{对照}$，$\Delta A_{空白}=A_{空1}-A_{空2}$。SOD酶活性单位定义为：在黄嘌呤氧化酶偶联反应体系中抑制率为 50%时，反应体系中的SOD酶活力定义为一个酶活力单位。

抑制率的计算如下：

$$抑制率 = \frac{\Delta A_{空白} - \Delta A_{测定}}{\Delta A_{空白}} \times 100\% \tag{4-9}$$

表 4-2　SOD 活性测定管对比情况

试剂	测定管/μL	对照管/μL	空白管 1/μL	空白管 2/μL
粗酶提取液	90	90	—	—
试剂一	500	500	500	500
试剂二	10	—	10	—
蒸馏水	—	10	90	100
试剂三	200	200	200	200
试剂五	200	200	200	200

注：每个样本均需设一个对照管。

抑制率应控制在 30%～70%范围内，越靠近 50%越准确；若抑制率小于 30%或大于 70%，则需要调整样本量后重新测定。若抑制率偏高，则需将粗酶提取液适当稀释后再进行测定；若抑制率偏低，则需适当增加样本量后再进行测定，并在计算时相应修改。

SOD 活性的计算公式如下：

$$\text{SOD活性(U/g)} = \frac{\text{抑制率} \times V_{\text{反总}} \times V_{\text{样总}} \times D}{(1-\text{抑制率}) \times W \times V_{\text{样}}} \tag{4-10}$$

式中，$V_{\text{反总}}$为反应体系总体积，1mL；$V_{\text{样}}$为反应体系中加入粗酶提取液的体积，0.09mL；$V_{\text{样总}}$为粗酶提取液总体积，1mL；W为样品质量，g；D为样本稀释倍数，值为 1。

2）过氧化氢酶活性的测定

使用 Boxbio 植物过氧化氢酶（CAT）检测试剂盒，通过过氧化氢还原法进行测定。在试管中用移液枪依次加入 35μL 粗酶提取液，之后加入 1mL CAT 检测工作液，充分混匀并立即开始计时。在 240nm 处测定 5s 时吸光度 A_1 和 65s 时吸光度 A_2，计算 $\Delta A=A_1-A_2$。酶活性定义为每克组织每分钟催化 1μmolH_2O_2 降解为一个酶活力单位。根据以下公式计算 CAT 活性：

$$\text{CAT活性(U/g)} = \frac{\Delta A \times V_{\text{反总}} \times V_{\text{样总}} \times 10^6}{\varepsilon \times d \times W \times V_{\text{样}} \times T} = \frac{678 \times \Delta A}{W} \tag{4-11}$$

式中，$V_{\text{样}}$为反应体系中加入粗酶提取液的体积，0.035mL；$V_{\text{样总}}$为粗酶提取液总体积，1mL；$V_{\text{反总}}$为反应体系总体积，1.035×10^{-3}L；ε为H_2O_2摩尔消光系数，43.6L/(mol·cm)；d为石英比色皿光径，值为 1cm；T为反应时间，s；W为样本质量，g；10^6 为单位换算系数。

3）过氧化物酶活性的测定

使用 Boxbio 植物过氧化物酶（POD）检测试剂盒进行测定：在 3mL POD 反应液中加入 50μL 粗酶提取液，立即充分混匀并开始计时，测定 30s 时 470nm 处吸光度 A_1 和 90s 时 470nm 处吸光度 A_2，计算 $\Delta A=A_2-A_1$。酶活性定义为每克组织在每毫升反应体系中每分钟 A_{470} 变化 0.01 为一个酶活力单位。根据以下公式计算 POD 酶活性：

$$\text{POD活性(U/g)} = \frac{\Delta A \times V_{\text{反总}} \times V_{\text{样总}}}{0.01 \times W \times V_{\text{样}} \times T} = \frac{6000 \times \Delta A}{W} \tag{4-12}$$

式中，$V_{反总}$为反应体系总体积，3mL；$V_{样}$为反应体系中加入粗酶提取液的体积，50μL；$V_{样总}$为粗酶提取液总体积，1mL；T为反应时间，1min；W为样本质量，g。

4) 谷胱甘肽还原酶活性的测定

采用南京建成 A062-1-1 试剂盒对谷胱甘肽还原酶(GR)进行测定。紫外分光光度计波长调至 340nm 处，取 40μL 粗酶提取液加入 5mL 离心管中，加入 2.4mL GR 工作液，快速混匀，倒入石英比色皿中，30s 后读取吸光度 A_1；之后将此比色皿中的液体倒入原试管中置于 37℃水浴 5min，再次迅速倒入比色皿中同一波长处读取吸光度 A_2；两次的吸光度差值为 $\Delta A=A_2-A_1$。酶活性定义为每克样本重量每分钟使反应体系中底物还原型烟酰胺腺嘌呤二核苷酸磷酸(NADPH)的浓度改变 1μmol 所需的酶量为一个酶活力单位。

$$\text{GR活性(U/g)}=\frac{\Delta A\times N}{6.22\times d\times T\times(V_{样}\times W)} \tag{4-13}$$

式中，6.22 为NADPH在 340nm波长 1cm光径的消光系数；d为比色光径，1cm；$V_{样}$为取样量，40μL；T为反应时间，5min；W为样本质量，g；N为样本稀释倍数，值为 1。

4.1.3 苔藓植物光合特征指标测量

采用美国 OPTI-sciences OS-5p+便携式脉冲调制叶绿素荧光仪测定苔藓植物干旱前 0h，干旱 9h、24h、48h、72h 和复水后 9h、24h 各个阶段的光合荧光参数。苔藓植物属于小型植物，在试验测定过程中将苔藓植物体全覆盖面积为 1cm^2 的叶室，暗适应 30min 后，测定光合荧光参数初始荧光产量(F_o)、非光化学猝灭(NPQ)的量子产量、最大荧光产量(F_m)、最大光化学效率(F_v/F_m)、光适应下最大荧光(F'_m)、饱和脉冲前实时荧光产量(F')、光化学猝灭系数(qP)、相对光合电子传递效率(ETR)和实际光能转化效率(YII)，每个处理样品重复 3 次。

4.1.4 数据分析

采用 Microsoft Excel 2018 整理数据、进行单因素方差分析及隶属函数法综合评价计算，用 Origin 2021 软件作图。

本试验运用改进的隶属函数值法对供试材料进行耐旱性综合评价。由于不同苔藓植物各个生理指标在干旱前差异较大，当干旱发生时，各个干旱指标不能真实反映这些指标对干旱的响应程度，所以采用干旱前的值将各个干旱指标归一化处理后再进行隶属函数值法计算。

$$X=\frac{X_i-X_0}{X_0} \tag{4-14}$$

式中，X_i为不同程度干旱胁迫下各苔藓植物某一指标的测定值；X_0为干旱前各苔藓植物某一指标的测定值。

如果某一指标与耐旱性呈正相关，则采用以下公式计算：

$$X(u1) = (X - X_{\min}) / (X_{\max} - X_{\min}) \quad (4\text{-}15)$$

如果某一指标与耐旱性呈负相关，则采用以下公式计算：

$$X(u2) = 1 - (X - X_{\min}) / (X_{\max} - X_{\min}) \quad (4\text{-}16)$$

式中，$X(u1)$和 $X(u2)$分别为隶属函数值；X 为不同程度干旱胁迫下各苔藓植物某一指标归一化处理后的值；$X_{\max}$和$X_{\min}$分别为苔藓植物某一指标的最大值和最小值。将同一苔藓植物各个干旱阶段的隶属函数值相加，求其平均值后综合评价 4 种苔藓植物的耐旱性强弱，结合各个指标随干旱变化的实际情况，若综合值越大，表示植物的耐旱能力越强，若综合值越小，表示植物的耐旱能力越弱。

4.2　结果与分析

4.2.1　干旱-复水下苔藓植物的生理生化动态响应特征

1. 苔藓植物含水率

大灰藓、牛舌藓、小石藓和蕊形真藓在干旱-复水过程中，植物含水率的范围分别为73.4%～82.2%、63.1%～68.4%、62.4%～68.5%、68.7%～77.1%，平均含水率分别为78.21%、66.64%、65.38%、73.74%；大灰藓的平均含水率较其他 3 种苔藓平均值依次高出 17.4%、19.6%、6.06%，这与该苔藓植物的结构特征有关。4 种苔藓植物的含水率随着干旱时间的持续逐渐降低；大灰藓、小石藓和蕊形真藓植物含水率在干旱期间呈逐渐降低趋势(图 4-3)；而牛舌藓在干旱前 48h 植物含水率变化微小，当干旱 72h 时，植物含水率下降至 63.1%。当干旱 72h 时，4 种苔藓植物依次较干旱前 0h 植物含水率分别减少 10.71%、7.75%、8.91%、10.90%，减少幅度最大的是大灰藓和蕊形真藓，减少幅度最小的是牛舌藓，说明牛舌藓对水分的变化不敏感，水分对该植株体生长发育的影响较其他 3 种苔藓植物小。复水 9h 后 4 种苔藓植物含水率较干旱 72h 增加了 10.14%、3.07%、9.17%、12.75%，蕊形真藓增加幅度最大，说明蕊形真藓经过干旱复水后，植株体吸收更多的水分补偿干旱对其造成的损害。

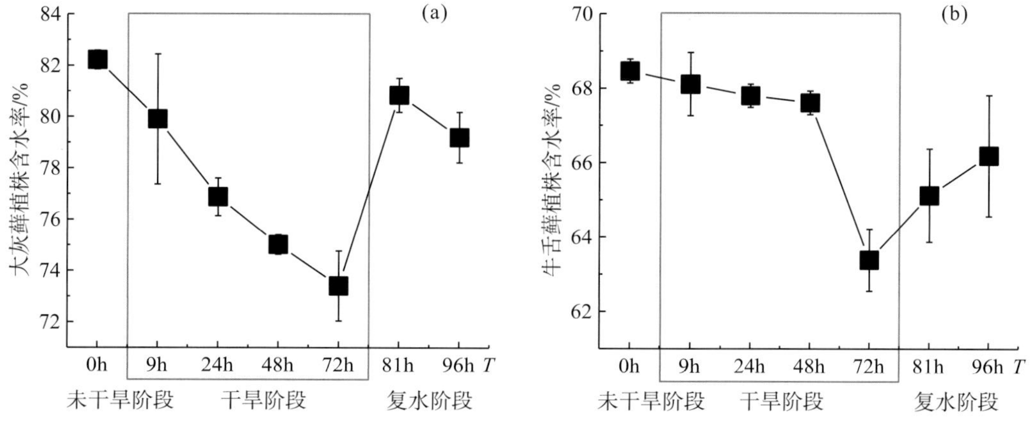

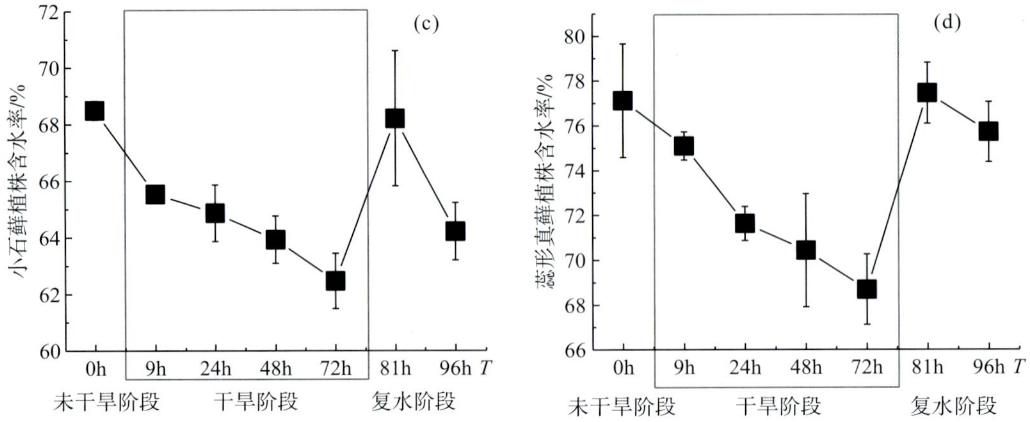

图 4-3　干旱-复水过程中苔藓植株含水率

2. 苔藓植物质膜透性分析

大灰藓、牛舌藓、小石藓和蕊形真藓 4 种苔藓植物干旱前及干旱期间质膜透性变化范围分别为 5.71%～31.62%、8.76%～20.25%、9.46%～20.83%、5.99%～27.74%。随着干旱胁迫时间的持续，4 种苔藓植物的质膜透性先增加后减少，整体呈增加趋势；大灰藓在干旱 24h 时质膜透性开始呈现上升趋势(图 4-4)，牛舌藓、小石藓和蕊形真藓在干旱 9h 时质膜透性开始呈现上升趋势。当干旱 72h 时，4 种苔藓植物的质膜透性分别是干旱前 0h 的 5.54 倍、

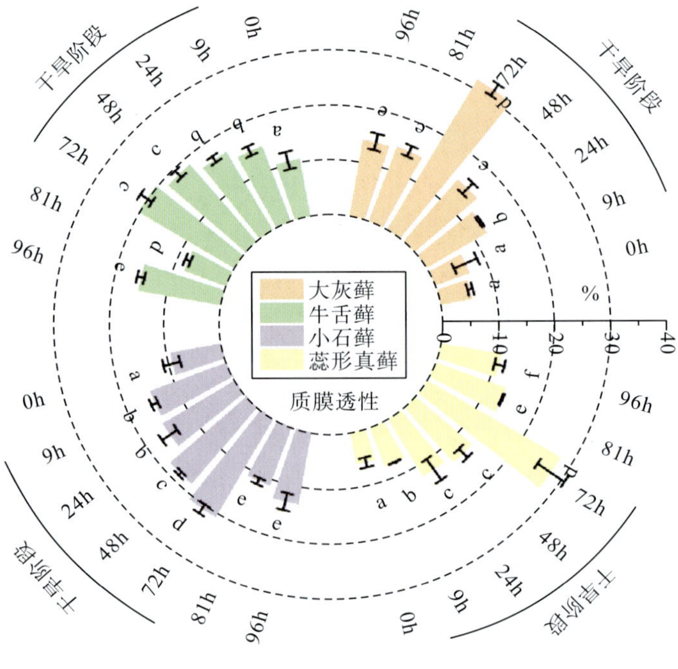

图 4-4　干旱-复水过程中苔藓植物质膜透性变化

注：小写字母表示在 0.05 水平下苔藓植物某阶段质膜透性与前一阶段的差异显著性标识

1.88 倍、2.19 倍、4.63 倍，增长幅度最大的是大灰藓，其次是蕊形真藓，牛舌藓的变化幅度最小；说明在干旱胁迫下，大灰藓的细胞膜受到损伤的程度最大，其次是蕊形真藓，牛舌藓质膜透性受到干旱胁迫产生的消极影响较小。复水 9h 后，4 种苔藓植物的质膜透性较干旱 72h 时分别减小 54.24%、59.68%、45.41%、51.02%，说明 4 种苔藓植物质膜透性指标对复水过程的响应非常迅速，这是苔藓植物耐旱机制的体现方式之一；恢复最快的是牛舌藓，恢复最慢的是小石藓。另外，复水 9h 后 4 种苔藓植物的质膜透性与干旱前 0h 相比，大灰藓、小石藓和蕊形真藓较干旱前 0h 质膜透性分别高出 153.54%、20.01%、126.62%，并没有恢复到干旱前 0h 的水平；而牛舌藓，复水后质膜透性恢复到了干旱前水平。

3. 苔藓植物丙二醛含量分析

大灰藓、牛舌藓、小石藓和蕊形真藓干旱前至干旱期间 MDA 变化范围分别为 0.45～4.95nmol/g、1.60～2.78nmol/g、0.50～3.47nmol/g、1.99～7.60nmol/g；均值最大的是蕊形真藓，最小的是小石藓。随着干旱胁迫的持续，4 种苔藓植物 MDA 含量均呈增加趋势(图 4-5)；当干旱 72h 时，4 种苔藓植物的 MDA 含量分别为 4.95nmol/g、2.78nmol/g、3.47nmol/g、7.66nmol/g，分别是干旱前 0h 的 11.04 倍、1.73 倍、6.90 倍、3.85 倍，增长幅度最大的是大灰藓，最小的是牛舌藓；说明大灰藓细胞膜在干旱下受到的损伤是最大的，牛舌藓受到的损伤是最小的。复水后，4 种苔藓植物 MDA 含量均呈降低趋势，复水 9h 后大灰藓、牛舌藓、小石藓和蕊形真藓较干旱 72h 时 MDA 含量下降幅度分别为 47.25%、30.09%、61.55%、83.69%。降低幅度最大的是蕊形真藓，降低幅度最小的是牛舌藓，说

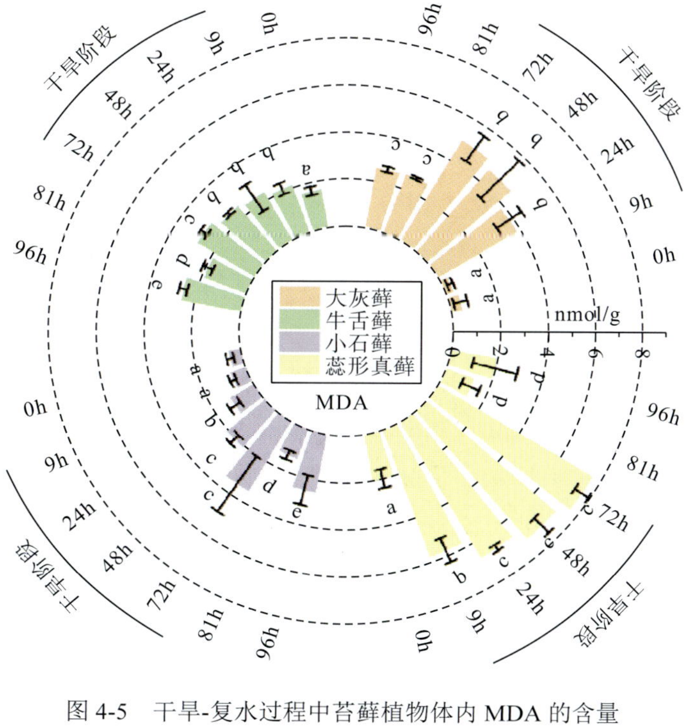

图 4-5　干旱-复水过程中苔藓植物体内 MDA 的含量

注：小写字母表示在 0.05 水平下苔藓植物某阶段 MDA 含量与前一阶段的差异显著性标识

明蕊形真藓通过复水补偿细胞膜损伤的效率最高。另外，复水 9h 后 4 种苔藓植物的 MDA 含量与干旱前 0h 相比，大灰藓和小石藓 MDA 含量高于干旱前 482.09%和 165.28%，指标并没有恢复到干旱前 0h 的水平；牛舌藓复水后高于干旱前 20.89%，而蕊形真藓，复水后 MDA 含量恢复到了干旱前水平。

4. 苔藓植物渗透调节物质分析

植物的渗透调节物质主要包括可溶性蛋白(SP)、脯氨酸(Pro)、可溶性糖(SS)等。Pro 能作为细胞内的防脱水剂，可以有效防止酶脱水。大灰藓、牛舌藓、小石藓和蕊形真藓干旱前至干旱期间，Pro 含量变化范围分别为 51.65～555.59μg/g、4.51～149.84μg/g、106～178.93μg/g、129.83～266.20μg/g，均值最大的是大灰藓，最小的是牛舌藓。4 种苔藓植物的 Pro 含量随着干旱胁迫的持续均呈增加趋势(图 4-6)；大灰藓 Pro 含量最大值出现在干旱 24h，之后呈下降趋势；牛舌藓 Pro 含量最大值出现在干旱 72h；小石藓 Pro 含量最大值出现在干旱 9h；蕊形真藓 Pro 含量最大值出现在干旱 72h；4 种苔藓植物中，Pro 含量最大值出现时间最迟的是牛舌藓。另外，4 种苔藓植物 Pro 含量最大值分别为 555.59μg/g、149.84μg/g、178.93μg/g、266.20μg/g，分别是干旱前 0h 的 1.49 倍、33.19 倍、1.68 倍、2.05 倍，增长幅度最大的是牛舌藓，最小的是大灰藓，说明牛舌藓植株体内产生 Pro 抵抗干旱的能力是最强的，大灰藓抵抗干旱的机制中通过 Pro 发挥作用较其他 3 种苔藓植物更弱。复水后，4 种苔藓植物 Pro 含量均呈降低趋势，大灰藓、牛舌藓、小石藓和蕊形真藓复水

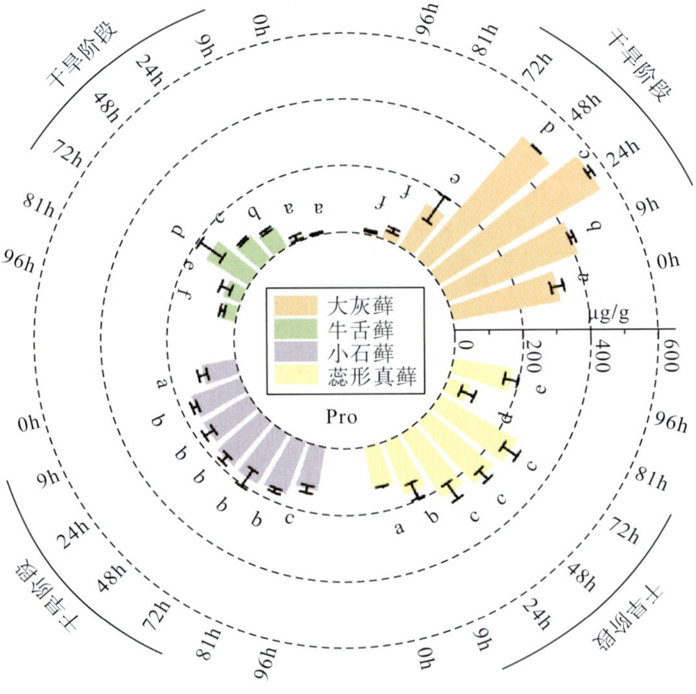

图 4-6 干旱-复水过程中苔藓植物 Pro 的含量

注：小写字母表示在 0.05 水平下苔藓植物某阶段 Pro 含量与前一阶段的差异显著性标识

9h 后较干旱期间 Pro 含量最大时下降幅度分别为 94.07%、61.91%、4.63%、72.87%，下降幅度最大的是大灰藓，下降幅度最小的是小石藓，说明大灰藓复水后大幅度降低 Pro 含量以恢复植株体生理活性。

可溶性糖(SS)是小分子有机化合物参与植物细胞内调节渗透压的重要溶质，能降低细胞渗透势而抵抗胁迫伤害。大灰藓、牛舌藓、小石藓和蕊形真藓干旱前至干旱期间 SS 含量变化范围分别为 8.22～12.26mg/g、2.09～9.34mg/g、7.31～18.23mg/g、8.06～12.85mg/g；均值最大的是小石藓，最小的是牛舌藓。随着干旱胁迫时间的持续，4 种苔藓植物 SS 含量呈增加趋势(图 4-7)；大灰藓、小石藓、蕊形真藓干旱至 48h 时，植株体内 SS 含量较干旱前发生显著变化；而牛舌藓干旱至 24h 时体内的 SS 含量较干旱前发生显著变化。4 种苔藓植物 SS 含量最高值分别为 12.26mg/g、9.34mg/g、18.23mg/g、12.85mg/g，分别是干旱前 0h 的 1.49 倍、4.47 倍、2.49 倍、1.59 倍。与干旱前 SS 含量相比增长幅度最大的是牛舌藓，最小的大灰藓，说明牛舌藓植株体内产生 SS 抵抗干旱的能力最强，而大灰藓抵抗干旱的机制中通过 SS 发挥作用较其他 3 种苔藓植物更弱。复水后，4 种苔藓植物 SS 含量均呈降低趋势，大灰藓、牛舌藓、小石藓和蕊形真藓复水 9h 后较干旱期间 SS 最大值下降幅度分别为 27.21%、27.49%、16.33%、15.41%，下降幅度较大的是大灰藓和牛舌藓，下降幅度较小的是小石藓和蕊形真藓，说明大灰藓和牛舌藓植株体复水后大幅度降低 SS 含量使植株体逐渐恢复至干旱前状态。复水 9h 时 4 种苔藓植物 SS 含量与干旱前 0h 相比，大灰藓 SS 含量与干旱前 0h 保持齐平，牛舌藓、小石藓和蕊形真藓 SS 含量分别高于干旱前 223.90%、108.55%、34.95%，说明大灰藓恢复能力最快。

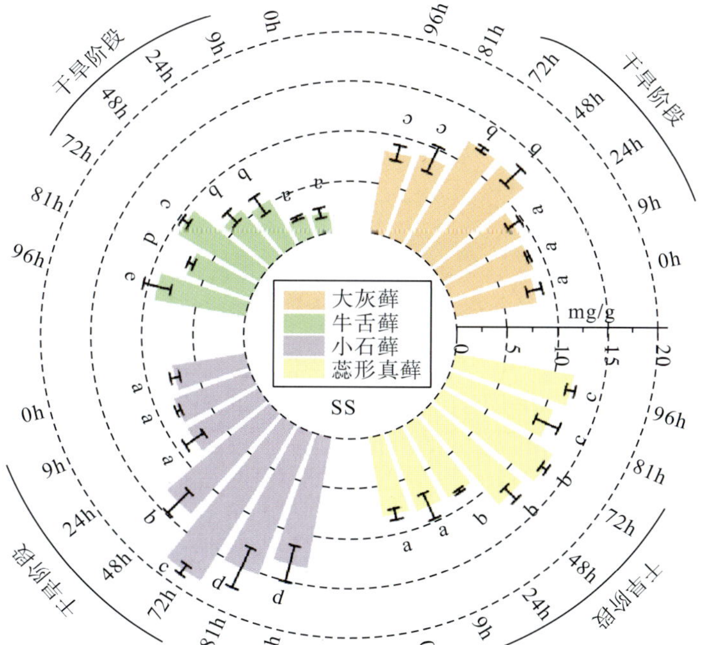

图 4-7　干旱-复水过程中苔藓植物 SS 的含量

注：小写字母表示在 0.05 水平下苔藓植物某阶段 SS 含量与前一阶段的差异显著性标识

可溶性蛋白(SP)为重要的渗透调节物质和营养物质，能保护细胞防止脱水及对生物膜起保护作用。4 种苔藓植物 SP 含量随干旱发生出现三种变化规律(图 4-8)：①大灰藓 SP 含量呈逐渐增加的趋势，干旱过程中 SP 含量变化区间为 0.056～1.126g/L，至干旱 72h 达到最大值，是干旱前 0h 的 20.11 倍，该倍数是 4 种苔藓植物中最大的，说明大灰藓通过增加植株体中 SP 含量抵抗干旱的能力最强。②牛舌藓和蕊形真藓 SP 含量呈现降低后又逐渐升高的趋势，2 种苔藓植物 SP 含量变化区间分别为 0.214～0.979g/L、0.393～0.870g/L，至干旱 72h 牛舌藓和蕊形真藓 SP 含量达到最大值，分别为 0.979g/L 和 0.870g/L，分别是干旱前 0h 的 1.61 倍和 1.05 倍，此两种苔藓植物 SP 含量最低值分别较干旱前 0h 减小了 64.72%和 52.53%，说明在植株体抵抗干旱过程中，牛舌藓和蕊形真藓会消耗体内 SP 含量。③小石藓 SP 含量在整个干旱-复水期没有显著性差异，说明小石藓中 SP 含量对干旱或复水变化不敏感。复水后，大灰藓、牛舌藓和蕊形真藓植株体中 SP 含量都呈减小趋势，3 种苔藓植物复水 9h 时，SP 含量较干旱期间最大值减小了 79.30%、47.35%、17.63%；减小幅度最大的是大灰藓，说明大灰藓复水后可以通过大量减少 SP 含量以达到恢复机体生理活性的目的。另外，复水 9h 后，4 种苔藓植物 SP 含量与干旱前 0h 相比，除了大灰藓没有恢复到干旱前水平外，其他 3 种苔藓植物均恢复到干旱前水平。

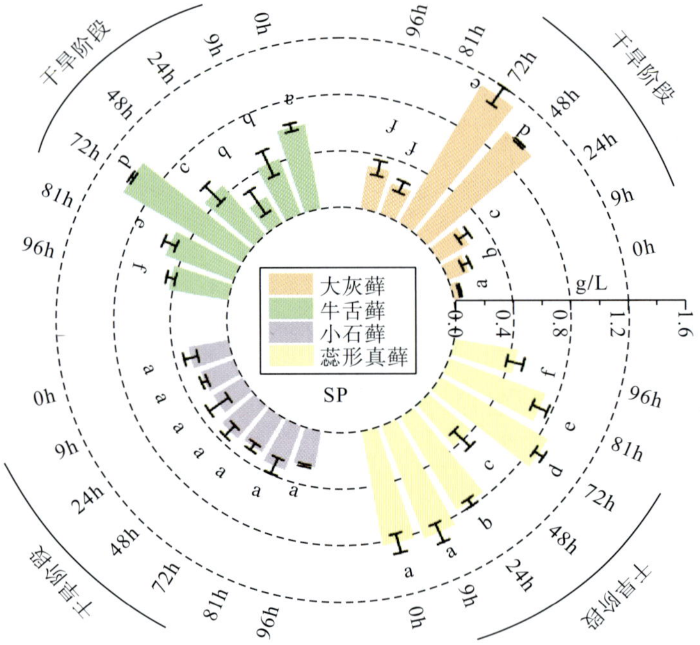

图 4-8 干旱-复水过程中苔藓植物 SP 的含量

注：小写字母表示在 0.05 水平下苔藓植物某阶段 SP 含量与前一阶段的差异显著性标识

5. 苔藓植物抗氧化酶活性分析

大灰藓、牛舌藓、小石藓和蕊形真藓干旱前至干旱期间谷胱甘肽还原酶(GR)酶活性变化范围分别为 0.0306～0.0516U/g、0.0464～0.0900U/g、0.0298～0.0888U/g、0.0083～

0.1073U/g，均值最大的是蕊形真藓，最小的是大灰藓。4 种苔藓植物 GR 酶活性随着干旱发生逐渐增强(图 4-9)，前 24h 除了蕊形真藓 GR 酶活性各个阶段发生显著变化外，大灰藓、牛舌藓和小石藓同类苔藓植物的各个干旱阶段 GR 酶活性均没有显著性差异；当干旱 72h 时，4 种苔藓植物的 GR 酶活性分别为 0.0516U/g、0.0900U/g、0.0887U/g、0.1073U/g，分别是干旱前 0h 的 1.69 倍、1.94 倍、2.97 倍、16.42 倍，增长幅度最大的是蕊形真藓，最小的是大灰藓，说明蕊形真藓通过增加 GR 酶合成消除细胞中的氧化物质。复水后，4 种苔藓植物 GR 酶活性均降低，复水 9h 后较干旱 72h，GR 酶活性下降幅度分别为 19.67%、60.00%、49.75%、66.71%，降低幅度最大的是蕊形真藓，降低幅度最小的是大灰藓，说明蕊形真藓复水后植株体内的氧化物质含量下降较快，恢复速率较快。另外，复水 9h 后 4 种苔藓植物的 GR 酶活性与干旱前 0h 相比，大灰藓、牛舌藓和小石藓 GR 酶活性能恢复到干旱前水平，而蕊形真藓 GR 酶活性较干旱前高，不能短时间内恢复到干旱前水平。

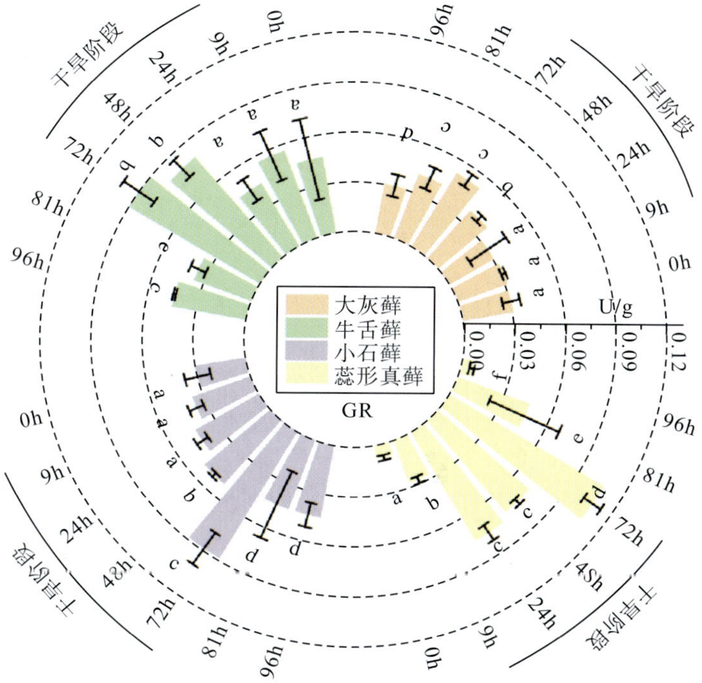

图 4-9 干旱-复水过程中苔藓植物 GR 酶活性

注：小写字母表示在 0.05 水平下苔藓植物某阶段 GR 酶活性与前一阶段的差异显著性标识

随着干旱胁迫时间的持续，4 种苔藓植物体内超氧化物歧化酶(SOD)酶活性变化趋势呈现出两种规律(图 4-10)：①大灰藓和牛舌藓 SOD 酶活性随着干旱发生呈先减小再增大的趋势，大灰藓和牛舌藓干旱前至干旱期间 SOD 酶活性变化范围分别为 213.69～412.76U/g、214.19～483.52U/g；最大值出现时间分别是干旱 72h 和干旱 48h，分别较干旱前 0h 的增幅为 13.89%和 53.23%。②小石藓和蕊形真藓随着干旱发生，SOD 酶活性呈现先逐渐增大再减小的趋势，小石藓和蕊形真藓干旱前及干旱期间 SOD 酶活性变化范围分别为 225.61～493.53U/g、187.70～497.08U/g；最大值出现时间都是 24h，与干旱前 0h 相比增幅分别为 38.40%和 50.51%。4 种苔藓植物中，SOD 酶活性与干旱前 0h 相比增长幅度较大的是牛舌藓和蕊形真藓，说明这 2 种苔藓植物 SOD 酶清除活性氧自由基的能力较其他 2 种苔藓植物更强。复水 9h 后，牛舌藓、小石藓、蕊形真藓 SOD 酶活性与干旱时酶活性最大值相比呈现上升趋势，这 3 种苔藓植物 SOD 酶活性分别上升了 34.88%、35.41%、23.35%，而大灰藓复水 9h 后与干旱 72h 的 SOD 酶活性基本保持齐平。另外，4 种苔藓植物复水 9h 时的 SOD 酶活性与干旱前 0h 的活性基本保持齐平，表明 4 种苔藓植物在复水后 SOD 酶活性能快速恢复到干旱前的水平。

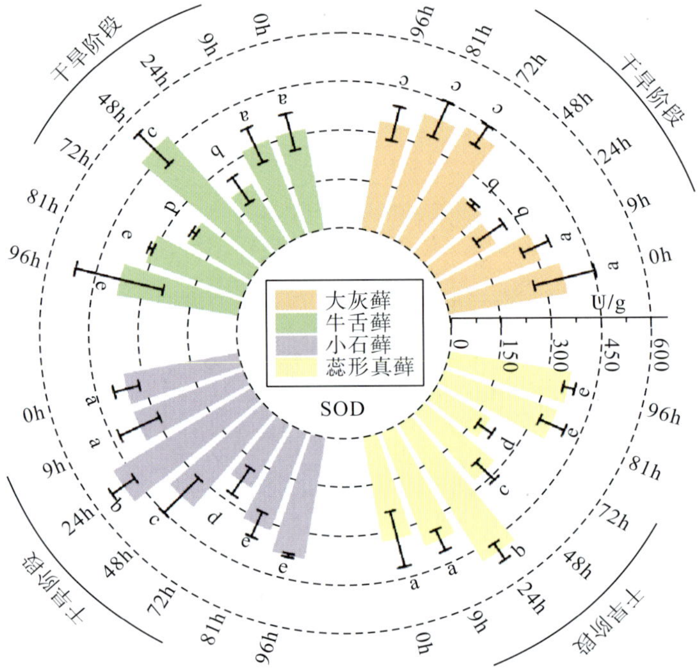

图 4-10 干旱-复水过程中苔藓植物 SOD 酶活性

注：小写字母表示在 0.05 水平下苔藓植物某阶段 SOD 酶活性与前一阶段的差异显著性标识

大灰藓、牛舌藓、小石藓和蕊形真藓干旱前至干旱期间过氧化物酶(POD)酶活性范围分别为 287.84～2348.58U/g、13.26～19.77U/g、386.29～831.06U/g、2602.25～3365.48U/g，均值最大的是蕊形真藓，最小的是牛舌藓，说明蕊形真藓植株体 POD 酶活性在干旱未发生前含量就较其他 3 种苔藓植物更大，这是此种苔藓植物的耐旱机制之一。随着干旱时间持续，4 种苔藓植物 POD 酶活性表现为先增大后减小的趋势(图 4-11)。小石藓和蕊形真藓干旱至 9h 时 POD 酶活性开始呈现增加趋势，大灰藓和牛舌藓干旱至 24h 时开始呈现增加趋势。4 种苔藓植物 POD 酶活性最大值出现的时间都是干旱 24h 时，值分别是干旱前 0h 的 5.26 倍、1.49 倍、2.15 倍、1.28 倍，与干旱前 0h 的值相比，增长幅度最大的是大灰藓，最小的是蕊形真藓，说明大灰藓通过 POD 酶活性增强清除植株体内氧化物质的能力较其他 3 种苔藓植物更强。复水后，4 种苔藓植物 POD 酶活性均呈降低趋势，大灰藓、牛舌藓、小石藓和蕊形真藓复水 9h 较干旱 72h 的 POD 酶活性下降幅度分别为 94.98%、5.45%、12.47%、10.89%。下降幅度最大的是大灰藓，下降幅度最小的是牛舌藓，说明大灰藓复水后植株体内的有害氧化物质减少较快，表明该苔藓植物干旱后复水恢复植株体生理活性的速率最快。另外，复水 9h 后 4 种苔藓植物的 POD 酶活性与干旱前 0h 相比，大灰藓降低了 83.37%，牛舌藓和蕊形真藓与干旱前 0h 保持齐平，小石藓较干旱前 0h 升高了 82.46%。

随着干旱时间持续，4 种苔藓植物过氧化氢酶(CAT)酶活性出现两种规律(图 4-12)：①大灰藓和牛舌藓 CAT 酶活性呈现先增大后减小的趋势，大灰藓和牛舌藓 CAT 酶活性最大值出现时间都是干旱 48h 时，值分别是干旱前 0h 的 2.29 倍和 5.42 倍，之后随着干旱继续发生，CAT 酶活性呈减小趋势。②小石藓和蕊形真藓 CAT 酶活性呈现逐渐增大的趋势，小石藓和蕊形真藓 CAT 酶活性最大值出现时间都是 72h，值分别是干旱前 0h 的 3.54 倍和 1.95 倍。4 种苔藓植物中，大灰藓、牛舌藓、小石藓和蕊形真藓干旱前及干旱期间，CAT 酶活性范围分别为 24.81～57.45U/g、4.49～24.36U/g、23.92～84.65U/g、81.81～160.85U/g。CAT 酶活性最大的是蕊形真藓，最小的是牛舌藓，说明蕊形真藓植株体内 CAT 酶活性在干旱未发生前就较其他 3 种苔藓植物更高，这是此种苔藓植物的耐旱机制之一。4 种苔藓植物 CAT 酶活性最大值与干旱前 0h 相比，增长幅度最大的是牛舌藓，最小的是蕊形真藓，说明牛舌藓通过 CAT 酶活性增强清除植株体内氧化物质的能力较其他 3 种苔藓植物更强。复水后，4 种苔藓植物 CAT 酶活性均呈降低趋势，复水 9h 较干旱 72h 时 CAT 酶活性下降幅度分别为 37.89%%、60.73%、36.08%、32.45%，降低幅度最大的是牛舌藓，降低幅

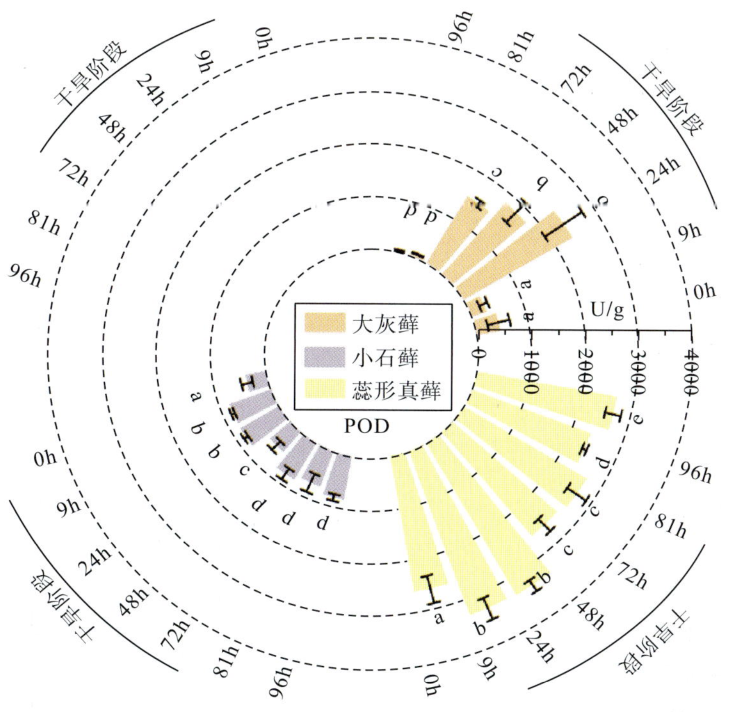

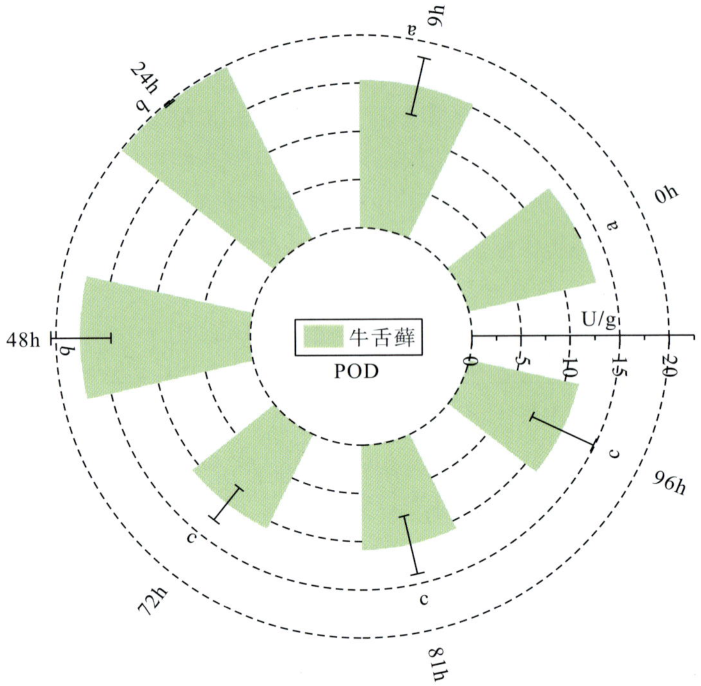

图 4-11　干旱-复水过程中苔藓植物 POD 酶活性

注：小写字母表示在 0.05 水平下苔藓植物某阶段 POD 酶活性与前一阶段的差异显著性标识

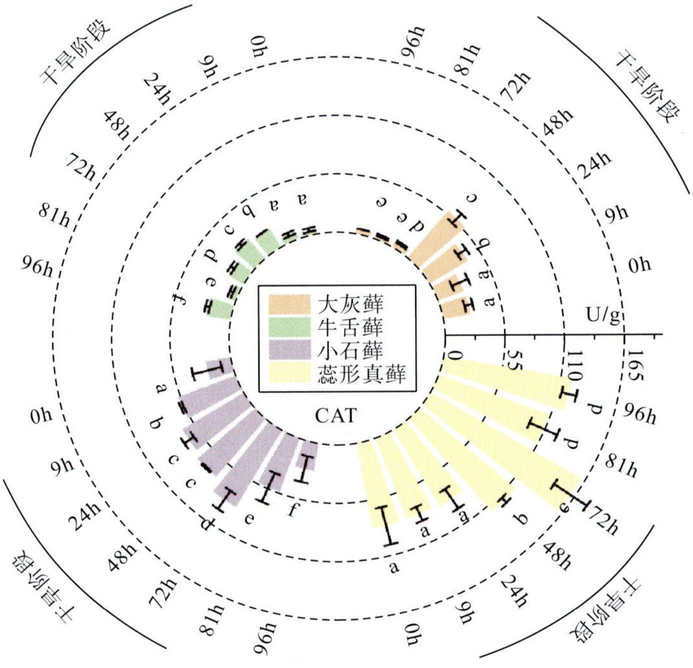

图 4-12　干旱-复水过程中苔藓植物 CAT 酶活性

注：小写字母表示在 0.05 水平下苔藓植物某阶段 CAT 酶活性与前一阶段的差异显著性标识

度最小的是蕊形真藓。另外，复水 9h 后除了大灰藓 CAT 酶活性没有恢复至干旱前水平外，其他 3 种苔藓植物均恢复至干旱前水平，小石藓 CAT 酶活性较干旱前 0h 升高了 126.18%。

6. 苔藓植物叶绿素含量分析

干旱期间，大灰藓、牛舌藓、小石藓和蕊形真藓的叶绿素 a 含量平均值分别为 0.597mg/g、0.527mg/g、0.479mg/g、0.480mg/g。叶绿素 a 含量最大的是大灰藓，最小的是小石藓。随着干旱胁迫时间的持续，大灰藓、牛舌藓和蕊形真藓叶绿素 a 含量呈现逐渐减少的趋势(图 4-13)，其中，大灰藓干旱 9h 时叶绿素 a 含量开始呈现减小趋势，牛舌藓干旱 72h 时叶绿素 a 含量开始呈现减小趋势，蕊形真藓干旱 48h 时叶绿素 a 含量开始呈现减小趋势；而小石藓在整个干旱期叶绿素 a 含量的变化并不显著。大灰藓、牛舌藓和蕊形真藓 3 种苔藓植物在干旱 72h 时叶绿素 a 含量降至最低，值分别为 0.529mg/g、0.466mg/g、0.448mg/g，较干旱前 0h 降低了 35.10%、19.93%、19.53%，降低幅度最大的是大灰藓，牛舌藓和蕊形真藓降低幅度差异不大。复水 9h 后，大灰藓、牛舌藓和蕊形真藓 3 种苔藓植物叶绿素 a 含量较干旱期间呈上升趋势，分别为干旱 72h 最小值的 1.467 倍、1.743 倍和 1.271 倍。牛舌藓的叶绿素 a 含量恢复较快，其次是大灰藓，而小石藓复水 9h 后叶绿素 a 含量与干旱期间差异不显著。另外，复水 9h 后，大灰藓和蕊形真藓叶绿素 a 含量恢复到干旱前水平，而牛舌藓叶绿素 a 含量比干旱前 0h 的含量高出 39.56%。

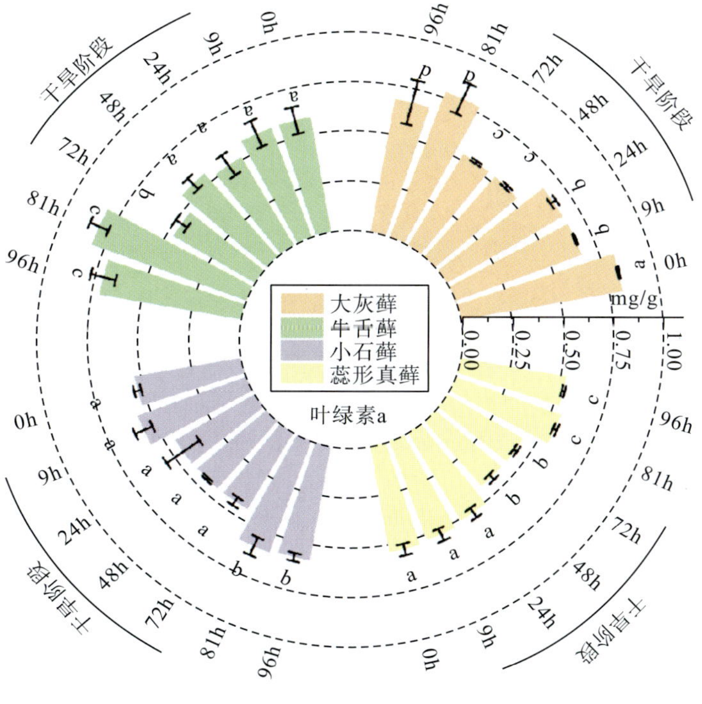

图 4-13 干旱-复水过程中苔藓植物叶绿素 a 含量

注：小写字母表示在 0.05 水平下苔藓植物某阶段叶绿素 a 与前一阶段的差异显著性标识

干旱期间，大灰藓、牛舌藓、小石藓和蕊形真藓的叶绿素 b 含量平均值分别为 0.556mg/g、0.566mg/g、0.512mg/g、0.499mg/g，均值含量最大的是牛舌藓，最小的是蕊形真藓。4 种苔藓植物叶绿素 b 含量随着干旱胁迫的发生，都呈现逐渐减小的趋势(图 4-14)，大灰藓、牛舌藓、小石藓和蕊形真藓均是干旱至 24h 时叶绿素 b 含量开始呈现减小趋势。4 种苔藓植物干旱至 72h 时叶绿素 b 含量最小，分别为 0.513mg/g、0.535mg/g、0.451mg/g、0.492mg/g，较干旱前 0h 减小了 26.74%、16.14%、32.39%、7.54%；减小幅度最大的是小石藓，最小的是蕊形真藓。复水 9h 后大灰藓、牛舌藓和蕊形真藓叶绿素 b 含量呈增加趋势，与干旱前 0h 叶绿素 b 含量保持齐平，而小石藓叶绿素 b 含量小于干旱前 0h 的含量。另外，大灰藓、牛舌藓、小石藓和蕊形真藓叶绿素 b 含量分别为干旱 72h 时最小值的 1.272 倍、1.174 倍、1.171 倍和 1.012 倍，表明大灰藓的恢复速度最快。

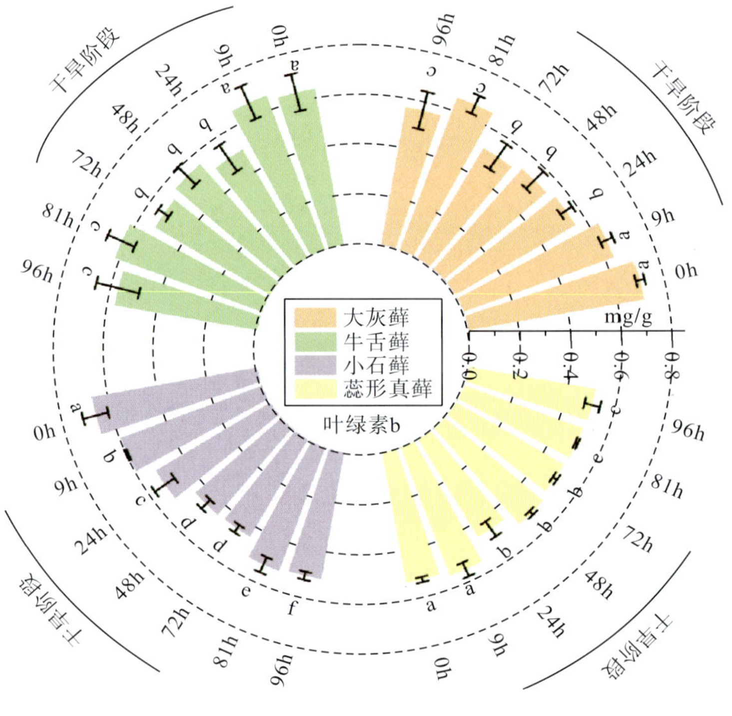

图 4-14 干旱-复水过程中苔藓植物叶绿素 b 含量

注：小写字母表示在 0.05 水平下苔藓植物某阶段叶绿素 b 与前一阶段的差异显著性标识

干旱期间，大灰藓、牛舌藓、小石藓和蕊形真藓的总叶绿素含量平均值分别为 1.154mg/g、1.093mg/g、0.992mg/g、0.981mg/g；总叶绿素含量最大的是大灰藓，最小的是蕊形真藓。4 种苔藓植物总叶绿素含量随着干旱胁迫的持续呈减小趋势(图 4-15)，大灰藓干旱 9h 时总叶绿素含量开始呈现减小趋势，牛舌藓、小石藓和蕊形真藓干旱 24h 时总叶绿素含量开始呈现减小趋势。大灰藓、牛舌藓、小石藓和蕊形真藓 4 种苔藓植物在干旱 72h 时总叶绿素含量最低，值分别为 1.043mg/g、1.001mg/g、0.899mg/g、0.929mg/g，较干旱前 0h 分别减小了 31.23%、17.95%、25.22%、13.60%，减小幅度最大的是大灰藓，减小幅度最小的是蕊形真藓。复水后 4 种苔藓植物总叶绿素含量又呈现回升趋势，复水 9h 后其总叶绿素含量是干旱 72h 时的 1.371 倍、1.439 倍、1.253 倍、1.134 倍，牛舌藓的恢复速度最快。另外，复水后与干旱前 0h 相比，4 种苔藓植物的总叶绿素含量都恢复到干旱前水平。

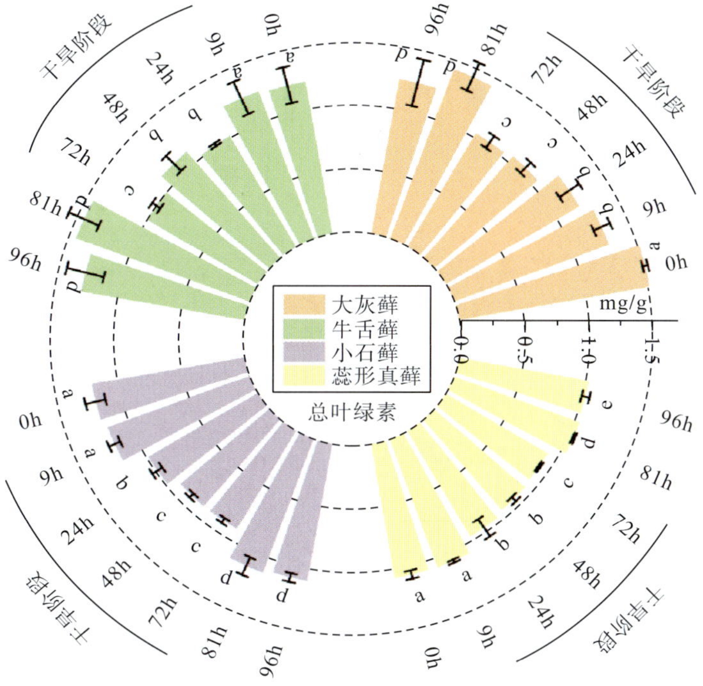

图 4-15　干旱-复水过程中苔藓植物总叶绿素含量

注：小写字母表示在 0.05 水平下苔藓植物某阶段总叶绿素含量与前一阶段的差异显著性标识。

4.2.2　干旱-复水对苔藓植物光合荧光特征的影响

1. 对 F_v/F_m、YII 的影响

4 种苔藓植物的 F_v/F_m 都随着植株含水率减小而整体表现为减小趋势。图 4-16 显示，未干旱前 4 种苔藓植物 0h 的 F_v/F_m 都较干旱 72h 的值大，其中蕊形真藓 F_v/F_m 最小值 (0.207) 较植株含水率最大时的 F_v/F_m 值减小了 64.38%，是 4 种苔藓植物中减小幅度最大的苔藓。牛舌藓的 F_v/F_m 值最小为 0.418，较该植株含水率最大时的 F_v/F_m 值减小了 18.02%，是 4 种苔藓植物中减小幅度最小的苔藓。大灰藓的 F_v/F_m 最小值为 0.542，较该植株含水率最大时的 F_v/F_m 值减小了 21.16%。而小石藓 F_v/F_m 最小值为 0.375，此时的植株含水率为 63.92%，不是植株含水率最低值处。4 种苔藓植物复水后，除大灰藓 F_v/F_m 值较植株含水率最小时发生继续降低外，其他三种苔藓植物 F_v/F_m 值均呈现上升趋势。其中，蕊形真藓复水 9h 的 F_v/F_m 值与植株含水率最小处的 F_v/F_m 值相比，上升幅度为 43.07%；其次是牛舌藓复水 9h 的 F_v/F_m 值与植株含水率最小处的 F_v/F_m 值相比，上升幅度为 36.18%；小

石藓的增幅为35.34%。复水9h的F_v/F_m与干旱前0h相比，牛舌藓和小石藓能基本恢复到干旱前水平，大灰藓和蕊形真藓不能恢复到干旱前水平。

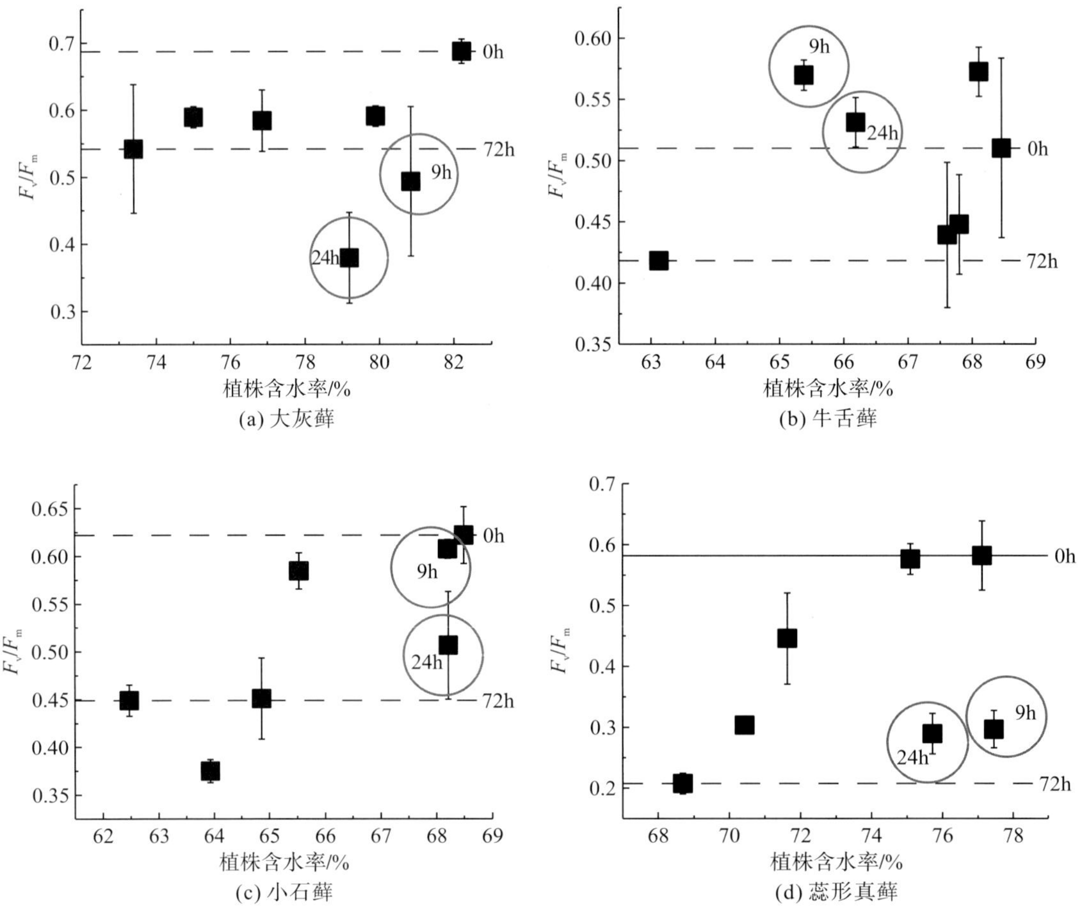

图4-16 干旱-复水过程中苔藓植物的F_v/F_m分析

注：a.圆圈圈画表示复水阶段；b.竖线表示误差线

4种苔藓植物的YII随着植株含水率的降低总体呈减小的趋势(图4-17)。大灰藓、牛舌藓、小石藓和蕊形真藓在植株含水率最小值73.40%、63.12%、62.47%、68.69%时，YII也降低至最小或较小，值分别为0.559、0.418、0.452和0.206，较干旱前0h分别减小了18.00%、21.76%、27.52%、64.99%。减小幅度最大的是蕊形真藓，减小幅度最小的是大灰藓。复水后除大灰藓YII值升高不明显外，其他3种苔藓植物的YII值都呈现明显回升趋势，复水9h后牛舌藓、小石藓和蕊形真藓的YII值较植株含水率最低时回升了40.64%、37.68%、54.21%，回升幅度最大的是蕊形真藓，其次是牛舌藓和小石藓。复水后4种苔藓植物的YII值与干旱前0h相比，牛舌藓YII值在复水9h后能回升到干旱前水平，小石藓和蕊形真藓的YII值并没有回升至干旱前的水平。大灰藓复水后，YII值很难回升至干旱前的水平。

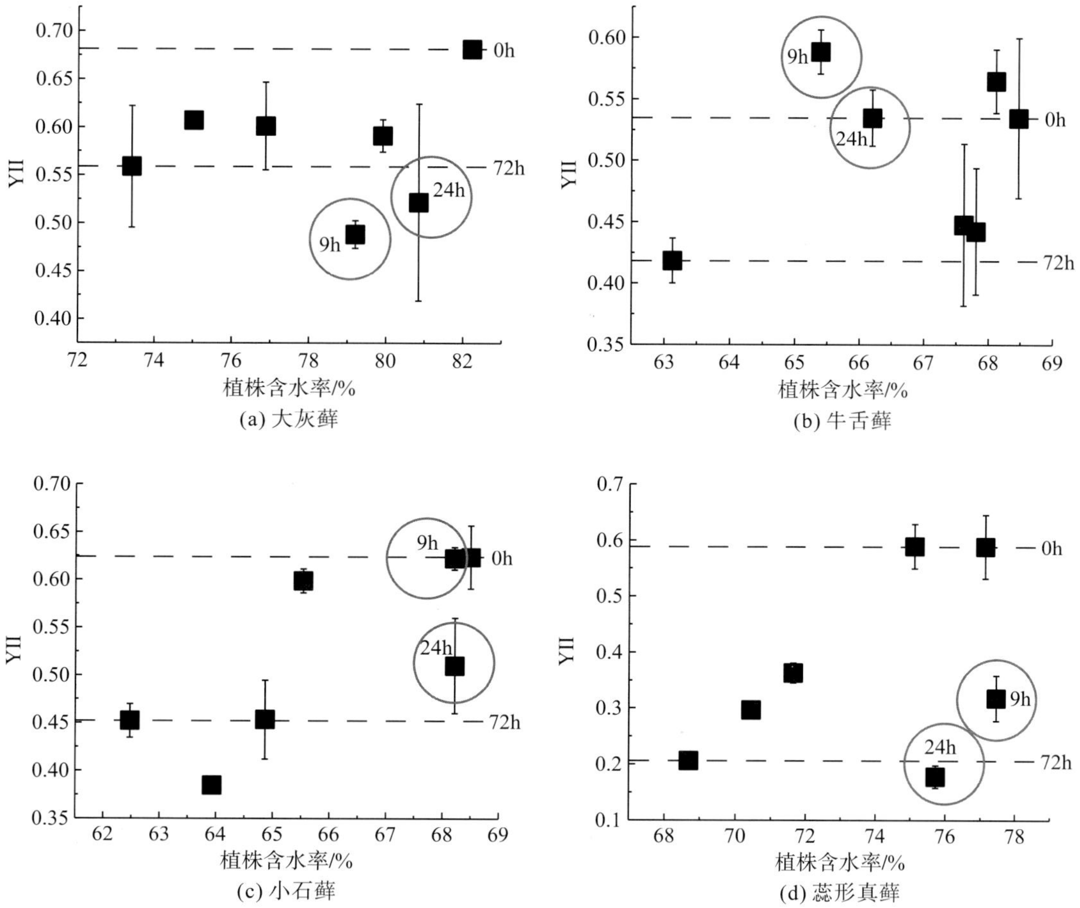

图 4-17　干旱-复水过程中苔藓植物的 YII 分析

注：a.圆圈圈画表示复水阶段；b.竖线表示误差线

2. 对 F_m、F'_m、F'的影响

4 种苔藓植物的 F_m 值随着植株含水率的降低总体呈降低趋势(图 4-18)。大灰藓、牛舌藓、小石藓和蕊形真藓分别在植株含水率最小值 73.40%、63.12%、62.47%、68.69%时，F_m 也降低至最小或较小，分别为 1414.33、968.33、845、865.67，与干旱前 0h 相比降低幅度为 27.48%、30.70%、37.55%、43.51%，其中降低幅度最大的是蕊形真藓，其次是小石藓，大灰藓的降低幅度最小。复水 9h 后大灰藓、小石藓和蕊形真藓 F_m 值与苔藓植物含水率最低处相比，增加幅度分别为 9.78%、27.46%、18.71%。但牛舌藓复水后 9h，F_m 值较该苔藓植物含水率最小处的值增加幅度为 42.23%，表明牛舌藓历经干旱后复水，光合系统恢复速度较其他苔藓植物更快。另外，复水 9h 的 F_m 值与干旱前 0h 相比，除了牛舌藓恢复至干旱前水平外，其他 3 种苔藓植物均没有恢复到干旱前水平。

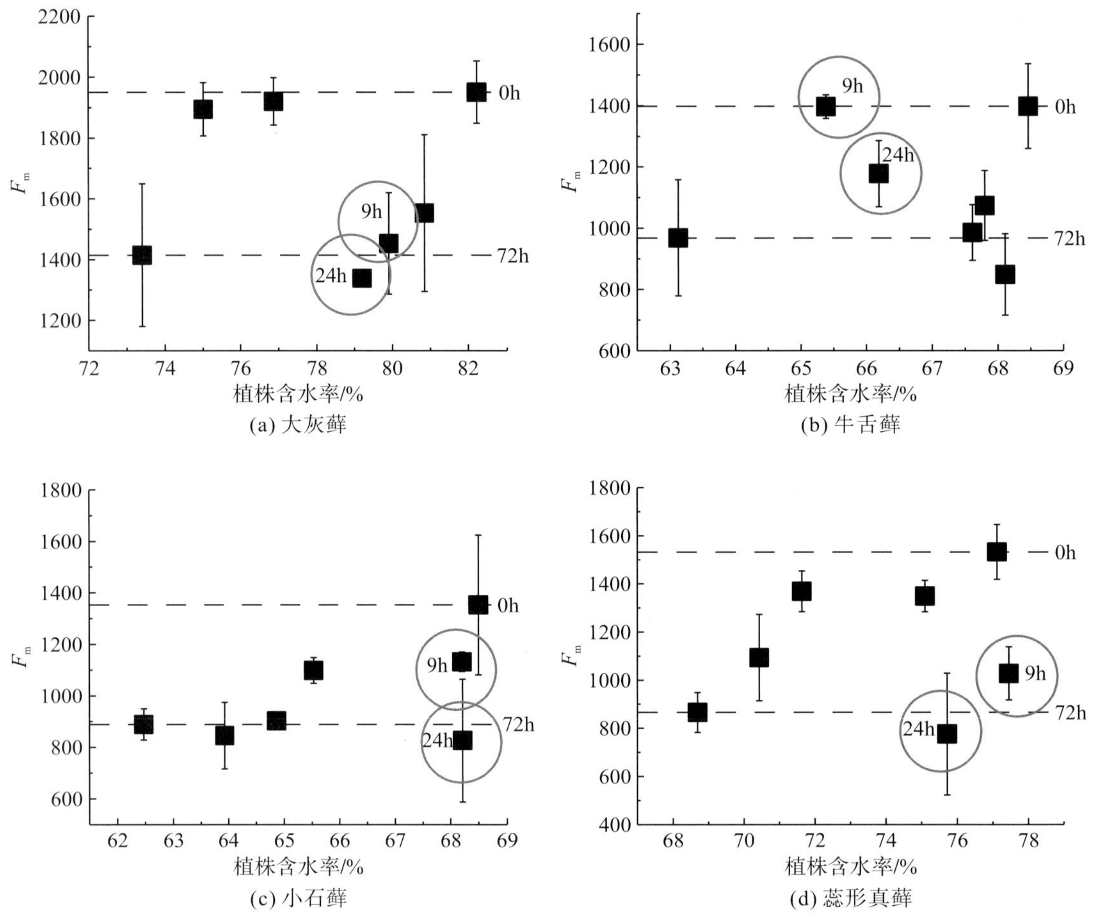

图 4-18 干旱-复水过程中苔藓植物的 F_m 分析

注：a.圆圈圈画表示复水阶段；b.竖线表示误差线

F'是执行饱和脉冲前的实时荧光产量，它是反映光合抑制程度的重要参数。4 种苔藓植物的 F'值随着植株含水率降低整体呈降低趋势(图 4-19)。大灰藓、牛舌藓、小石藓和蕊形真藓在植株含水率最小值 73.40%、63.12%、62.47%、68.69%时，F'也降低至最小或较小，值分别为 648.66、621.09、580.12 和 706.05，较干旱前 0h 分别减小了 20.79%、19.87%、15.21%、5.57%，大灰藓降低幅度最大，蕊形真藓降低幅度最小。复水 9h 后 4 种苔藓的 F'值呈现升高趋势，大灰藓、牛舌藓、小石藓和蕊形真藓复水 9h 的 F'值较植株含水率最低时的 F'值上升了 16.49%、21.57%、7.29%、6.79%，牛舌藓的上升幅度最大，其次是大灰藓，最小的是蕊形真藓。复水 9h 与干旱前 0h 的 F'相比，仅蕊形真藓明显恢复至干旱前水平，大灰藓、小石藓恢复不显著，而牛舌藓并没有恢复至干旱前水平。复水 24h 时 F'值较复水 9h 呈现降低趋势；小石藓和蕊形真藓的 F'降低到比 72h 时的 F'值更小，而牛舌藓和大灰藓则高于 72h 时的 F'值。

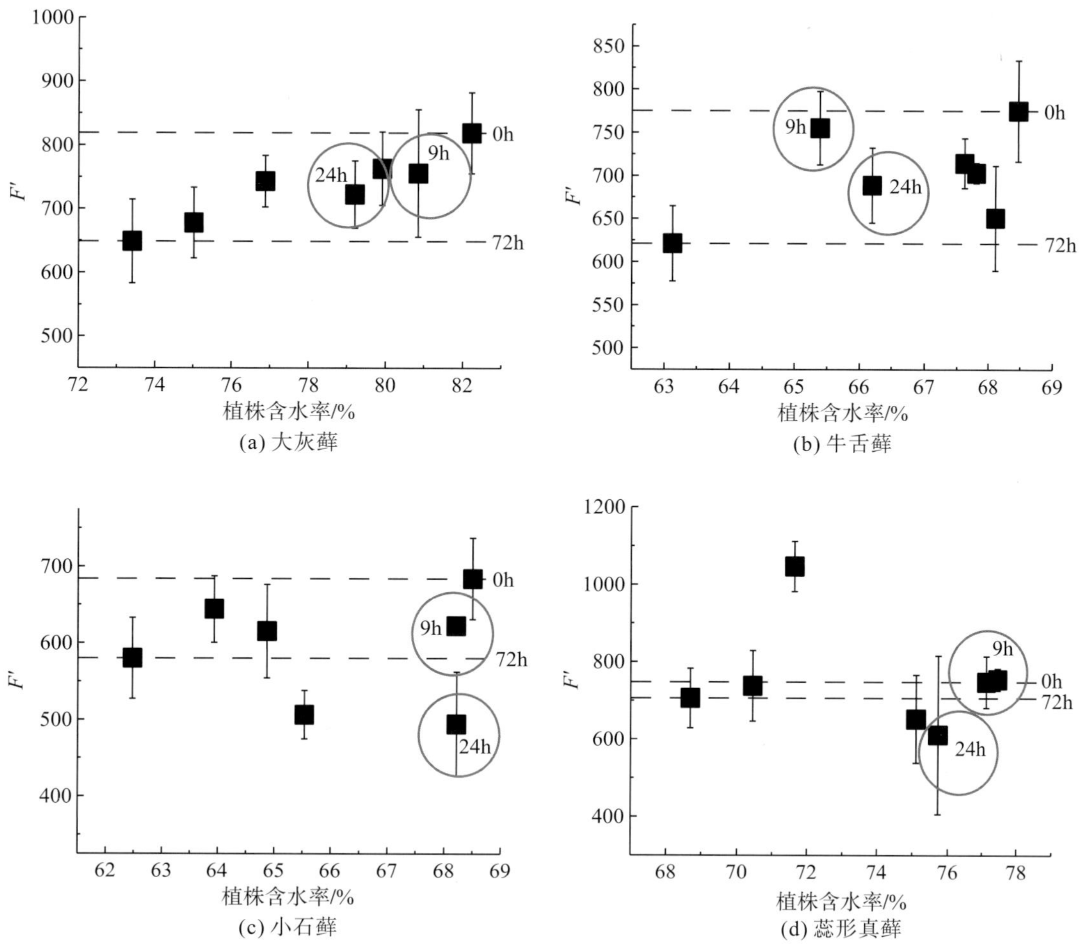

图 4-19　干旱-复水过程中苔藓植物的 F'分析

注：a.圆圈圈画表示复水阶段；b.竖线表示误差线

F_m'是光下执行饱和脉冲当 PSII 反应中心都处于关闭状态时的最大荧光产量，可以反映植物光合系统抑制程度(图 4-20)。4 种苔藓植物的 F'_m 值随着植株含水率降低整体呈降低趋势。大灰藓、牛舌藓、小石藓和蕊形真藓在植株含水率最小值 73.40%、63.12%、62.47%、68.69%时，F_m'也降低至最小或较小，值分别为 1744.67、1046.11、1057.33、992.06，较干旱前 0h 分别减少了 24.98%、38.04%、32.96%、45.98%，蕊形真藓降低幅度最大，大灰藓降低幅度最小。复水 9h 后，大灰藓、牛舌藓、小石藓和蕊形真藓的 F_m'值较植株含水率最低时的 F_m'值上升了 6.59%、68.45%、31.08%、11.73%，牛舌藓的上升幅度最大，其次是小石藓，最小的是大灰藓。复水 9h 的 F_m'值与干旱前 0h 相比，除了牛舌藓恢复至干旱前水平，其他 3 种苔藓植物均没有恢复到干旱前水平。复水 24h 时除了大灰藓的 F_m'值和复水 9h 的 F_m'值差异不显著外，牛舌藓、小石藓和蕊形真藓较复水 9h 的 F_m'值呈现降低趋势，它们较复水 9h 的 F_m'值降低幅度分别为 21.72%、27.97%、32.78%。

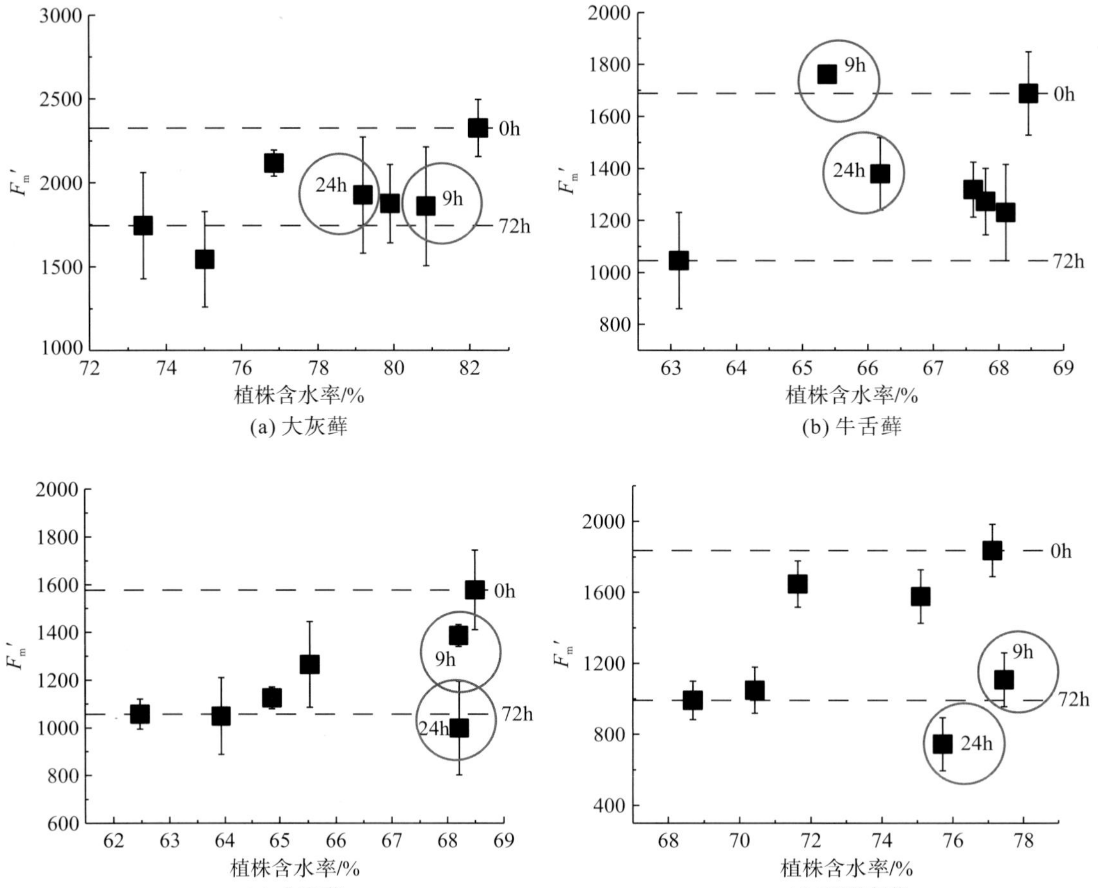

(a) 大灰藓 (b) 牛舌藓

(c) 小石藓 (d) 蕊形真藓

图 4-20 干旱-复水过程中苔藓植物的 F_m'分析

注：a.圆圈圈画表示复水阶段；b.竖线表示误差线

3. 对 F_o 的影响

F_o 为初始荧光产量，也叫最小变荧光强度，是光合机构 PSII 反应中心全部开放时的荧光水平，其数值升高表示 PSII 反应中心受到伤害或不可逆失活。大灰藓、牛舌藓、蕊形真藓的 F_o 值随着苔藓植物含水率降低逐渐呈增加趋势(图 4-21)。大灰藓、牛舌藓和蕊形真藓在苔藓植物含水率最小值 73.40%、63.12%、68.69%时，F_o 升高至较大值，分别为 799.33、562、685，较未干旱前 0h 增幅分别为 201.11%、40.42%、7.77%；增幅最大的是大灰藓，证明大灰藓 PSII 反应中心受到伤害或不可逆失活随着干旱发生伤害程度最大。而小石藓在植株含水率最低(62.47%)时，与未干旱前 0h 相比，变化幅度不大，证明干旱胁迫下小石藓光合系统 PSII 反应中心不可逆失活程度最小。复水 9h 和 24h 后，大灰藓、牛舌藓和蕊形真藓 F_o 值较植株含水率最小处的 F_o 值差异性不显著，证明复水 9h 和 24h 后不能改变已经失活的 PSII 反应中心活性。但是小石藓在复水 9h 和 24h 后，该值较干旱最严重时呈下降趋势，证明该苔藓在复水后还有可能使处于失活边缘的 PSII 反应中心部分恢复。

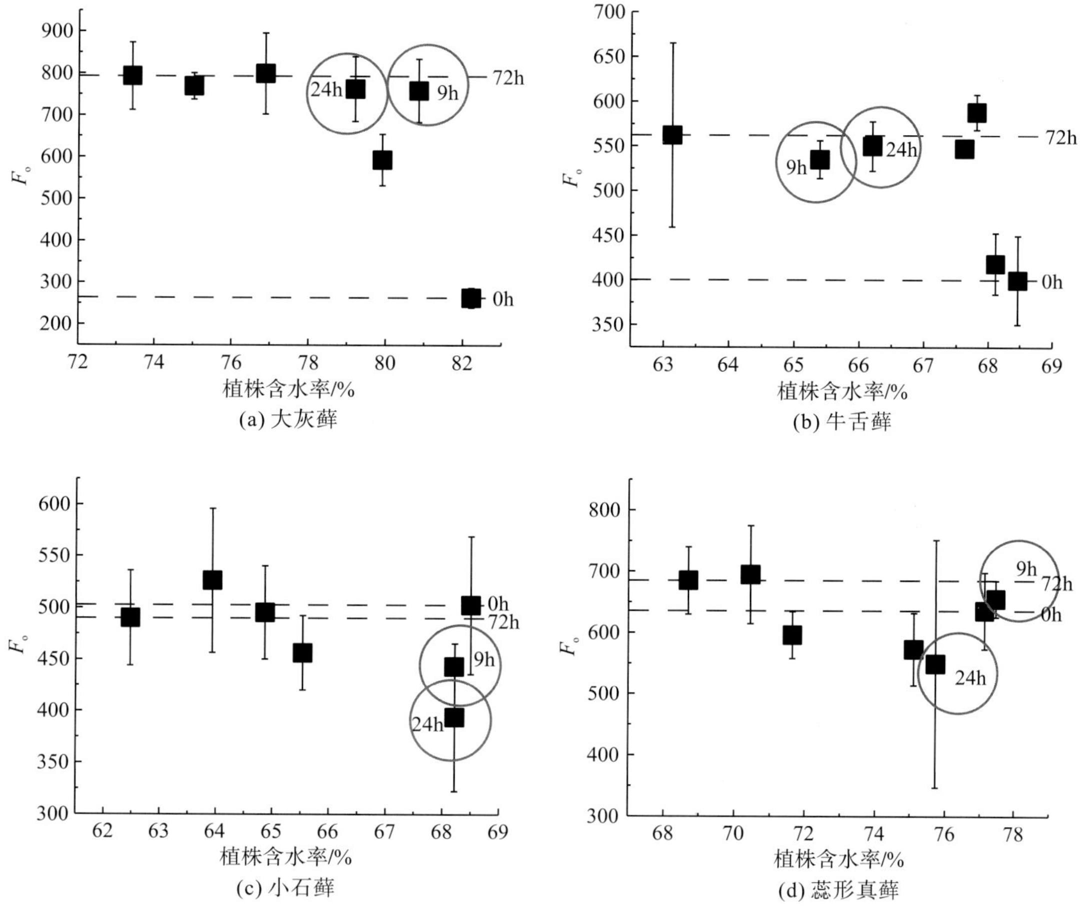

图 4-21　干旱-复水过程中苔藓植物的 F_o 分析

注：a.圆圈圈画表示复水阶段；b.竖线表示误差线

4. 对 ETR 的影响

4 种苔藓植物的 ETR 值都随着植株含水率逐渐降低整体呈降低趋势(图 4-22)。大灰藓、牛舌藓、小石藓和蕊形真藓分别在植株含水率最小值 73.40%、63.12%、62.47%、68.69% 时，ETR 也降低至最小或较小，分别为 25.77、21.03、22.73、10.3。4 种苔藓植物含水率最小时的 ETR 值较干旱前 0h 分别减少了 24.88%、21.81%、27.52%、65.20%。其中减小幅度最大的是蕊形真藓，其次是小石藓、大灰藓，减小幅度最小的是牛舌藓。复水 9h 后，4 种苔藓植物的 ETR 值较干旱发生最严重时的值都有所上升，与干旱期间 ETR 的最小值相比，蕊形真藓的上升幅度最大(54.69%)，之后依次为牛舌藓、小石藓和大灰藓，上升幅度分别为 40.57%、37.68%、13.45%，牛舌藓和小石藓的 ETR 值可恢复至干旱前的水平，而其他 2 种苔藓植物的 ETR 值都低于干旱前的水平。另外，复水 24h 后，4 种苔藓植物的 ETR 值较复水 9h 的值都有所下降。

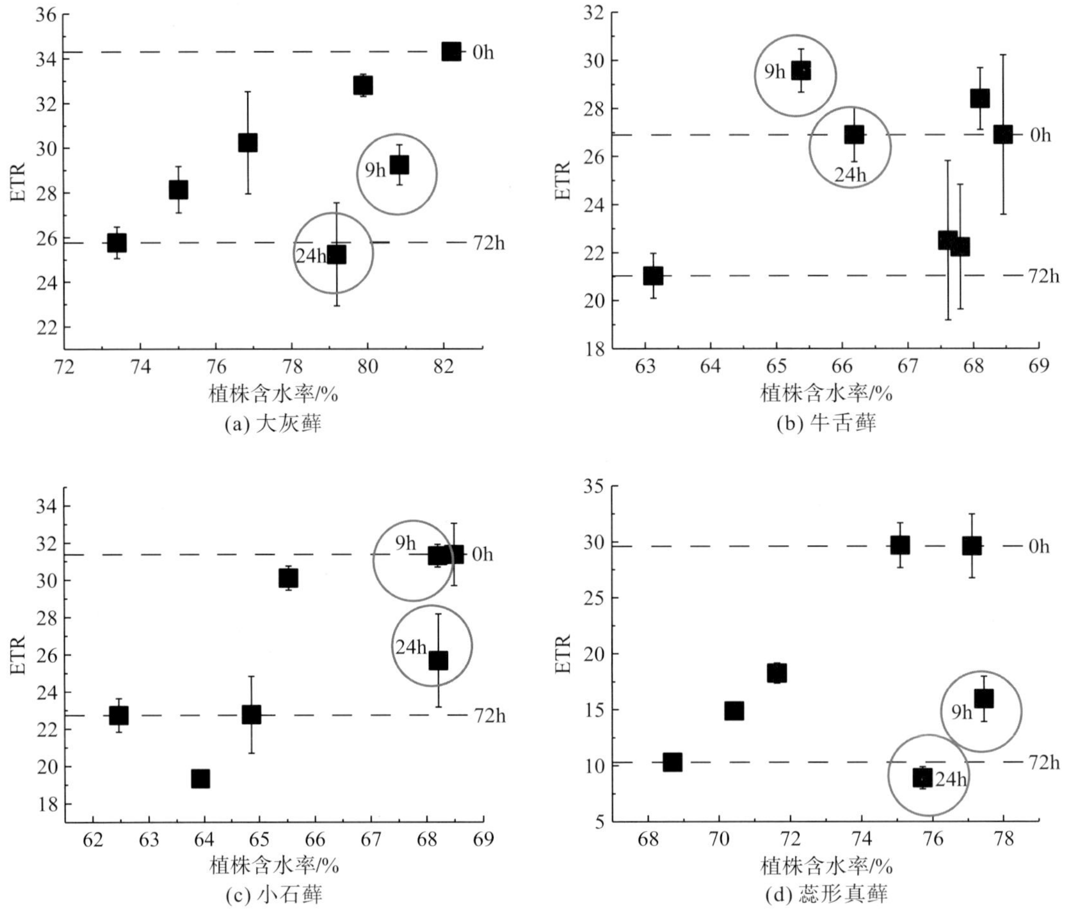

图 4-22 干旱-复水过程中苔藓植物的 ETR 分析

注：a.圆圈圈画表示复水阶段；b.竖线表示误差线

5. 对 qP 和 NPQ 的影响

光化学猝灭系数 qP 可反映出 PSII 用于光化学电子传输的光能在天然色素吸收的光能中所占的比例，在一定程度上表现了该反应中心的开放度高低。该数值不断降低，表明反应中心内部电子的传递效率和反应活性在不断减弱。除大灰藓 qP 值随着植株含水率降低变化趋势不显著外，牛舌藓、小石藓和蕊形真藓的光化学猝灭系数 qP 值随着植株含水率降低均呈降低趋势(图 4-23)。牛舌藓、小石藓和蕊形真藓在植株含水率最小值 63.12%、62.47%、68.69%时，光化学猝灭系数 qP 值分别为 0.552、0.423、0.555；与干旱前 0h 相比，降低幅度分别为 15.99%、18.54%、25.37%，降低幅度最大的是蕊形真藓，最小的是牛舌藓。复水后，4 种苔藓植物的光化学猝灭系数 qP 都呈增加趋势。复水 9h 与苔藓植物含水率最低时的光化学猝灭系数 qP 相比，大灰藓、牛舌藓、小石藓和蕊形真藓 qP 值分别增加了 32.89%、19.89%、53.39%、6.80%，增加幅度最大的是小石藓，蕊形真藓的增加幅度最小。复水 9h 后 qP 值与干旱前 0h 相比，大灰藓、牛舌藓和小石藓 qP 值都恢复到干旱前 0h 水平，而蕊形真藓并未恢复到干旱前水平。

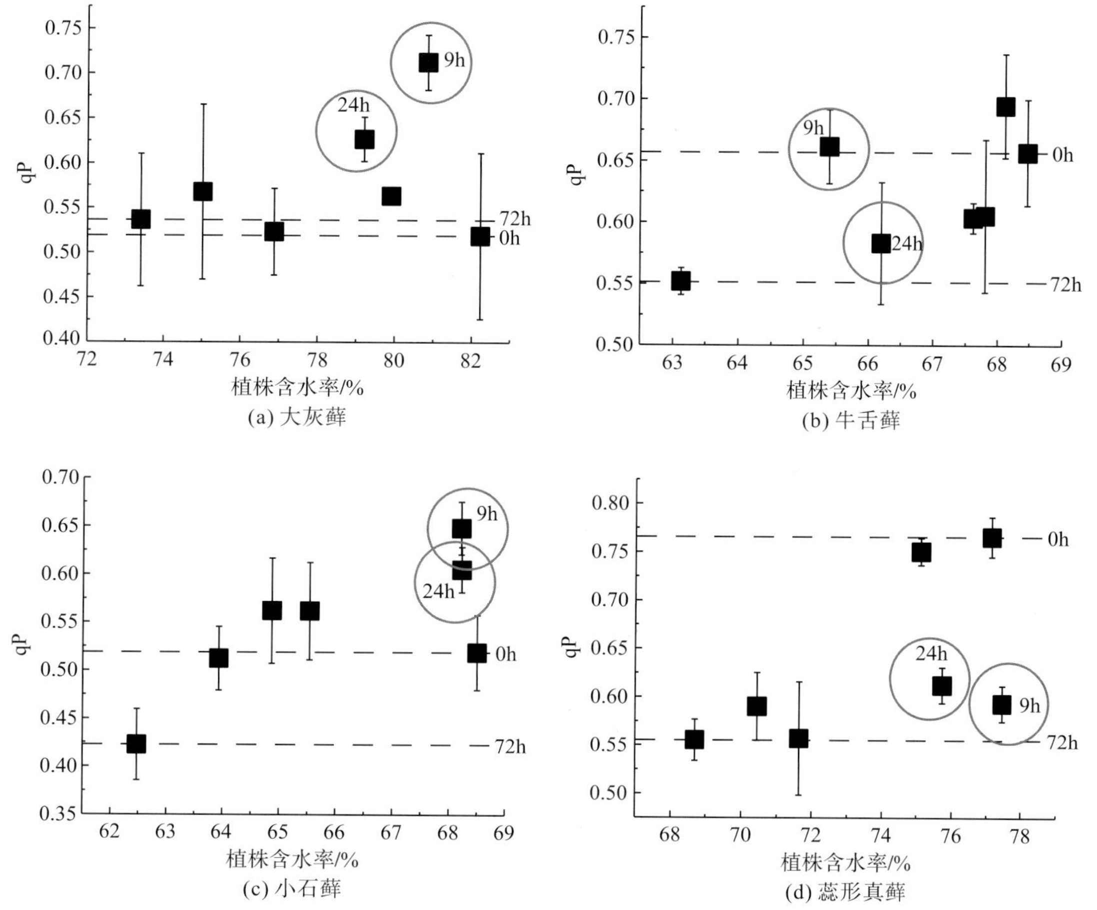

图 4-23　干旱-复水过程中苔藓植物的 qP 分析

注：a.圆圈圈画表示复水阶段；b.竖线表示误差线

调节性能量耗散的量子产量 NPQ 是 PSII 吸收的光能中不用于光合电子传递而以热形式耗散掉的部分，它代表了所有与光保护机制相关的热耗散。4 种苔藓植物的调节性能量耗散的量子产量 NPQ 值随着植株含水率降低整体呈升高趋势(图 4-24)。大灰藓、牛舌藓、小石藓和蕊形真藓在植株含水率最低值 73.40%、63.12%、62.47%、68.69%时，调节性能量耗散的量子产量 NPQ 值分别为 1.605、1.2296、1.434、1.395，较干旱前 0h 升高了 26.45%、28.70%、25.55%、66.11%，上升幅度最大的是蕊形真藓，其次是牛舌藓、大灰藓和小石藓。复水后，4 种苔藓植物的 NPQ 值较干旱最严重时的 NPQ 值都有所减小；复水 9h 时，大灰藓、牛舌藓、小石藓和蕊形真藓较植株含水率最低时的 NPQ 值，减小幅度分别为 2.08%、1.27%、15.73%、49.45%，减小幅度最大的是蕊形真藓，其次是小石藓，大灰藓和牛舌藓的减小幅度都较小。干旱复水 9h 后，4 种苔藓植物 NPQ 值与干旱前 0h 相比，大灰藓、小石藓和蕊形真藓基本恢复到干旱前的水平，而牛舌藓 NPQ 值恢复至干旱前水平的速度较其他苔藓更慢。

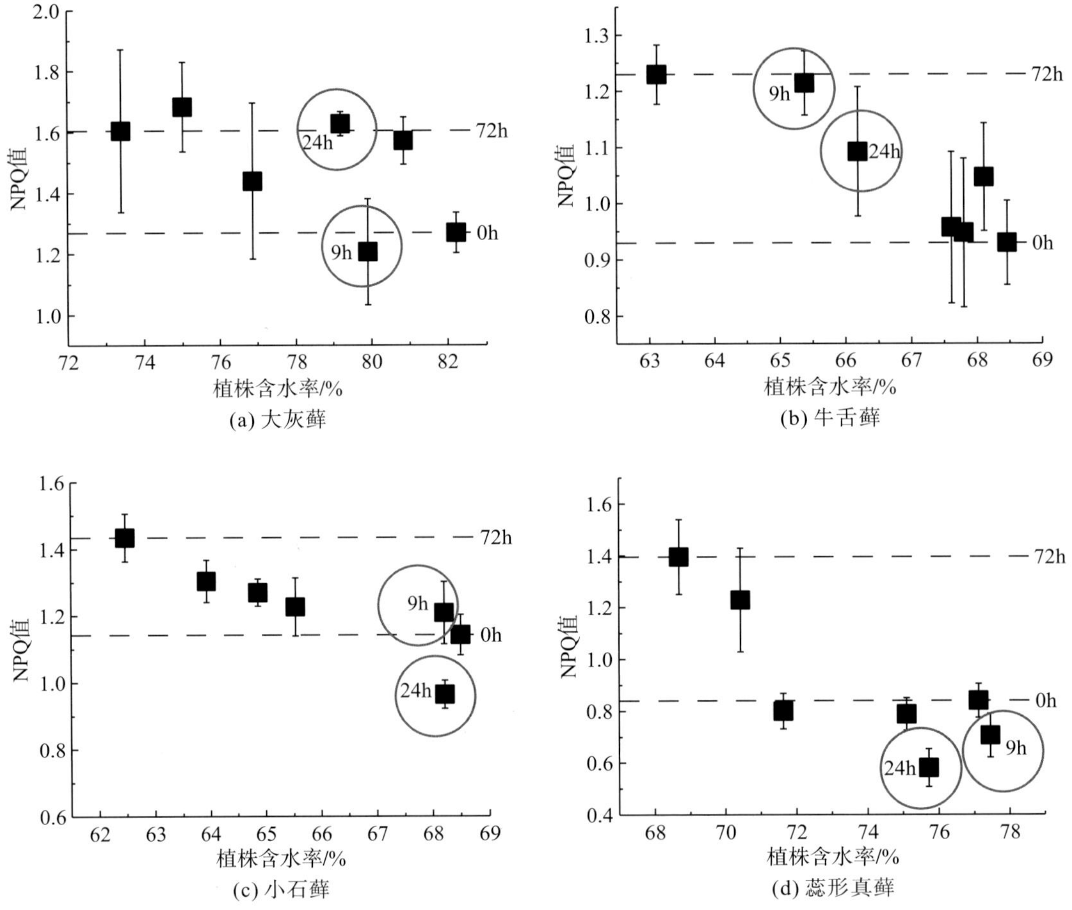

图 4-24 干旱-复水过程中苔藓植物的 NPQ 分析

注：a.圆圈圈画表示复水阶段；b.竖线表示误差线

利用斯皮尔曼(Spearman)相关系数法分析光合荧光参数 F_v/F_m、F'_m、F_m、F_o、NPQ、ETR、F'、YII 和 qP 之间的相关关系。从表 4-3 可知，F_v/F_m 与 F'_m、F_m、ETR、YII 共 4 项之间全部呈显著正相关($p<0.01$)，相关系数值分别为 0.608、0.633、0.951、0.976。F'_m 与 F_m、ETR、F'、YII 呈显著正相关($p<0.01$)；F_m 与 ETR、F'、YII 呈显著正相关($p<0.01$)；ETR 与 YII 呈显著正相关($p<0.01$)；NPQ 与 qP 呈显著负相关($p<0.05$)。

表 4-3 光合荧光参数相关性分析

	F_v/F_m	F'_m	F_m	F_o	NPQ	ETR	F'	YII	qP
F_v/F_m	1								
F'_m	0.608**	1							

续表

	F_v/F_m	F'_m	F_m	F_o	NPQ	ETR	F'	YII	qP
F_m	0.633**	0.905**	1						
F_o	−0.251	0.248	0.366	1					
NPQ	0.089	0.241	0.286	0.36	1				
ETR	0.951**	0.700**	0.653**	−0.217	0.126	1			
F'	0.08	0.659**	0.655**	0.32	−0.05	0.166	1		
YII	0.976**	0.657**	0.659**	−0.198	0.186	0.964**	0.087	1	
qP	0.009	0.15	0.052	0.004	−0.436*	0.099	0.176	0.037	1

注：*表示 $p<0.05$；**表示 $p<0.01$。

4.2.3　隶属函数值法综合评价苔藓植物耐旱性

针对质膜透性、SP、SS、Pro、CAT、SOD、MDA、GR、POD、TChll、Chlla、Chllb 共计 12 个因子，根据因子分析得到 KMO①检验结果值小于 0.5，表明这些指标并不能通过因子分析再进行耐旱性评价，所以选择这 12 个指标进行耐旱性评价。

表 4-4　干旱胁迫下苔藓植物各个测定指标的隶属函数值

干旱时间	苔藓植物	质膜透性	SP	SS	Pro	CAT	SOD	MDA	GR	POD	TChll	Chlla	Chllb
72h	大灰藓	0.000	1.000	0.000	0.000	0.000	1.000	0.000	0.000	1.000	1.000	0.000	0.241
	牛舌藓	1.000	0.032	1.000	1.000	1.000	0.244	1.000	0.017	0.000	0.098	0.778	0.978
	小石藓	0.914	0.000	0.336	0.037	0.938	0.105	0.444	0.087	0.508	0.000	1.000	0.000
	蕊形真藓	0.250	0.003	0.035	0.048	0.488	0.000	0.773	1.000	0.081	0.156	0.799	1.000
48h	大灰藓	0.000	1.000	0.000	0.000	0.217	0.000	0.000	0.000	1.000	1.000	0.000	0.000
	牛舌藓	1.000	0.017	1.000	1.000	1.000	1.000	1.000	0.062	0.104	0.200	1.000	0.836
	小石藓	0.735	0.035	0.246	0.009	0.398	0.466	0.704	0.061	0.099	0.000	0.658	1.000
	蕊形真藓	0.416	0.000	0.009	0.023	0.000	0.164	0.765	1.000	0.000	0.146	0.500	0.752
24h	大灰藓	0.076	1.000	0.031	0.013	0.171	0.000	0.000	0.006	1.000	1.000	0.000	0.000
	牛舌藓	1.000	0.000	1.000	1.000	1.000	0.096	1.000	0.000	0.053	0.015	0.490	0.513
	小石藓	0.546	0.124	0.034	0.000	0.519	0.855	0.882	0.061	0.219	0.000	0.304	0.059
	蕊形真藓	0.000	0.146	0.000	0.017	0.000	1.000	0.727	1.000	0.000	0.090	1.000	1.000
9h	大灰藓	1.000	1.000	0.332	0.000	0.000	0.000	1.000	0.000	0.000	0.000	0.000	0.011
	牛舌藓	0.491	0.000	1.000	1.000	0.353	0.397	0.710	0.075	0.344	1.000	0.713	1.000
	小石藓	0.000	0.088	0.839	0.199	1.000	0.436	0.686	0.085	1.000	0.727	1.000	0.000
	蕊形真藓	0.682	0.165	0.000	0.053	0.005	1.000	0.000	1.000	0.420	0.923	0.647	0.958

12 个指标中，质膜透性和 MDA 与耐旱性呈负相关关系；其他指标(SP、SS、Pro、

① KMO 指凯泽-迈耶-奥尔金(Kaiser-Meyer-Olkin)。

CAT、SOD、GR、POD、TChll、Chlla、Chllb）与耐旱性呈正相关关系。4 种苔藓植物在干旱胁迫的 9h、24h、48h、72h 下，各个测定指标的隶属函数值见表 4-4。将同一种苔藓植物某干旱阶段的各个测定指标的隶属函数值求平均后，得到该苔藓植物在某一干旱阶段的隶属函数值。结果表明，干旱发生 9h、24h、48h 和 72h 时，牛舌藓的耐旱能力均是 4 种苔藓植物中最强的。将同一种苔藓植物各个干旱阶段的隶属函数值求平均后得到苔藓植物耐旱性综合指标，结果见表 4-5。牛舌藓的耐旱能力最强，其次是蕊形真藓、小石藓和大灰藓。

表 4-5 苔藓植物不同干旱阶段耐旱性综合指标

苔藓植物	干旱时间				平均值	排序
	9h	24h	48h	72h		
大灰藓	0.2785	0.2748	0.2681	0.3534	0.2937	4
牛舌藓	0.5903	0.5139	0.6850	0.5956	0.5962	1
小石藓	0.5050	0.3003	0.3674	0.3641	0.3842	3
蕊形真藓	0.4876	0.4150	0.3146	0.3860	0.4008	2

4.3 讨 论

4.3.1 干旱-复水下苔藓植物生理生化特征分析

苔藓植物对细胞脱水的耐受性是陆地植物的一个古老特征。虽然苔藓植物没有维管植物的特殊导水组织，但有些苔藓植物有专门的导水内部细胞。4 种苔藓植物在干旱胁迫下植株含水率降低，复水后恢复其含水率。干旱胁迫下 4 种苔藓植株体水分发生变动幅度最小的是牛舌藓，说明牛舌藓在干旱发生时对水分保持的能力较其他 3 种苔藓植物强，这可能与牛舌藓主要石生、很少土生、适应性较强、变异性较大有关。前人研究表明，大多数耐脱水苔藓，可以改变配子体结构来控制脱水过程中的水分流失[155]。植株相对含水率最大的是大灰藓，与大灰藓形态及生理结构特征有关。大灰藓植物形体大，茎可长达 10cm，叶呈羽状分枝，长可达 1.5cm，茎横切面圆形，皮层细胞壁厚，4～5 层。另外，大灰藓主要分布在林下，说明大灰藓对环境中水分的要求较牛舌藓高。牛舌藓复水后水分利用较其他 3 种苔藓植物快，说明同等干旱条件下牛舌藓的恢复能力更强，这极大可能与其在干旱中植株体受损程度没有其他 3 种苔藓植物严重有关。前人研究发现，具有极强的耐干燥性的苔藓植物在干燥后复水能在短时间内完成恢复，可以脱水到极低的含水量（苔藓植物鲜重的 5%～10%），并在再水化后恢复生理功能[156,157]。

干旱导致细胞水分流失的情况下，植物存活需要具有一系列与防止氧化损伤、稳定大分子和维持膜完整性相关的应激反应特性。植物的耐旱性取决于它们能够经历这些应激反应的程度以及它们是否能够在恢复时修复损伤。细胞膜是植物细胞与外界交流的通道，细胞膜透性可以反映出细胞膜受损的程度[158]。在中度干旱条件下，植物细胞膜为受害的最初部位，这是由于当植物处于干旱逆境下，植物细胞内自由基产生和清除的平衡遭到破坏，自由基的增加首先攻击膜系统，膜脂质双分子层的物理性质被改变，并促进膜融合；膜脂肪酸中的不饱和键被氧化，膜脂流动性降低[159,160]。有研究指出，干旱会增加活性氧，启动膜脂过氧化和膜磷脂的脱酯化反应，造成膜脂过氧化产物 MDA 含量增加[161]。MDA 含量是脂质过氧化的产物，MDA 含量高说明植物细胞膜质过氧化程度高，细胞膜受到的伤害严重[162]。在本书中，干旱胁迫下 4 种苔藓植物质膜透性和 MDA 都呈增加的趋势。大灰藓的质膜透性和丙二醛含量与干旱前相比增幅最大，说明干旱胁迫对苔藓植物细胞膜的损伤程度较其他 3 种苔藓植物大，该苔藓植株抵抗干旱能力较弱。牛舌藓的细胞膜受到损伤的程度最小，较其他 3 种苔藓植物更能维持细胞整体活性，保护细胞内部各种蛋白、可溶性糖和脂质物质及酶的稳定性，维护生物膜结构和功能的完整性[163]。

牛舌藓在干旱胁迫下可溶性糖(SS)的峰值是干旱前 0h 的 4.47 倍，该倍数在 4 种苔藓植物中最大，说明该苔藓植物通过植株体内增加大量 SS 抵御逆境的能力较其他 3 种苔藓植物更强。苔藓植物内部可溶性糖能使细胞膜表面保持优先水合，取代水合壳中的水，并防止膜融合。植株体中可溶性糖含量的明显增加，可使细胞质的渗透压升高，提高细胞的吸水能力抵抗逆境[164]。前人研究发现，非还原双糖在保护原核生物和真核生物免受干燥损伤方面具有重要作用，在干燥时添加外源蔗糖显著增加了从干燥中恢复的细胞比例，并且随着外源蔗糖浓度的增加而增加。如果可溶性糖缺失会导致膜加速融合，水分缺乏导致核糖体从聚合形式转变为单体形式，从而影响蛋白质合成，并导致脯氨酸在脱水过程中积累[165,166]。本书中 4 种苔藓植物体内 Pro 含量随着干旱胁迫持续呈增加趋势。Pro 在植株受到逆境胁迫时，累积量可以减少应激诱导的细胞酸化或促进氧化呼吸，以提供恢复所需的能量，并在稳定生物膜的完整性、维持蛋白质的高级结构等生理生化过程中发挥重要作用[167,168]。干旱胁迫下牛舌藓的 Pro 含量出现峰值的时间较其他 3 种苔藓植物晚，说明干旱胁迫下该苔藓植物耐受力更强；且牛舌藓的 Pro 含量为干旱前 0h 的 33.19 倍，增加幅度最大，说明该苔藓植物较其他 3 种苔藓植物能在更短的时间内产生大量的 Pro，以维持植物细胞正常的生理活动，复水后该苔藓植物的 Pro 含量显著降低。

蛋白质是重要的有机渗透调节物质，在缺水情况下可以减少细胞内的水分丧失，其含量的高低还可以反映各种代谢活动的强弱[169]。蛋白质相关物质损伤是由有氧代谢过程中形成的活性氧(reactive oxygen species，ROS)引起的，缺水时细胞质收缩会导致分子拥挤增加，从而损害蛋白质的稳定性。大灰藓 SP 含量总体表现出增大的变化规律，说明大灰藓植物当干旱胁迫发生时主要快速积累 SP，从而提高细胞对水分的吸收能力和保水能力以维持细胞正常的生理活动[170]。牛舌藓和蕊形真藓 SP 含量呈先减小后增大的趋势，其原因可能是在低浓度 PEG 溶液胁迫初期，植物体尚未适应外界环境变化，水分缺失导致了植物体内代谢受阻，蛋白质降解，随后植物机体自我防御机制开启，诱导基因转录翻译出干旱胁迫蛋白，导致 SP 含量逐渐升高，这是机体对干旱环境逐步适应的表现[171,172]，如果干旱胁迫达到一定阈值，植物机体自身防御系统无法承受干旱胁迫带来的伤害时，植物体内 SP 含量会表现为下降趋势。

干旱胁迫对植物的危害主要是由 ROS 氧化引起的。活性氧显示出对细胞的潜在毒性作用，活性氧清除能力间接反映了植物的耐旱性。正常情况下，植物体内的过氧化氢(H_2O_2)、超氧化物(O_2^-)和羟基自由基(OH^-)等ROS代谢处于平衡状态。然而，干旱胁迫破坏了ROS的稳态生成和清除，导致酶活性降低和膜结构破坏[173]。因此，苔藓植物通过产生活性氧自由基诱导氧化应激，从而形成复杂的酶和非酶防御系统，以抵抗干旱胁迫对细胞的损伤，从而保证其生存。苔藓表现出两种类型的抗氧化防御机制：一是通过酶类[如超氧化物歧化酶(SOD)、过氧化氢酶(CAT)、过氧化物酶(POD)]和抗氧化剂[如谷胱甘肽(GSH)]去除或减少自由基。二是通过合成谷胱甘肽还原酶等抗氧化物质增强防御能力[174]。

SOD、POD和CAT是酶防御系统中最关键的酶。SOD酶催化O_2^-生成H_2O_2，H_2O_2被POD和CAT去除分解。本书发现，大灰藓和牛舌藓植物体内SOD活性随着干旱胁迫的持续呈先减小后增大的趋势，原因是干旱胁迫破坏了SOD与活性氧产生和清除之间的平衡，SOD酶降解的增加和合成的减慢导致SOD酶活性下降。随着干旱胁迫的持续，苔藓植物通过增强SOD酶活性以清除体内的超氧阴离子自由基，从而减轻超氧阴离子对植物体的伤害。小石藓和蕊形真藓植物体内SOD酶活性随着干旱胁迫先增强后减弱，这与前人的研究结论一致，即在干旱早期，SOD、POD和CAT可以通过提高其酶活性清除活性氧自由基，防止自我伤害。随着干旱胁迫持续，活性氧生成与抗氧化系统之间的平衡被破坏，导致膜结构受损，酶活性受到抑制[175-177]。就POD酶活性而言，4种苔藓植物中牛舌藓POD酶活性值最低，原因可能是该苔藓植物是耐旱品种，同等干旱胁迫下并不会对该苔藓植物造成伤害，所以植物体内不会产生过多的POD酶来抵抗逆境。CAT是清除活性氧毒害的重要抗氧化酶，4种苔藓植物的CAT活性在干旱前期都呈增强趋势，其原因是随着干旱胁迫发生，苔藓植物通过应激反应提高CAT活性。4种苔藓中大灰藓CAT酶活性较干旱前0h的CAT酶活性增长幅度最大，证明该苔藓植物具有较强的清除自由基的能力。蕊形真藓CAT酶活性最大，但是该苔藓植物CAT酶变化较干旱前最小，证明该苔藓植物体内原本CAT酶活性就较其他3种苔藓植物更大，表明该苔藓植物耐旱机理与牛舌藓不同。

4种苔藓植物的谷胱甘肽还原酶(GR)活性随干旱胁迫时间的持续呈增强趋势。这与前人的研究结论一致，即苔藓植物的相对干燥耐受性水平与水溶性抗氧化剂谷胱甘肽的氧化还原状态有关，在干旱胁迫中GR的酶活性呈显著增强的趋势，GR通过降解过氧化物对植物起保护作用[178]。植物在干旱条件下升高的GR酶活性会将氧化型谷胱甘肽(GSSG)还原为还原型谷胱甘肽(GSH)，导致GSH/GSSG的比率升高。这一比率的升高有利于保持植物体内良好的氧化还原环境，通过GSH与抗坏血酸系统偶联反应参与H_2O_2的降解，从而使植物免受因干旱胁迫产生的过氧化物的毒害，对植物起保护作用[179]。总之，苔藓植物抗氧化酶系统研究结果和大多数维管束植被一样，都有相似的酶响应机制来消除有害的活性氧。

4.3.2 干旱-复水下苔藓植物光合荧光特征分析

叶绿素a和叶绿素b是植物重要的光合色素。本次研究模拟试验得到4种苔藓植物的叶绿素a、叶绿素b和总叶绿素含量都随着干旱胁迫时间持续呈下降趋势，与前人研究干旱胁迫会导致植物叶片光合色素含量降低的结论保持一致。叶绿素含量降低会影响植物对光能的正常吸收，进而影响后续光能的传递、耗散和分配，直接导致光合荧光参数的变化，影响整个光合作用的正常进行[180]。蕊形真藓的叶绿素 a、叶绿素 b 和总叶绿素含量在整个试验过程中是 4 种苔藓植物中最少的，表明该苔藓植物将光能转化为化学能的效率较低，极大可能是该苔藓植物在干旱影响下的一种耐旱的适应机制，通过减少叶绿素抑制光合抵抗干旱。但在复水后，牛舌藓的叶绿素 a、叶绿素 b 和总叶绿素含量恢复较其他苔藓植物更快，表明该苔藓植物虽在干旱中受损，但其在适宜环境下的恢复能力更强。

4 种苔藓植物的最小变荧光强度 F_o 随着干旱胁迫持续呈现增大趋势。其中，大灰藓 F_o 最大且最大值较干旱前 0h 的增幅最大，证明干旱导致该苔藓植物 PSII 反应中心系统受到不可逆失活程度最大。牛舌藓和小石藓的 F_o 值最小，差异不显著，说明干旱对该两种苔藓 PSII 反应中心受到伤害不可逆失活的影响最小。4 种苔藓植物 F_m 随着干旱胁迫的持续总体呈降低趋势，其中蕊形真藓 F_m 值最小时较干旱前 0h 降低幅度最大，说明干旱对 PSII 光化学活性抑制作用更强，阻碍了 PSII 反应中心的电子传递，表明 PSII 结构与功能受到不同程度的损伤与破坏[181]。前人研究干燥的苔藓植物，由于 PSII 初级电子受体质体醌的光还原作用，荧光产率从低的、适应黑暗的 F_o 水平增加到高的、稳态的 F_m 水平。因此，F_m 水平会因多种能量耗散机制而降低。通常，高光诱导的电子转移反应使类囊体内蛋白质子化，诱导荧光的 NPQ 上升[182,183]。在干旱发生后，4 种苔藓植物 NPQ 值均呈波动上升。通过增大非光化学猝灭系数 NPQ 这一自我保护机制来保护光合机构，将过剩的光能通过热耗散的形式消耗，以避免植株受到强光的伤害。在干燥的光合组织中，碳固定受到缺水的限制，会导致电子流继续，激发能可以从光激发的叶绿素色素传递到基态氧($^3O_2$)，形成单线态氧($^1O_2$)。此外，过氧化氢(H_2O_2)和高毒性的羟基自由基(OH^-)可以在光系统 PSII 中产生。在正常代谢过程中，呼吸和光合作用的电子传递链中也会产生活性氧，但干燥会极大地促进活性氧的产生。为了避免活性氧的形成，光合生物可以通过提高 NPQ 来耗散多余的能量[184-186]。在干旱-复水过程中，NPQ 变化幅度最小的是牛舌藓，说明牛舌藓采取 NPQ 响应机制来应对干旱胁迫反应不敏感，与该苔藓植物的生长环境缺水有关。变化最大的是蕊形真藓，其快速上升的 NPQ 对苔藓植物具有较强的保护作用。另外，光化学猝灭系数 qP 波动式下降，蕊形真藓的 qP 值下降幅度最大，说明其在干旱下用于光合作用的光能和电子传递减少较其他苔藓植物更为显著，而大灰藓的 qP 值下降幅度最小，其次是牛舌藓。

随着干旱发生，4 种苔藓植物的最大光化学效率 F_v/F_m 呈现下降趋势，说明苔藓植物光系统受到抑制，使得叶片光系统Ⅱ质子醌库(PQ 库)的容量变小，从而直接影响光合作用电子的传递和 CO_2 的同化过程[187]。蕊形真藓 F_v/F_m 最小值时较干旱前 0h 值相比降低幅度最大，表明在干旱胁迫下该苔藓植物受到光抑制从而使光合机构活性降低幅度较其他苔藓植物更大，导致光能转化效率大幅度降低，通过降低光合反应的活性抵抗干旱。牛舌藓的 F_v/F_m 值较干旱前 0h 变化最小，说明干旱对牛舌藓光能转化利用中传递电子的效率影响最小。ETR 反映实际表观电子传递速率，4 种苔藓植物的 ETR 值都呈现减小趋势。多项研究表明 ETR 与植物净光合速率呈显著相关关系，其动态变化与光合速率一致[188]。牛舌藓 ETR 最小值时与干旱前 0h 相比，降低幅度最小，这可能是牛舌藓应对干旱胁迫长期形成了一种保护机制。YII 常用来表示植物光合作用电子传递的量子产额，可作为植物叶片光合电子传递速率快慢的相对指标。随着干旱胁迫时间的增加，4 种苔藓植物的 YII 值均呈减小趋势，YII 值与干旱前 0h 相比，减小幅度最大的是蕊形真藓，减小幅度最小的是大灰藓。复水后牛舌藓和蕊形真藓恢复至干旱前水平的速率较其他两种苔藓快，表明这两种苔藓植物光合恢复能力更强，耐旱能力可能也更强。而复水后大灰藓的 YII 回升趋势不明显，说明大灰藓植株在干旱下可能受到不可逆损伤，光合能力不断降低。

4.4 小 结

(1) 大灰藓、牛舌藓、小石藓和蕊形真藓在干旱-复水过程中的植株平均含水率分别为 78.21%、66.64%、65.38%、73.74%，大灰藓的平均含水率最高。随着干旱胁迫发生，4 种苔藓植物含水率均呈下降趋势，至最小值时与干旱前相比下降幅度最大的是蕊形真藓(减少了 10.90%)，下降幅度最小的是牛舌藓(减少了 7.75%)。

(2) 大灰藓、牛舌藓、小石藓和蕊形真藓 4 种苔藓植物质膜透性和丙二醛(MDA)含量随干旱发生总体呈升高趋势。大灰藓在干旱 24h 时质膜透性开始呈现上升趋势，牛舌藓、小石藓和蕊形真藓在干旱 9h 时质膜透性开始呈现上升趋势。当干旱 72h 时，4 种苔藓植物的质膜透性增长幅度最大的是大灰藓，其次是蕊形真藓，牛舌藓的变化幅度最小。

(3) 4 种苔藓植物中的渗透调节物质可溶性蛋白(SP)、脯氨酸(Pro)、可溶性糖(SS)含量呈升高趋势，至最大值时与干旱前相比，4 种苔藓植物的脯氨酸和可溶性糖含量增加幅度最大的是牛舌藓，可溶性蛋白增加幅度最大的是大灰藓，而小石藓植株体内可溶性蛋白含量在干旱下基本不发生变化。

(4) 4 种苔藓植物体能通过增加 GR、SOD、CAT 和 POD 的酶活性抵抗干旱。当干旱 72h 时，4 种苔藓植物中 GR 酶活性与干旱前相比较，蕊形真藓的增幅最大，牛舌藓 SOD 和 CAT 酶活性增幅较干旱前 0h 最大；干旱 24h 时，大灰藓 POD 酶活性增幅较干旱前最大，复水后，牛舌藓 4 类抗氧化酶的活性恢复至干旱前的水平较其他 3 种苔藓植物更强。

(5) 4 种苔藓植物的叶绿素 a、叶绿素 b 和总叶绿素含量随干旱发生都呈减少趋势。光合荧光参数 F_o 和 NPQ 呈增加趋势，F_m、F_v/F_m、F_m'、F'、qP、ETR 和 YII 都呈下降趋势。复水后牛舌藓光合荧光参数恢复至干旱前水平的速度较其他 3 种苔藓植物更快。

(6) 通过隶属函数值法综合评价得到牛舌藓的耐旱能力最强，大灰藓的耐旱能力最弱，该结论与 4 种苔藓植物野外采样生境的恶劣程度相互印证。

第5章　典型苔藓植物对土壤生理化指标和抗冲刷性的影响

苔藓植物的生物结皮生长在荒漠区土壤表层，长时间作用下可改良土壤理化性质且效益显著，并发挥保土的作用。苔藓植物对土壤的影响是一个长期动态的过程，而在水土流失严重的石漠化区，苔藓植物短期生长对土壤生理化性质的影响和土壤的固定能力未知。本章采用室内模拟控制试验法，分析苔藓植物短期生长对土壤理化性质变化的影响，并开展苔藓植物土壤抗冲刷试验，探究苔藓植物对土壤抗冲刷的影响。研究结果为苔藓植物在石漠化区发挥固土功能提供数据支撑。

5.1　研 究 方 法

5.1.1　试验设计

2019 年 12 月，在云南石林县典型石漠化区的云南松林地、灌丛地、耕地、裸岩地 4 类生境中，分别采集优势苔藓物种大灰藓、小石藓、蕊形真藓和牛舌藓，去除杂质后，洗去苔藓植物假根部分的土壤，晾干后剪除枯叶，用毛刷轻刷基质土壤表层，把苔藓植物平铺于土壤基质上，并用毛刷轻轻按压苔藓植物，具体试验设计见图 5-1。培养至 2020 年 6 月底，从各类培养的 40 盒苔藓中挑选生长旺盛的植物各 15 盒，其中 3 盒用小铲子取表层苔藓植物用于测量其基本形态特征及生理指标，除糙率指标重复测量 6 次外，其他指标均重复测量 3 次；并取同类苔藓植物下部 0～1cm 土样装入自封袋混合后，风干一周测量土壤养分及酶活性，每个指标重复测量 3 次。另外 3 盆和剩下的 9 盆植物于 2020 年 7 月分别用于蒸腾速率测量和抗冲刷试验，每组试验重复 3 次。

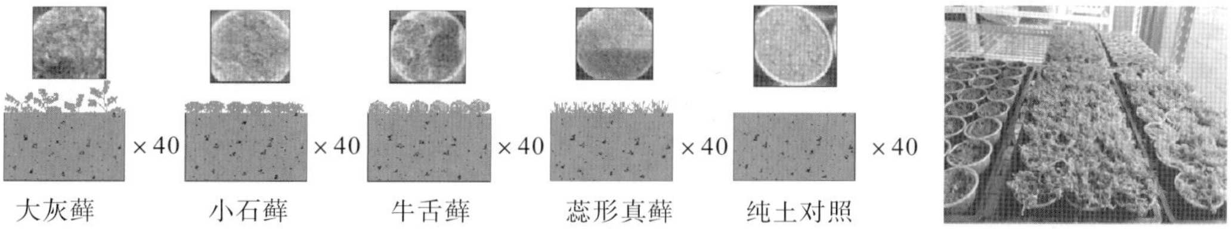

①培养盒尺寸：直径 7cm，高 4cm，底部均匀分布细小孔；②单盒苔藓面积：约 $38cm^2$；重复 40 盒；③土壤基质：采集于石林县石漠化区，去除杂质后过 3mm 筛充分混合均匀；④浇水方式：每三天使用喷壶浇水至其湿润，包括裸土对照组；⑤培养地点：西南林业大学石漠化研究院；⑥培养时间：2019 年 12 月开始培养

图 5-1　试验设计

5.1.2 苔藓植物形态特性及蒸腾指标测量

(1) 饱和吸水率(SWR，%)：表示为单位面积干重苔藓植物的饱和吸水重。取一定面积苔藓植物过 0.2mm 分样筛清洗干净后浸水 24h，置于过滤网中，待不滴水后称其饱和吸水重，将称重后的苔藓置于烘箱中，在 60℃的条件下烘 48h 后测量干重，每种苔藓植物设置 3 个平行样。

(2) 糙率(RC，%)：采用长 10cm、宽 0.5mm 的链条贴近苔藓植物表面放置，链条长度随苔藓植物表层起伏增大而减小，计算出链条长度的减小值 L_1-L_2，即得粗糙度指标。

$$RC=[L_1-L_2)/L_2]\times 100\% \tag{5-1}$$

式中，L_1 为测量后的链条长度，cm；L_2 为测量前的链条长度，cm。

(3) 苔藓生物量(BOM，g/m^2)：苔藓植物干重(DW，g/m^2)与苔藓盖度(%)的乘积。

(4) 苔藓植物假根根长密度(RLD，cm/cm^3)：单位体积上的假根长度；RLD=RD×单个植株体假根均长。

(5) 假根密度(RD，株/cm^2)：挑选自然状态下的苔藓植物，通过计数苔藓植物假根数量，并计算单位面积上的数量。

(6) 蒸腾速率(TR)：表示为每小时每平方米苔藓植物蒸腾水量的克数[g/(m^2·h)]。取一定面积的苔藓植物过 0.2mm 分样筛清洗干净，浸水 24h 后，置于过滤网中，待不滴水后称其饱和吸水重，再将称量完饱和水重的苔藓放置于恒定温度为 14℃，相对湿度为 40%的培养箱中，采用称重的方法，分别在 20min、40min、60min、90min、2h、3h、4h、8h、12h、24h、28h、32h、36h、40h 后使用万分之一天平测量蒸腾水量，并计算蒸腾速率，每种苔藓植物设置 3 个平行样。

5.1.3 土壤生理化指标测量

土壤养分指标测量：总氮(TN)采用凯氏定氮法测量，全磷(TP)采用硫酸-高氯酸钼锑抗比色法测量，总有机碳(TOC)采用重铬酸盐氧化法测量，全钾(TK)、钙(Ga)、镁(Mg)、铁(Fe)和锌(Zn)采用电感耦合等离子体原子发射光谱仪测量，土壤酶活性测量方法如下。

1) 脲酶(URE)活性采用苯酚钠-次氯酸比色法测量

称取 2g 过 1mm 筛的风干一周土样于 50mL 锥形瓶中，向其中加入 1mL 甲苯，以使土样全部湿润为宜。放置 15min 后，加入 10mL 10%尿素溶液和 20mL 柠檬酸缓冲液(pH=6.7)，并摇匀。将锥形瓶放入 37℃恒温箱中，培养 24h。培养结束后，加热至 38℃水稀释至刻度，充分振荡，并将悬液用滤纸过滤到锥形瓶中。分别吸取 3mL 滤液于 50mL 容量瓶中，加蒸馏水至 20mL，充分振荡，然后加入 4mL 苯酚钠，充分混合，再加入 3mL 次氯酸钠充分摇荡，放置 20min，用水稀释至刻度，溶液呈现靛酚的蓝色(在 1h 内保持稳定)。在分光光度计上用 1cm 比色杯，于 578nm 处进行比色测定。另外，设置有土无基质对照和有基质无土对照，以消除干扰因素的影响。同时以氮工作液浓度为横坐标，吸光值为纵坐标绘制标准曲线方程。

以 24h 后 1g 土壤中 NH_3-N 的毫克数表示土壤脲酶活性，表示为 mg NH_3-N/g（37℃ 24h）。

$$\text{URE活性}=(A_{\text{样品}}-A_{\text{无土}}-A_{\text{无基质}})\times V\times\frac{n}{m} \tag{5-2}$$

式中，$A_{\text{样品}}$为样品吸光值由标准曲线求得的NH_3-N质量，mg；$A_{\text{无土}}$为无土对照吸光值由标准曲线求得的NH_3-N质量，mg；$A_{\text{无基质}}$为无基质对照吸光值由标准曲线求得的NH_3-N质量，mg；V为显色液体积，mL；n为分取倍数，浸出液体积 / 吸取滤液体积；m表示土重，g。

2）碱性磷酸酶（ALP）活性采用苯磷酸二钠比色法测量

称 5g 过 1mm 筛的风干一周土样置于 200mL 三角瓶中，加 2.5mL 甲苯，轻摇 15min 后，加入 20mL 0.5%磷酸苯二钠，仔细摇匀后放入恒温箱，37℃下培养 24h。然后在培养液加入 100mL 0.3%硫酸铝溶液并过滤。吸取 3mL 滤液于 50mL 容量瓶中，每瓶加入 5mL 缓冲液和 4 滴氯代二溴对苯醌亚胺试剂，显色后稀释至刻度，30min 后比色测定。用硼酸缓冲液时，呈现蓝色，于分光光度计上 660nm 处比色。另外，需做无土对照和无基质对照。同时绘制标准曲线：以显色液中酚浓度为横坐标，吸光值为纵坐标。

以 24h 后 1g 土壤中释放出酚的质量（mg）表示磷酸酶活性，表示为 mg 酚/g 土（37℃ 24h）。

$$\text{ALP活性}=(A_{\text{样品}}-A_{\text{无土}}-A_{\text{无基质}})\times V\times\frac{n}{m} \tag{5-3}$$

3）蔗糖酶（IN）活性采用 3,5-二硝基水杨酸比色法测量

称取 5g 过 1mm 筛风干一周土样置于 50mL 三角瓶中，注入 15mL 8%蔗糖溶液、5mL pH 5.5 磷酸缓冲液和 5 滴甲苯。摇匀混合物后，放入恒温箱，在 37℃下培养 24h。到时取出，迅速过滤。从中吸取滤液 1mL，注入 50mL 容量瓶中，加 3mL DNS 试剂，并在沸腾的水浴锅中加热 5min，随即将容量瓶移至自来水流下冷却 3min。溶液因生成 3,5-二硝基水杨酸而呈橙黄色，最后用蒸馏水稀释至 50mL，并在分光光度计上于 508nm 处进行比色。为了消除土壤中原有的蔗糖、葡萄糖引起的误差，每一土样需做无基质对照，整个试验需做无土壤对照。标准曲线测量以葡萄糖浓度为横坐标，吸光度为纵坐标绘制。表示为 mg 葡萄糖/g 土（37℃ 24h）

$$\text{IN活性}=(A_{\text{样品}}-A_{\text{无土}}-A_{\text{无基质}})\times\frac{n}{m} \tag{5-4}$$

4）脱氢酶（DH）采用 TTC 还原法测量

采用三苯基四氮唑氯化物（TTC）比色法测定土壤脱氢酶活性（以土壤中 H^+的微升数表示）。该法以按 1mg 三苯基甲臜（1,3,5-triphenylformazan，TPF）相当于 150.35μL H^+计算酶活性，表示为 mgTPF/g 干土/h。分别取 5g 过 1mm 筛的风干一周土壤样品于具塞三角

瓶中，每个三角瓶加入 2mL1%的 TTC 溶液、2mL 蒸馏水，充分混匀。置于 37℃恒温箱中避光培养 24h。培养结束后，加入 5mL 甲醇，剧烈振荡 1min，后静置 5min，再振荡 20s，然后静置 5min。将三角瓶中的物质全部过滤至比色管中，并用少量的甲醇洗涤三角瓶 2、3 次，洗涤液也全部过滤到比色管中，定容到 25mL，于 485nm 下测定吸光度值 A，整个实验设置无土壤对照(加 TTC 溶液和蒸馏水各 2mL)。同时以 TPF 浓度为横坐标，吸光度值为纵坐标绘制标曲。

$$\text{DH活性} = \frac{C \times V}{(m \times 24)} \tag{5-5}$$

式中，C 为滤液中 TPF 的浓度(标准曲线查)；V 为滤液的体积，mL；m 为风干一周后的土壤质量，g；24 表示暗室培养的时间为 24h。

5.1.4 苔藓植物抗冲刷能力测量及计算

(1)抗冲刷能力(ASA)：选取生长较好的苔藓植物，利用冲刷槽装置进行试验，冲刷苔藓土样为圆柱形(直径为 7cm，高度为 4cm)(图 5-2)。冲刷方案为：①在冲刷坡度为 30°下分别控制冲刷流速为 0.6L/min、L/min、4L/min 进行冲刷试验，冲刷时间为 30min；②在冲刷流速为 2L/min 下分别控制冲刷坡度为 10°、30°、50°进行冲刷试验，冲刷时间为 30min，每组试验重复 3 次，并以裸土为对照组。冲出的泥沙过滤后放置在 105℃烘箱烘干至恒重后称量。

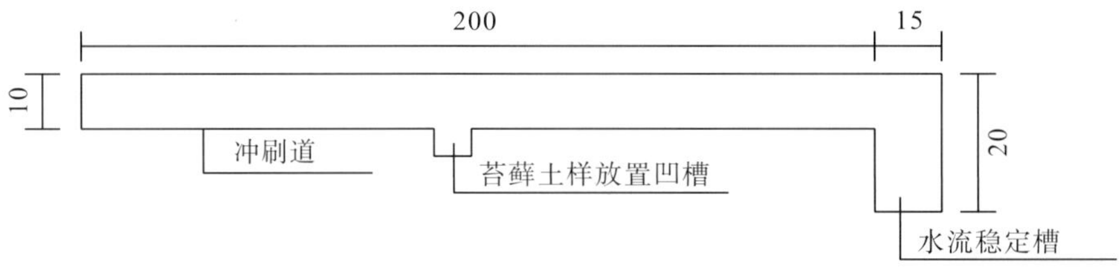

图 5-2 冲刷槽示意图(单位：cm)

(2)苔藓植物抗冲刷强化值 R 计算：

$$R = \frac{sw_1 - sw_2}{sw_1} \times 100\% \tag{5-6}$$

式中，sw_1 为冲刷下裸土对照组土壤流失量，g/h；sw_2 为苔藓土壤流失量，g/h。

5.1.5 数据分析

数据统计用 Excel 2018 软件完成；差异性检验采用 SPSS 25.0 软件完成，利用单因素方差分析(one-factor analysis of variance，ANOVA)法分析 4 种苔藓植物各项指标之间的差异是否显著；使用 Origin 2021 进行主成分分析(PCA)；其他图形绘制使用 R 语言的 iterators 和 corrgram 包完成。

5.2　结果与分析

5.2.1　苔藓植物形态特征及蒸腾速率分析

4 种苔藓植物基本形态特征和生理指标之间差异显著(表 5-1)。它们的饱和吸水率(SWR)都较大，说明苔藓植物具有较强的吸水能力，蕊形真藓的饱和吸水率和假根密度(RD)均最大，分别为 1384.93%和 169.83 株/cm^2。大灰藓的饱和吸水率次之，假根根长密度(RLD)最大。苔藓植物干重(DW)最大的为牛舌藓(1075.84g/m^2)，最小的为小石藓(443.76g/m^2)。4 种苔藓植物中大灰藓的糙率(RC)值最大为 31.37%，其次是小石藓，蕊形真藓和牛舌藓糙率差异不显著。苔藓地上表面积生物量(ASA-BOM)最高的为蕊形真藓(703.27g/m^2)，其次是牛舌藓，生物量最低的为小石藓(434.88g/m^2)。

表 5-1　4 种苔藓植物形态及基本生理指标(p<0.05)

苔藓种类	假根密度/(株/cm^2)	假根根长密度/(cm/cm^3)	干重/(g/m^2)	饱和吸水率/%	糙率/%	苔藓地上表面积生物量/(g/m^2)
大灰藓	29.33±4.51c	264.78±4.64a	511.01±16.90c	1112.78±40.56b	31.37±4.20a	503.34±16.91c
小石藓	53.44±3.00b	30.46±3.05d	443.76±14.75d	602.74±34.78d	17.25±2.49b	434.88±14.76d
蕊形真藓	169.83±8.44a	133.60±14.85b	740.28±25.53b	1384.93±80.77a	10.81±2.01c	703.27±25.54a
牛舌藓	66.61±8.15b	63.19±8.23c	1075.84±31.97a	782.25±2.43c	12.74±2.48c	688.54±31.98b

通过测量苔藓植株体的蒸腾速率(图 5-3)得到 4 种苔藓的蒸腾速率整体随时间推移呈现下降趋势；在前 20min 蒸腾速率均达到峰值，然后在 20min～15h 内呈波动下降，之后蒸腾速率升高又呈现稳定下降趋势。其中，蕊形真藓的蒸腾速率最高为 924.35g/(m^2·h)，下降速率较其他苔藓更快，说明蕊形真藓的水分更容易丧失。

牛舌藓和小石藓蒸腾速率的最高值分别为 860.59g/(m^2·h)和 681.68g/(m^2·h)，但小石藓在 8h 时蒸腾速率降低为 175.29g/(m^2·h)，牛舌藓在 8h 时蒸腾速率降低为 404.68g/(m^2·h)，

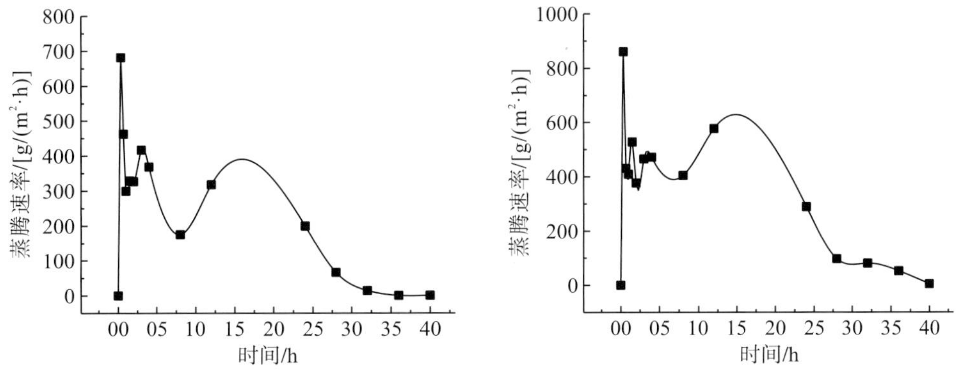

(a) 小石藓　(b) 牛舌藓

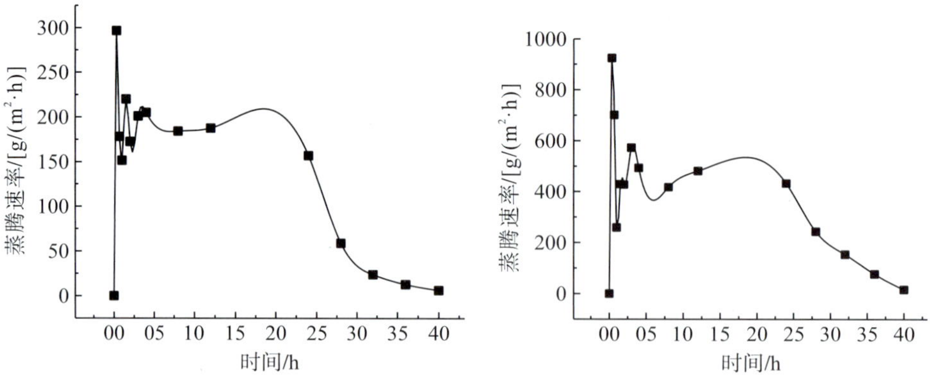

(c) 大灰藓 (d) 蕊形真藓

图 5-3 苔藓植物不同时段蒸腾速率

说明小石藓水分蒸腾速率较牛舌藓变化更大。大灰藓的蒸腾速率最高为 296.78g/(m^2·h)，并保持总体下降趋势。蕊形真藓平均蒸腾速率为 402.43g/(m^2·h)，大灰藓平均蒸腾速率最小，为 146.86g/(m^2·h)。

4 种苔藓植物的蒸腾速率反映苔藓植株体的保水机制，苔藓植株的保水机制与苔藓的生理指标存在一定的相关性(图 5-4)，蒸腾速率与 RD、DW、SWR 呈显著正相关，与 RLD 呈负相关。其中，苔藓植物的 RD 对蒸腾速率影响最大。苔藓植物的 SWR 与 RD、DW、TR、RLD 都呈正相关。苔藓植物的 DW 与 RD、SWR 呈正相关，与 RLD 呈负相关，说明假根根长密度大的苔藓植物不一定干重更重，还与苔藓植株体的茎叶组织等生物结构密不可分。

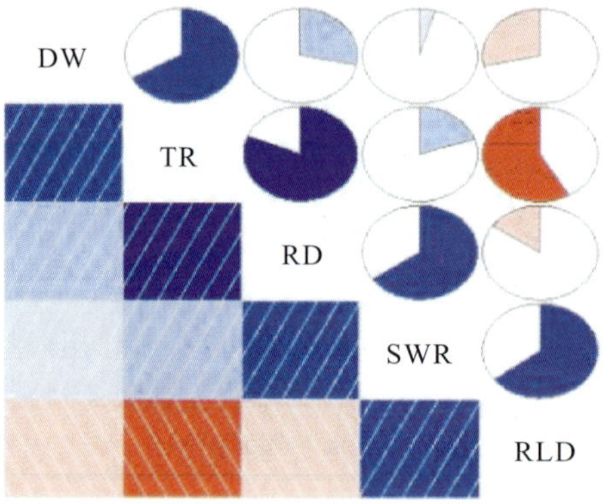

图 5-4 苔藓植物蒸腾速率与生理指标的相关性

注：a.红色表示正相关性，蓝色表示负相关性；颜色深浅表示系数值的大小，颜色越深，相关性越强；b.圆点越大，表示两个变量之间的相关性系数越大；c.如果相关性 p 值大于 0.05，则无圆圈展示。

5.2.2 苔藓植物对土壤指标的影响

1. 苔藓植物对土壤养分指标的影响

通过人工种植苔藓植物短期生长 6 个月后发现，与裸土对比，苔藓植物对土壤中 TN、TP 和 TK 含量的影响总体趋势并不显著(图 5-5)。牛舌藓和蕊形真藓可以增加土壤 TN 含量，具有一定的固氮功能，较裸土对照组养分含量分别增加 20.6%、15.5%。4 类苔藓植物土壤与裸土对照组 TOC 含量差异性显著，牛舌藓对土壤 TOC 含量的增加较明显，具有较强的固碳能力，较裸土对照组增加 38%，但蕊形真藓、小石藓、大灰藓生长对土壤 TOC 含量具有一定消耗功能，与裸土相比，土壤 TOC 含量较对照组裸土分别减少 24.79%、18.25%、18.95%。

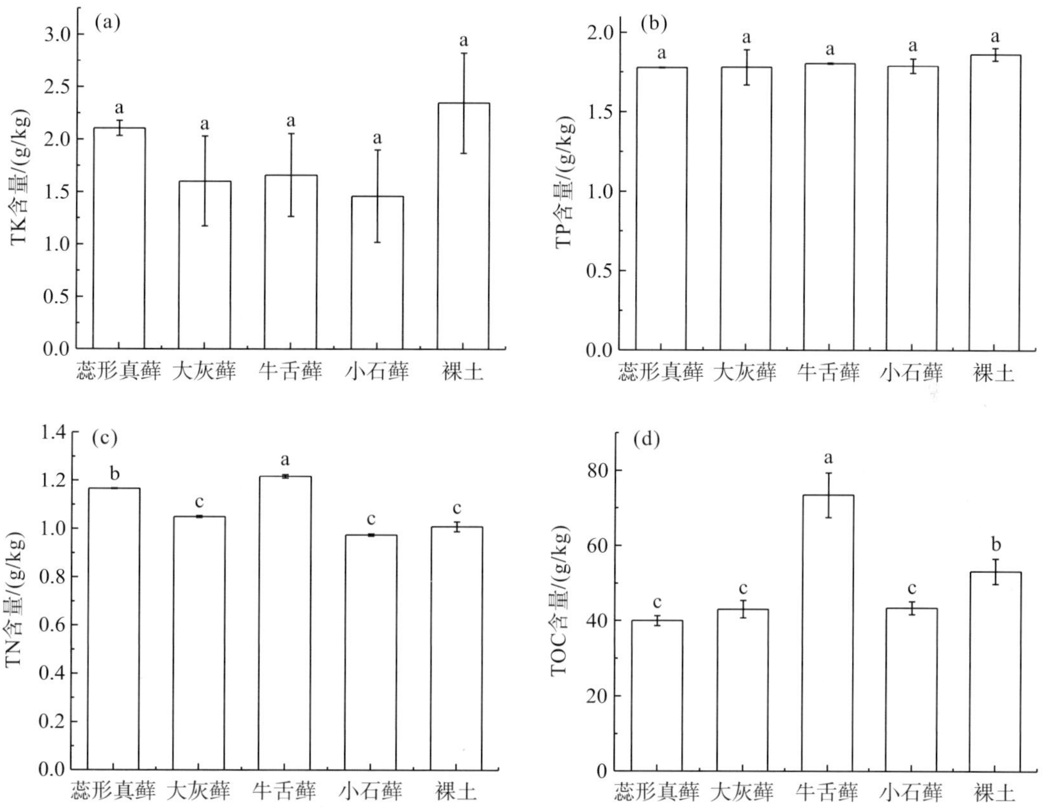

图 5-5　苔藓植物对土壤 TK、TP、TN、TOC 含量的影响($p<0.05$)

2. 苔藓植物对土壤金属元素含量的影响

短期内，蕊形真藓对土壤中 Fe、Mg、Ca 和 Zn 4 种元素含量的影响与裸土对照几乎无显著性差异(图 5-6)。大灰藓、牛舌藓、小石藓对 4 种元素具有吸收利用的作用，4 种元素含量较裸土对照组低，说明在石漠化区金属元素含量较高的区域，可以利用大灰藓、牛舌藓、小石藓的吸附作用降低土壤中金属元素的毒害，而蕊形真藓对这些元素的吸收利用极少。大灰藓、牛舌藓、小石藓这 3 种苔藓植物对 Ca 元素的吸收利用效率分别为 42.57%、56.80%、58.65%；对土壤中 Mg 元素的吸收利用效率分别为 47.42%、59.96%、50.33%；对 Fe 元素的吸收利用效率分别为 48.30%、59.63%、49.47%；对 Zn 元素的吸收利用效率分别为 46.32%、60.43%、55.70%。

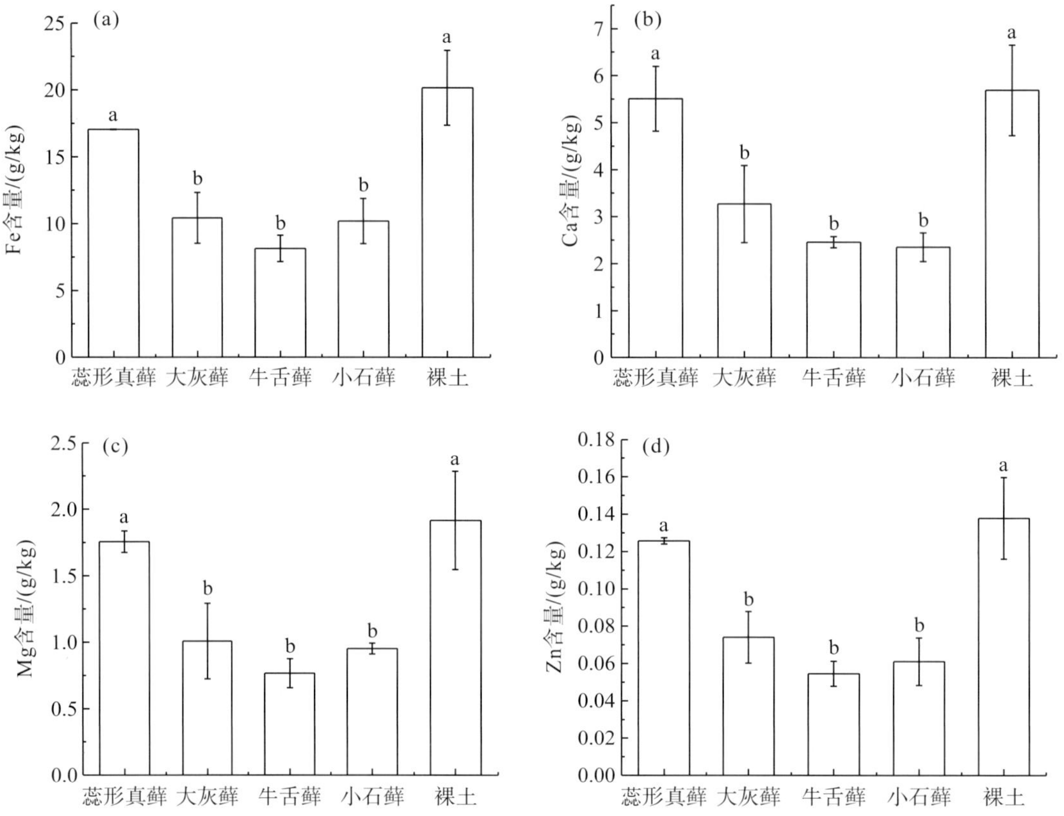

图 5-6 苔藓植物对土壤 Fe、Ca、Mg、Zn 含量的影响($p<0.05$)

3. 苔藓植物对土壤酶活性的影响

4 种苔藓植物短期生长内均能不同程度提高土壤中 ALP、URE、IN、DH 的酶活性，且与裸土对照组酶活性差异显著(图 5-7)。蕊形真藓、大灰藓、牛舌藓、小石藓组分别较裸土对照组 ALP 酶活性提高了 1.89 倍、1.35 倍、3.12 倍、1.44 倍。4 种苔藓植物组较裸土对照组 URE 酶活性增加了 26.55%、37.82%、144.72%、27.34%；但蕊形真藓、大灰藓、小石藓对土壤 URE 酶活性的影响差异不显著。与裸土对照组比较，蕊形真藓、大灰藓、

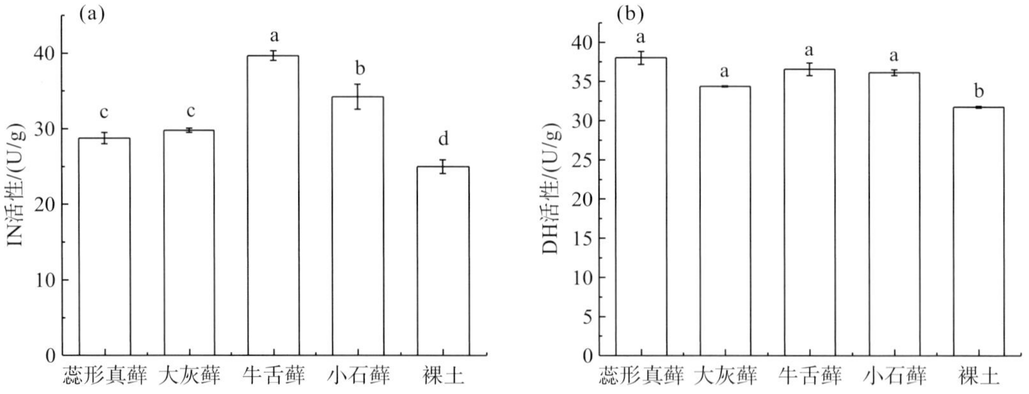

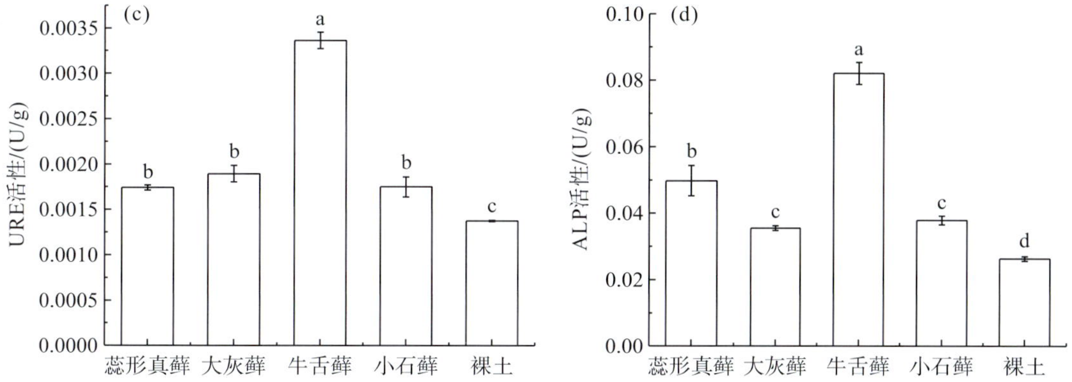

图 5-7　苔藓植物对土壤酶活性的影响($p<0.05$)

牛舌藓、小石藓对土壤 IN 酶活性具有显著影响，IN 酶活性分别是裸土对照组的 1.15 倍、1.19 倍、1.59 倍、1.37 倍，其中，蕊形真藓和大灰藓对土壤 IN 酶活性的影响差异不显著。4 种苔藓植物均能提高土壤 DH 酶活性且较裸土对照组差异性显著，蕊形真藓、大灰藓、牛舌藓和小石藓组较裸土组分别高出 20.79%、8.27%、17.19%、13.82%，但 4 种苔藓植物对土壤 DH 酶活性的影响差异不显著。

4. 主成分分析综合评定苔藓植物对土壤指标的影响能力

由于短期生长内，苔藓植物对土壤中养分元素 TN、TK、TP 等指标几乎没有影响，所以选取苔藓植物影响下 ALP、URE、IN、DH 这 4 个较裸土显著变化的土壤酶指标，通过主成分分析(PCA)对这 4 个土壤指标和苔藓植物进行二维排序(图 5-8)。结果显示：PC1 解释量达 71.2%，PC2 解释量达 24.4%，累计解释量达 95.6%。综合评价得出，4 种苔藓植物对土壤生理化指标改良效果(ISN)排序为牛舌藓＞蕊形真藓＞大灰藓≈小石藓。

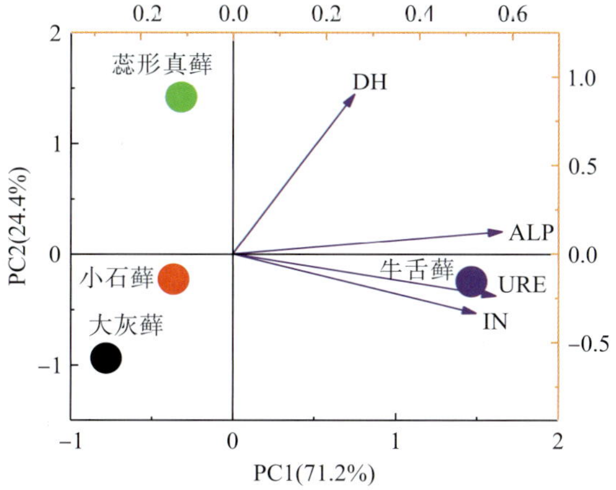

图 5-8　苔藓植物对土壤指标影响 PCA 二维排序图

5.2.3 苔藓植物对土壤抗冲刷能力的影响

1. 不同冲刷流速下苔藓植物土壤的抗冲刷能力分析

当冲刷坡度为 30°时，随着冲刷流速的增大抗冲刷强化值呈递减趋势(表 5-2)。当冲刷流速较小(0.6L/min)时，4 种苔藓植物抗冲刷强化值差异性不显著，均表现出较好的抗冲刷性；随着冲刷流速增大，4 种苔藓植物抗冲刷强化值差异性逐渐显著，其中大灰藓在冲刷流速为 2L/min 和 4L/min 时，抗冲刷强化值为 83.08%和 79.48%，在 4 种苔藓植物中抵抗土壤侵蚀的能力最强。其次是蕊形真藓，该苔藓植物在 2L/min 时抗冲刷能力与大灰藓差异不显著，但是当冲刷流速为 4L/min，抗冲刷能力较大灰藓弱。

表 5-2 不同冲刷流速下苔藓植物抗冲刷强化值($p<0.05$)

冲刷流速/(L/min)	蕊形真藓/%	大灰藓/%	牛舌藓/%	小石藓/%
0.6	89.09±0.46a	88.10±0.54a	88.72±0.20a	87.52±0.17a
2	84.80±1.10a	83.08±2.23a	81.10±1.58b	80.02±2.30b
4	76.20±0.56b	79.48±1.40a	73.31±0.38d	69.25±0.31c

2. 不同坡度下苔藓植物土壤的抗冲刷能力分析

当冲刷流速为 2L/min 时，随着冲刷坡度角的增大抗冲刷强化值呈递减趋势(表 5-3)。当冲刷坡度较小(10°)时，蕊形真藓、大灰藓抗冲刷差异性不显著($p<0.05$)，但与牛舌藓和小石藓的抗冲刷能力差异显著。随着坡度增大到 30°和 50°时，蕊形真藓和其他 3 种苔藓植物抗冲刷强化值表现出显著性差异，蕊形真藓的抗冲刷强化值分别为 85.80%和 80.84%，大于其他 3 种苔藓植物，说明蕊形真藓抗冲刷能力较其他 3 种苔藓植物强。抗冲刷能力最弱的是小石藓，当冲刷坡度为 50°时，该苔藓植物冲刷强化值为 74.82%。综合分析 4 种苔藓植物的抗冲刷能力排序为：蕊形真藓≈大灰藓＞牛舌藓＞小石藓。

表 5-3 不同坡度下苔藓植物抗冲刷强化值($p<0.05$)

冲刷坡度/(°)	蕊形真藓/%	大灰藓/%	牛舌藓/%	小石藓/%
10	88.93±1.06a	86.99±1.55a	83.85±1.34b	83.20±1.53b
30	85.80±1.10a	83.08±2.23b	81.10±1.58b	80.02±2.30b
50	80.84±0.56a	77.75±0.97b	76.53±1.59b	74.82±1.21b

3. 苔藓植物抗冲刷能力影响因素分析

苔藓植物抗冲刷强化值与苔藓植物形态特征及生理指标息息相关，进一步分析得到结论如图 5-9 所示。

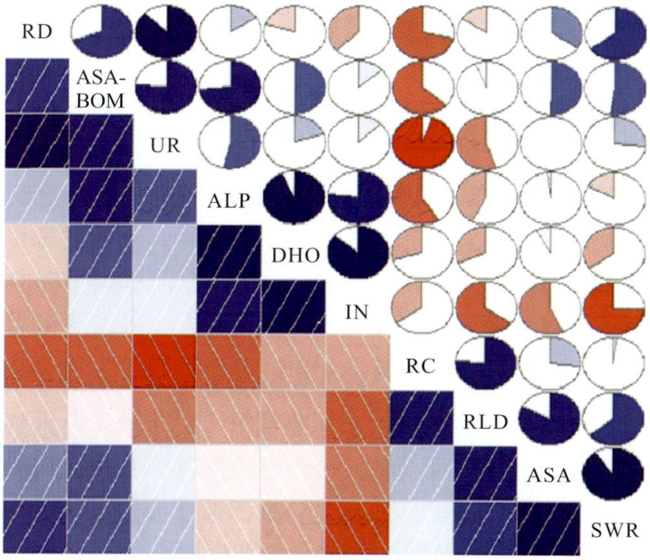

图 5-9　苔藓植物抗冲刷强化值与生理指标的相关性

注：a.ASA-抗冲刷强化值；b.红色表示正相关性，蓝色表示负相关性；颜色深浅表示系数值的大小，颜色越深，相关性越强；c.圆点越大，表示两个变量之间的相关性系数越大；如果相关性 p 值大于 0.05，则无圆圈展示

(1)抗冲刷强化值与 RD、ASA-BOM、RLD、SWR 呈正相关，且相关系数较大，说明苔藓植物土壤的抗冲刷能力受到苔藓植物 RD、ASA-BOM、RLD、SWR 这些形态及生理特征的影响较大；与 RC 也呈正相关，但相关系数较前四者小。

(2)抗冲刷强化值与 IN 呈负相关，且相关系数较大，与 DH、ALP、URE 相关性不大。

(3)苔藓植物的糙率和 RLD、ASA、SWR 呈正相关，与其他指标呈负相关。

(4)苔藓土壤中 DH、ALP、URE、IN 这 4 种酶之间呈正相关，且与生物量都呈正相关。

5.3　讨　　论

5.3.1　苔藓植物蒸腾速率分析

石漠化区土层较薄，岩石裂隙发育，降水下渗，地表严重干旱，植物饱和吸水率和蒸腾速率生理过程是研究植物保水机制的重点，对改善石漠化区缺水环境具有重要意义。研究表明 4 种苔藓植物饱和吸水率均较大，这与苔藓植物具有大量毛细孔隙和苔藓植物匍匐生长，扩大了植物对水分的吸收面积有关[189]。吸收水分缓慢释放可充当石漠化干旱环境中其他植物种子、幼苗生长的保湿通气基质，促进生态环境恢复。4 种苔藓植物前 20min 的蒸腾速率最大，有研究指出，多数苔藓植物是典型的变水植物，蒸腾作用强弱主要取决于可利用的水分[190]。蒸腾速率大小与饱和吸水率关系较大，蒸腾前期饱和吸水率下可提供充足水分供蒸腾，饱和吸水率越大蒸腾速率越大。随后，4 种苔藓植物蒸腾速率呈现不同程度波动下的整体下降趋势，与苔藓植株体假根密度、假根根长、叶片气孔频度和叶表面细胞等“拟茎叶体”结构有关。大灰藓的蒸腾速率是最低的，该植物饱和吸水率高、假根根长，但假根密度较其他苔藓植物稀疏，前人研究表明该植株体型大，茎匍匐，长达 10cm，皮层细胞厚壁，4～5 层，中部细胞较大，薄壁[191]；虽然该植物饱和吸水率高，但该植株体型大且假根根长，水分在体内移动需要较长时间且细胞壁厚有利于存储水分而不易被蒸腾[192]。大灰藓虽然具有较强的存储水分的能力，但其生长环境可能会有一定限制，本次采集的大灰藓是云南松纯林下的优势种，遮光条件好，且前人研究大灰藓生长最理想的遮光条件为 60%遮光率[193]。蒸腾速率最高的是蕊形真藓，一方面蕊形真藓的饱和吸水率较大，另一方面该苔藓植物密集且根短小，导致比表面积大，大量存储于植株体之间的水分更容易受到外界气候的影响而发生蒸腾，说明石漠化区假根短小密集的苔藓植物表层会促进水分的蒸发。

5.3.2 苔藓植物抗冲刷能力探讨

石漠化区薄层土壤流失是保土治理的重点。上述研究表明，4 种苔藓植物都具有保护土壤不被水流冲刷的作用，与前人在具有良好的森林生态系统结构和苔藓层覆盖较为丰富的针叶林区进行研究得到的结果一致——虽然该区年降水量大，坡度较陡，但坡面几乎不发生侵蚀作用[194]。苔藓植物作为一种疏松多孔类似于海绵性状具有弹性力学特性的物质，且假根系能分泌黏胶物质和多糖类物质将土颗粒缠绕连接，提高土体的黏聚力使其具有明显的截持降雨、消减动能、调节径流及维持土壤结构的作用[195]。

本研究表明当冲刷流速较小时，苔藓植物都表现出较强的抗冲刷性能，随着冲刷流速增大，抗冲刷性呈现差异性。大灰藓和蕊形真藓表现出较强的抗冲刷能力，分析原因是大灰藓的假根根长、糙率、饱和吸水率这 3 个指标较小石藓和牛舌藓大，且抗冲刷能力与这些指标呈正相关，说明较长的假根根系纵横交错的根网将土颗粒紧紧束缚住，形成假根土复合体，增加土体的迁移阻力，提高土层对滑移的抵抗力，有效增加了土层的抗剪强度；较高的糙率对冲刷水流具有消耗能量的作用，从而有效地降低了水流对土壤的侵蚀；苔藓植物层较大的饱和吸水率在一定程度上可降低土壤含水量、减小土壤孔隙水压力，提高土体的抗剪强度从而抵抗水流冲刷[196]。蕊形真藓生物量、假根密度和饱和吸水率较小石藓和牛舌藓大，同一培养条件下，蕊形真藓较强的繁殖能力形成较大生物量抵抗水流冲刷。前人研究表明，耐干藓类多采用茎叶碎片产生原丝体或芽孢的营养繁殖方式，缩短繁殖周期且摆脱水分限制，获得短暂的降雨后进行快速繁殖以增加种群的密度，实现种群延续。同时，数量众多的假根系统形成纵横交错的根网，提高根土界面的摩擦作用，提高土体的黏聚力，能有效保护土粒免于被冲蚀。有学者开展了对植物根系的研究，指出土壤的抗冲性与根系（根径＜1mm）的分布密度呈指数关系[197]。另外，本研究中苔藓植物抗冲刷强化值与脲酶、碱性磷酸酶和脱氢酶关系不大，但与蔗糖酶呈负相关，原因可能是蔗糖酶的主要作用是增加土壤中易溶性营养物质，冲刷下土壤中易溶性营养物质流失导致抵抗冲刷能力下降[198]。

5.3.3 苔藓植物对土壤改良作用探讨

4 种苔藓植物在较短生长周期内对表层土壤 TN、TP、TK 含量的影响不显著，主要受到土壤类型本身性质的影响。这与前人关于苔藓结皮可以显著改善结皮层土壤理化性质的研究结论相反[199]，主要原因是苔藓植物体型小，在短时间内对垂直空间表层土壤的影响受到植被类型的限制且影响的范围有限。前人研究的苔藓结皮土壤生长周期长，时间效应上累积养分已呈现显著差异性。但苔藓植物在较短生长周期内可以显著提高土壤酶活性，与前人研究结果保持一致，沙地生物结皮能明显提高土壤的酶活性，结皮层的各类土壤酶活性是相同地带流动沙丘表层酶活性的数倍甚至数百倍[200]。前人研究的土壤活系统中，土壤酶是土壤生态系统变化的敏感指标，更易对土壤环境做出反应，苔藓植物表层土壤成为生物学性质最活跃的微域，所以在短期内土壤酶活性变化较显著[201]。脲酶活性可以表征土壤氮素情况，水解生成 NH_3 是植物氮素营养的直接来源，4 种苔藓植物土壤的脲酶活性增强，有利于氮元素固定。碱性磷酸酶能促进土壤有机磷化合物水解，生成能为植物利用的无机态磷，4 种苔藓植物生长都有利于促进土壤-植被中磷元素的循环利用。脱氢酶活性可以反映土壤体系中微生物的量及其对有机物的降解能力，牛舌藓土壤中脱氢酶活性较其他 3 种苔藓植物土壤显著，表明牛舌藓生长体系中微生物新陈代谢整体活性较其他 3 种苔藓植物强。另外，蔗糖酶是一种水解酶，它可以不可逆地催化蔗糖水解为 D-葡萄糖和 D-果糖，为微生物的生长提供碳源和能源。牛舌藓生长体系中蔗糖酶活性较其他苔藓植物强，水解较多的蔗糖为微生物生长提供更多养分，对提高微生物的整体活性有一定贡献。牛舌藓对土壤养分的影响较其他 3 种苔藓植物明显，前人研究牛舌藓主要为石生，较少土生，说明该苔藓植物利用自身生长特性改善石漠化石质环境的能力更强[202]。苔藓植物土壤各种酶之间的正相关关系对土壤养分的有效化产生影响，更有利于改善石漠化区土壤碳、氮、磷等养分状况（图 5-7）。

5.4 小　　结

（1）4 种苔藓植物形态及生理特征存在显著差异（$p<0.05$）。蕊形真藓饱和吸水率（SWR）最大为 1384.93%，且假根密度（RD）最大为 169.83 株/cm^2，大灰藓的 SWR 次之，但该苔藓植物假根根长密度（RLD）最大为 264.78cm/cm^3；SWR 和 RLD 最小的为小石藓，值分别为 602.74%和 30.46cm/cm^3；大灰藓的糙率（RC）最大为 31.37%，其次是小石藓，蕊形真藓和牛舌藓的 RC 差异不显著。4 种苔藓植株体蒸腾速率整体随时间推移呈现下降趋势，蕊形真藓平均蒸腾速率最强为 402.43$g/(m^2\cdot h)$，大灰藓平均蒸腾速率最弱，为 146.86$g/(m^2\cdot h)$。

（2）经过 6 个月的短期培育，苔藓植物土壤与裸土相比较，其中 TP、TK、TN 含量受到苔藓植物的影响总体趋势不显著，TOC 含量有减少的趋势。蕊形真藓对土壤中 Ca、Mg、Fe 和 Zn 这 4 种元素含量的影响与裸土对照无显著差异性，但大灰藓、牛舌藓、小石藓对 4 种元素具有吸收富集的作用而导致土壤中含量显著减少($p<0.05$)。另外，4 种苔藓植物均能显著提高土壤中 DH、ALP、URE、IN 的酶活性($p<0.05$)，表明 4 种苔藓植物均能改良土壤；PCA 综合分析得到牛舌藓对土壤产生积极影响的效果较其他 3 种苔藓植物更优。

(3) 4 种苔藓植物短期培育对土壤抵抗冲刷都具有积极的影响。当冲刷流速较小或者冲刷坡度较小时，4 种苔藓植物抗冲刷强化值差异性不显著；随着冲刷坡度增大或冲刷流速增大逐渐表现出显著性差异，综合分析蕊形真藓和大灰藓抗冲刷强化值较其他两种苔藓植物强。抗冲刷强化值与 RD、ASA-BOM、RLD、SWR、RC 呈显著正相关($p<0.05$)，与土壤 IN 呈显著负相关，且相关系数较大($p<0.05$)，与土壤 DH、ALP、URE 相关性不大。

第 6 章　典型苔藓植物对土壤水分蒸发的影响

苔藓植物通过苔藓植物层和改变下伏土壤性质共同影响土壤水分蒸发。为了探寻苔藓植物对土壤水分蒸发的影响机理，本书假设，苔藓植物的存在以表层覆盖苔藓植物为主和改变表层土壤性质两方面影响土壤水分蒸发。基于这一假设，为了排除苔藓结皮种类对土壤水分蒸发的影响，我们选取广泛分布在石漠化区的苔藓植物纯种：大灰藓(*Hypnum plumaeforme*)、牛舌藓(*Anomodon viticulosus*)、小石藓(*Weissia controversa*)、蕊形真藓(*Bryum coronatum*)为不同表层处理，以裸土为对照，通过模拟不同处理苔藓植物土壤水分蒸发试验，以深入了解苔藓植物对不同蒸发阶段的影响，以及苔藓植物生物学特性和土壤性质与土壤水分蒸发的关系，研究结果对石漠化区苔藓植物保水机理探讨具有重要的理论和实践意义。

6.1　研 究 方 法

6.1.1　试验材料

2019 年 12 月，在典型石漠化区石林县林地、灌丛地、耕地、裸岩地 4 类生境中采集优势苔藓大灰藓、小石藓、蕊形真藓、牛舌藓去除假根底部的杂质，主要步骤如下：①尽量保留苔藓植物样本的自然状态使用不锈钢培养盘进行室内培养，②用剪刀剪除新鲜苔藓植物下部枯落的假根后作为播种的苔藓植物。同时，在该区域采集土壤去除杂质后过 3mm 筛子风干后充分混合均匀备用。利用吸管法测定土壤机械组成，砂粒、粉粒和黏粒的含量分别为 15.9%、48.7%和 35.4%，土壤质地属于粉质黏土。播种苔藓植物使用内径为 7cm、壁厚为 0.5mm、净高为 4cm、底部均匀分布微孔的聚氯乙烯(polyvinyl chloride，PVC)盒圆柱形容器，在培养盒中装入厚度为 3.5cm 的土壤，用毛刷轻刷基质土壤表层，把苔藓植物平铺在土壤基质上，并用毛刷轻轻按压苔藓植物，以裸土组为对照，苔藓植物养护方式是用喷壶浇水至湿润，约每 3 天浇水一次。

培养至 2022 年 6 月，从培养的苔藓植物中挑选生长旺盛的同类苔藓植物 3 盒，用小铲子铲除表层苔藓植物后，取苔藓植物下部 0～1cm 土样混合后装入自封袋，以裸土组为对照，风干一周测量土壤酶活性，每个指标重复测量 3 次。土壤酶活性测量与 5.1.3 节的测量方式保持一致。

6.1.2 苔藓植物土壤水分蒸发试验设计

2022 年 7 月，挑选覆盖度达到 95%以上生长较好的每种类型苔藓植物 3 盒，直接作为微型蒸发器模拟种植组苔藓植物的蒸发。同规格微型蒸发器装入裸土后，在土壤表层人为覆盖室内培养的原生苔藓植物模拟覆盖组苔藓植物蒸发，覆盖率达到 95%以上；为了使苔藓植物与下层土壤更好地衔接，采用毛刷轻刷土壤表层。裸土为蒸发试验对照组，使用同规格蒸发器模拟大气蒸发；试验共计微型蒸发器 30 个(图 6-1)。

具体的试验步骤如下：①将微型蒸发器摆放在底部均匀分布凸起的水槽中，使水分容易进入蒸发器内土壤。②往水槽中加水至微型蒸发器约 2cm 高处。待蒸发器中土壤及苔藓植物湿润 48h 后，以达到饱和状态，将蒸发器从水槽中取出后在表层覆盖一层保鲜膜防止蒸发。③为了排除重力水，静置 48h 排水完全后称重。④将蒸发器放置在实验室内，自然条件下进行蒸发，记录室内相对湿度和温度；试验在室内完成，可忽略风速影响。⑤用精度为 0.001g 的天平测定不同微型蒸发器的重量，大气蒸发模拟中的水量测量完毕后补充到初始值。⑥设置蒸发测定时间为：0～48h 每 2h 测量一次，48～96h 每 4h 测量一次，96～168h 每 6h 测量一次，168～338h 每 12h 测量一次，将测量的重量由蒸发器口径面积转换为降水量(mm)。

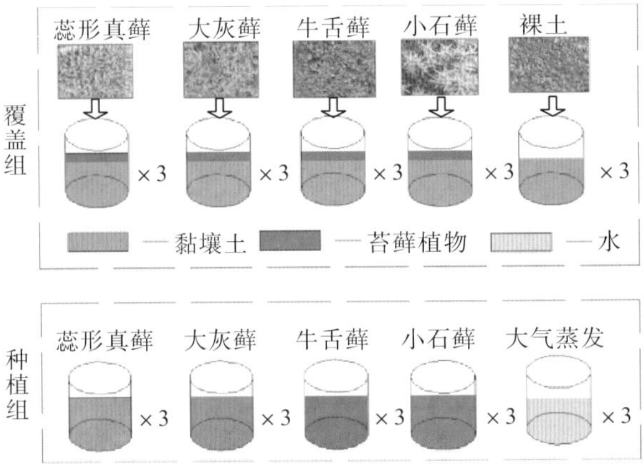

图 6-1 试验设计

6.1.3 相关数据计算

蒸发水量由重量转化为降水量的计算公式为

$$h = \frac{m}{\rho \times \pi \times R^2} \tag{6-1}$$

式中，h 为蒸发水量，mm；m 为蒸发水质量，g；ρ 为水的密度，g/cm^3；R 为蒸发器口径的半径，为 3.5cm。

将因土壤表面是否人为覆盖苔藓植物，土壤蒸发能力所表现出来的差异定义为苔藓植物效应(bryophyte effect，BE)，由人为覆盖苔藓植物的土壤蒸发速率减去裸土的蒸发速率得到，采用公式(6-2)表示。将因苔藓结皮影响下伏土壤性质不同，土壤蒸发能力所表现出来的差异定义为土壤效应(soil effect，SE)，由种植苔藓植物组的蒸发速率减去人工覆盖苔藓植物土壤的蒸发速率而得到，采用公式(6-3)表示。若由两个公式得到的效应值大于 0，则促进蒸发；若效应值小于 0，则抑制蒸发。两种效应在蒸发过程中的维持时间 T 也是决定蒸发能力的另一个有效参数。

$$\Delta E_{\mathrm{b}} = E_{\mathrm{c}} - E_{\mathrm{bs}} \tag{6-2}$$

$$\Delta E_{\mathrm{s}} = E_{\mathrm{g}} - E_{\mathrm{c}} \tag{6-3}$$

主导效应(dominant effect，DE)为苔藓植物效应值和土壤效应值的绝对值之差，若该值大于 0 为苔藓植物效应，若该值小于 0 为土壤效应，采用公式(6-4)表示：

$$\mathrm{DE} = \left|\Delta E_{\mathrm{b}}\right| - \left|\Delta E_{\mathrm{s}}\right| \tag{6-4}$$

式中，DE 为土壤效应和苔藓植物效应绝对值之差，mm/h；ΔE_{s}、ΔE_{b} 分别为土壤效应值和苔藓植物效应值，mm/h；E_{g}、E_{c}、E_{bs} 分别为蒸发模拟试验中种植组蒸发速率、覆盖组蒸发速率、裸土蒸发速率，mm/h。

6.1.4　数据处理

试验数据处理使用 Microsoft Excel 2018 软件；相关性分析使用 SPSS 25.0 软件；差异性分析使用 SPSS 25.0 软件，利用单因素方差分析(one-factor analysis of avriance)法分析 4 种苔藓的累积蒸发量之间的差异是否显著；图形绘制使用 Origin 9.5 软件。

6.2　结果与分析

6.2.1　大气温度和湿度

蒸发期间，大气温度和湿度随蒸发时间的变化如图 6-2 所示，由于此蒸发试验在实验室内完成，风速可忽略不计。为了消除大气蒸发的影响便于比较研究蒸发特性，将不同处理土体蒸发速率(E)与大气蒸发速率(E_0)的比值表征土体的蒸发能力，用 E/E_0 表示。

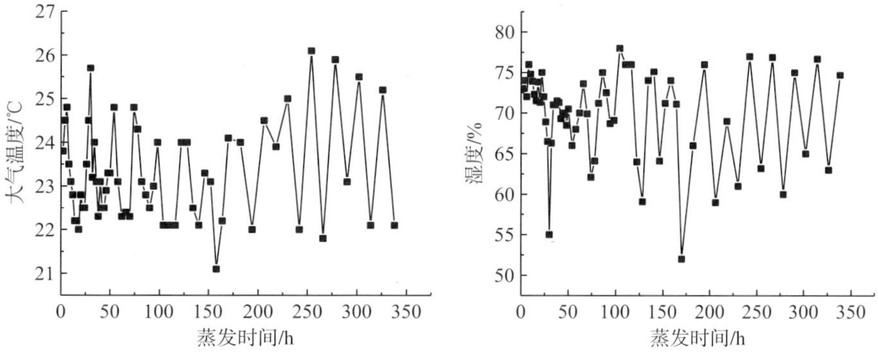

图 6-2　大气温度和湿度

6.2.2 苔藓植物覆盖组和种植组土壤水分蒸发特性

蒸发初期，土壤供水能力和充分蒸发能力较强。蒸发初期覆盖组苔藓土体的 E/E_0 都大于 1；种植组苔藓植物除了蕊形真藓土壤的 $E/E_0>1$ 外，其他苔藓植物土壤的 E/E_0 小于 1。覆盖组 E/E_0 值为 1.0～1.6，种植组 E/E_0 值为 0.7～1.3，裸土 E/E_0 值为 0.5～0.8。同种苔藓植物种植组与覆盖组组间蒸发能力具有显著差异性，它们两组的蒸发能力均大于裸土。不同苔藓植物种植组与覆盖组组内蒸发速率差异不明显。蒸发中期，蒸发体可供水量逐渐减小，不同苔藓植物种植组和覆盖组组间与组内土体蒸发速率差异性显著，种植组和覆盖组组内土壤蒸发能力从大到小排序都为蕊形真藓＞牛舌藓＞小石藓＞大灰藓，组间为种植组蒸发能力大于覆盖组。蒸发末期，可供水量趋近 0 导致不同处理蒸发能力接近 0。

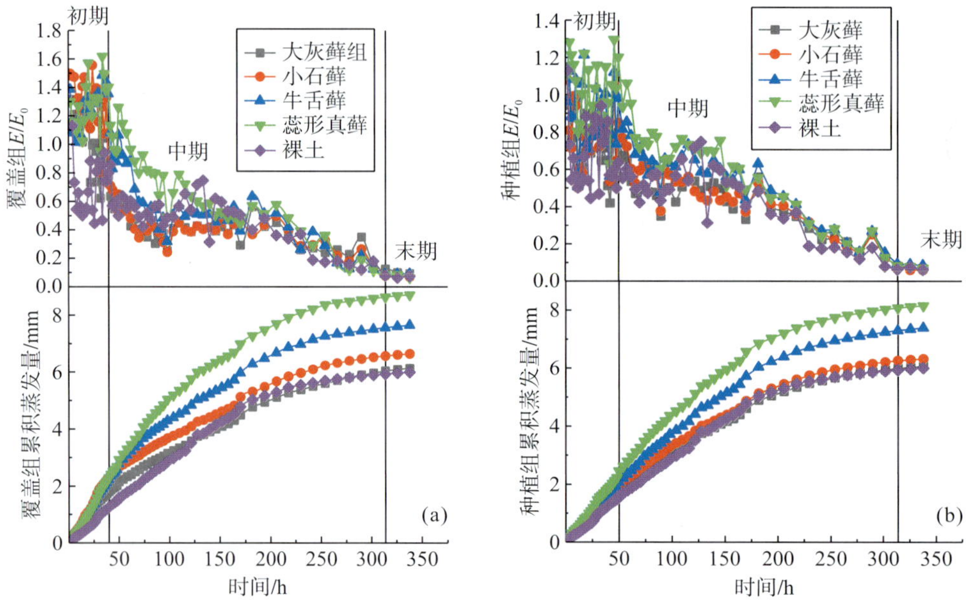

图 6-3 水分蒸发速率及累积蒸发量曲线

蒸发初期，不同处理累积蒸发量呈直线增加，蒸发中期缓慢增加，蒸发末期趋于稳定（图 6-3）。如图 6-4 所示，覆盖组和种植组累积蒸发量均大于裸土，裸土的累积蒸发量为 5.989mm，覆盖组牛舌藓、小石藓、蕊形真藓、大灰藓的累积蒸发量分别高于裸土值 27.71%、10.94%、45.40%、2.40%，种植组分别高于裸土 23.28%、5.49%、35.67%、1.14%。4 种苔藓植物覆盖组组内累积蒸发量存在显著性差异（$p<0.05$），从大到小排序为：蕊形真藓（8.708mm）＞牛舌藓（7.649mm）＞小石藓（6.644mm）＞大灰藓（6.133mm）；4 种苔藓植物种植组组内累积蒸发量存在显著性差异（$p<0.05$），从大到小排序为：蕊形真藓（8.143mm）＞牛舌藓（7.383mm）＞小石藓（6.318mm）＞大灰藓（6.057mm）。除了大灰藓外，同种苔藓植物组间差异显著。

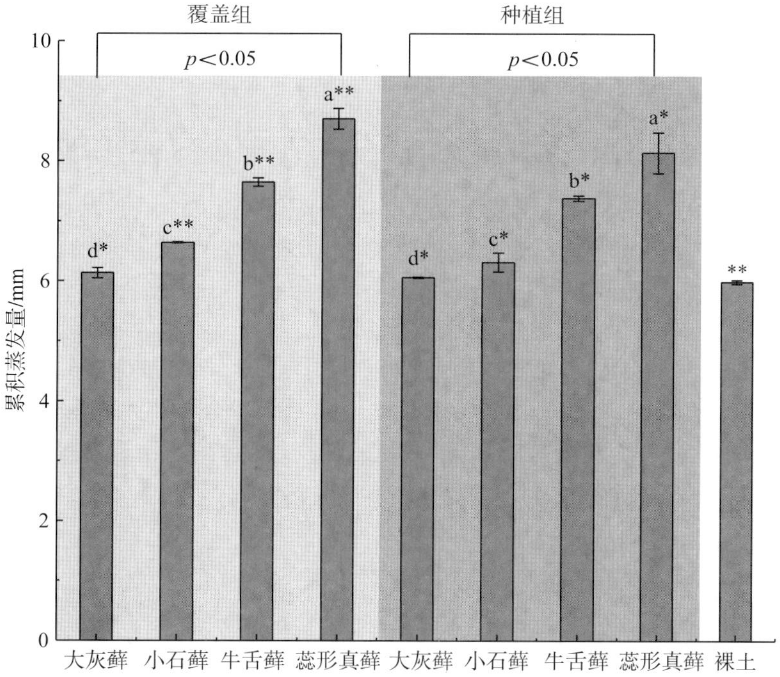

图 6-4　覆盖组和种植组累积蒸发量差异性分析

注：a. 覆盖组或种植组组内各类苔藓植物累积蒸发量显著性差异用小写字母标示；b. 覆盖组、种植组、裸土组组间同类苔藓植物土壤累积蒸发量显著性差异用“*”标示。

6.2.3　苔藓植物对土壤水分蒸发的影响分析

1. 苔藓植物效应和土壤效应对蒸发的影响

苔藓结皮通过苔藓植物层和改变表层土壤性质两种方式共同影响土壤水分蒸发，两种影响方式分别简称苔藓植物效应和土壤效应。4 种苔藓结皮的 2 种效应随着蒸发过程推进呈现抑制或促进水分蒸发的阶段性变化，且不同苔藓结皮土壤 2 种效应值具有差异性。蒸发 I 阶段，4 种苔藓植物效应为促进水分蒸发，土壤效应为抑制蒸发。II 阶段，苔藓植物效应为抑制水分蒸发，土壤效应促进水分蒸发。III 阶段，土壤和苔藓植物效应值呈现趋于 0 的不断波动的趋势，直至效应值为 0(图 6-5)。

两种效应蒸发维持时间 T 是决定蒸发能力的有效参数。4 种苔藓结皮蒸发过程中，土壤效应和苔藓植物效应的维持时间 T 具有差异性，但同种苔藓结皮同一阶段土体蒸发的土壤效应和苔藓植物效应维持时间 T 差异性甚微(图 6-5)。小石藓第 I 阶段两种效应的维持时间约为 40h，第 II 阶段维持时间为 40～150h，第 III 阶段维持时间为 150～338h。牛舌藓 I、II、III 阶段的维持时间分别为 65h、65～250h、250～338h。大灰藓 3 个阶段的维持时间分别为：50h、50～175h、175～338h。蕊形真藓 3 个阶段的维持时间分别为：110h、110～265h、265～338h。蒸发过程的 I 阶段，牛舌藓、大灰藓、蕊形真藓的维持时间 T 较小石藓延长约 62.5%、17.5%、175%。蒸发过程的 II 阶段，牛舌藓、大灰藓、蕊形真藓、小石藓的维持时间分别为 185h、125h、155h、110h，前 3 种苔藓植物维持时间较小石藓延长值分别约为 68.18%、13.63%、40.09%。受到 I 和 II 阶段的影响，不同苔藓植物处理在蒸发 III 阶段蒸发趋于 0 的时间具有差异性；牛舌藓和蕊形真藓蒸发趋于 0 的时间较小石藓和大灰藓长，说明该两种苔藓结皮保存水分不被蒸发较小石藓和大灰藓时间上具有延迟性。

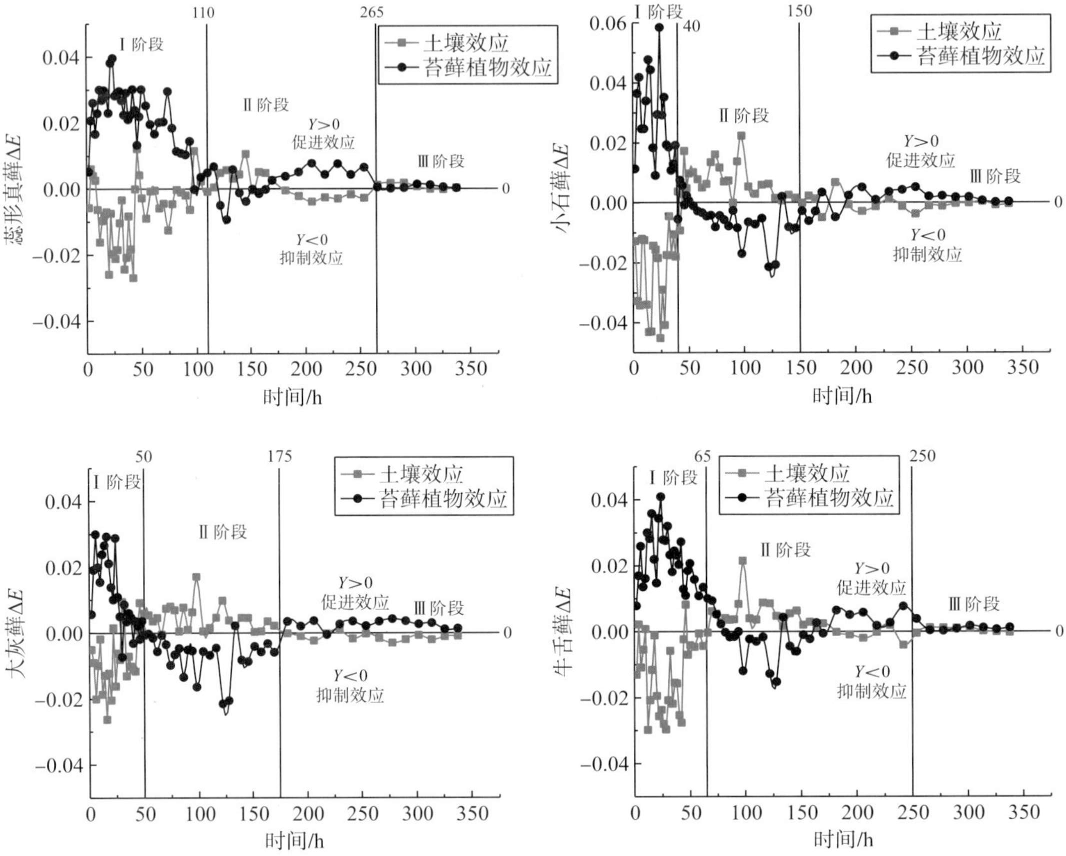

图 6-5 4 种苔藓结皮水分蒸发效应

2. 苔藓植物土壤水分蒸发中主导效应分析

蒸发过程中，主导效应在苔藓植物效应和土壤效应之间发生转换。4 种苔藓结皮土体水分蒸发过程中的主导效应变换趋势为：苔藓植物效应→土壤效应→效应趋近于 0（图 6-6）。但是不同苔藓结皮土体的主导效应维持时间 T 具有差异性；大灰藓、小石藓、牛舌藓和蕊形真藓以苔藓植物效应为主导的持续时间分别为 25h、35h、65h、125h；4 种苔藓植物的土壤效应维持时间 T 分别为 25～80h、35～115h、65～175h、125～175h；之后两种效应值趋近于 0。

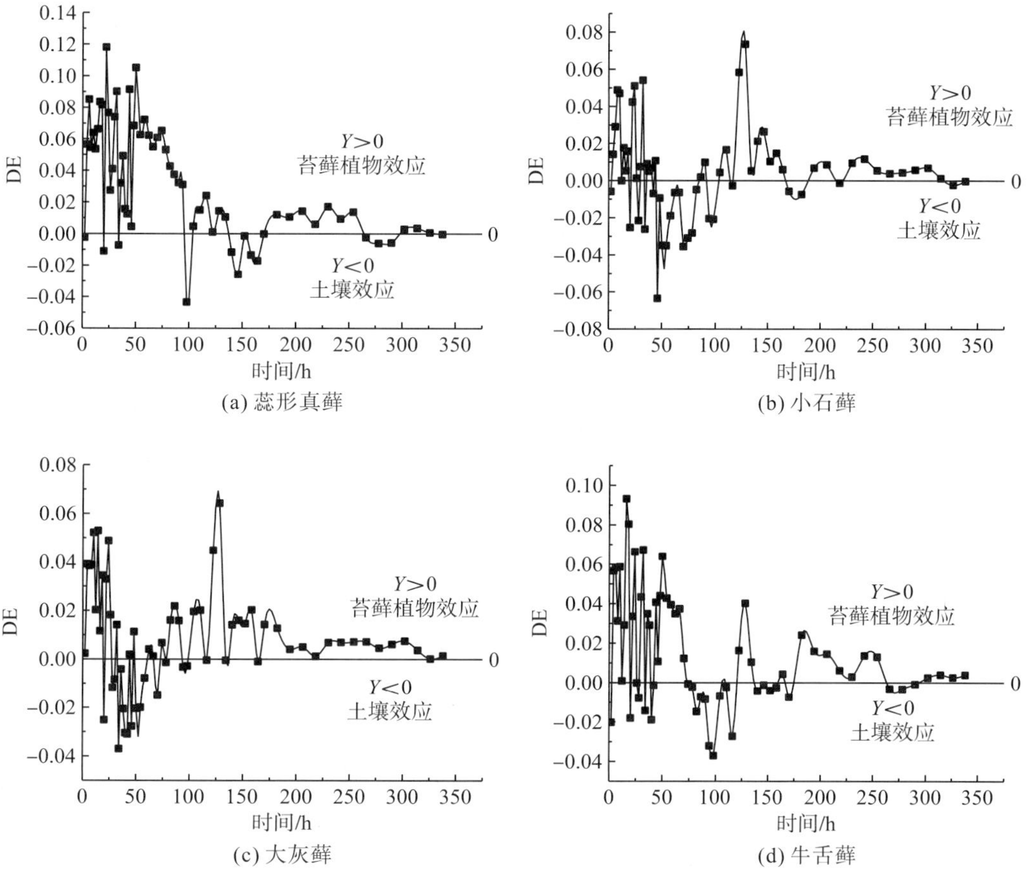

(a) 蕊形真藓　(b) 小石藓　(c) 大灰藓　(d) 牛舌藓

图 6-6　4 种苔藓结皮水分蒸发的主导效应

6.2.4　蒸发特征的相关性分析

1. 苔藓植物效应对蒸发特征的影响

选取第 5 章 5.2.1 小节中苔藓植物的生理特征与苔藓植物蒸发相关特征进行相关性分析(表 6-1)。利用 Spearman 相关系数法分析 CE 和 BE、RD、RLD、SWR、RC 之间的相关性，得到 CE 和 BE、RD、SWR 之间存在显著的正相关关系($p<0.01$)，其中相关系数最大的是 CE 和 BE，说明苔藓植物土壤的蒸发强度受到苔藓植物效应的影响最大，且该值大于土壤效应对苔藓植物土壤水分蒸发的影响。苔藓植物效应与 RD 和 SWR 呈显著正相关($p<0.01$)，相关系数分别为 0.951 和 0.734，说明假根密度对苔藓植物效应造成的影响较大，且假根密度越大，苔藓植物效应越强；而与 RC 呈显著负相关关系($p<0.01$)，说明糙率越大，苔藓植物效应越弱。另外 CE 和 RC 之间的相关系数值为−0.832，并且呈现出 0.01 水平的显著性，因而说明 CE 和 RC 之间存在显著的负相关关系，但 CE 与 RLD 之间相关性不显著。

表 6-1 苔藓植物效应与苔藓植物形态及生理特性相关性分析

	CE	BE	RD	RLD	SWR	RC
CE	1					
BE	0.972**	1				
RD	0.923**	0.951**	1			
RLD	−0.196	−0.189	−0.14	1		
SWR	0.720**	0.734**	0.762**	0.378	1	
RC	−0.832**	−0.860**	−0.909**	0.238	−0.720**	1

注：a.表中数值为相关系数；* $p<0.05$；** $p<0.01$；b.CE 为累积蒸发量，BE 是苔藓植物效应，RD 是假根密度，RLD 是假根根长密度，SWR 是饱和吸水率，RC 是苔藓植物糙率；c.用覆盖组苔藓植物土壤累积蒸发量减去裸土组累积蒸发量得到此表格中分析使用的 BE 值。

2. 土壤效应对蒸发特征的影响

种植组苔藓植物种植两年半后，4 种苔藓植物下伏土壤酶活性与覆盖组的差异性显著($p<0.05$)(表 6-2)，碱性磷酸酶(ALP)、脱氢酶(DH)、蔗糖酶(IN)、脲酶(URE)4 种酶的活性均比覆盖组高。大灰藓、小石藓、蕊形真藓、牛舌藓组的 DH 活性分别是覆盖组的 4.12 倍、3.73 倍、3.85 倍、7.09 倍；DH 活性增长幅度最大的是牛舌藓组。4 种苔藓植物组 ALP 活性分别是覆盖组的 3.69 倍、3.73 倍、5.63 倍、8.92 倍，增长幅度最大的是牛舌藓；IN 活性分别是覆盖组的 2.25 倍、2.61 倍、2.29 倍、3.08 倍；URE 活性分别是覆盖组的 1.74 倍、1.82 倍、2.10 倍、1.94 倍，增长幅度最大的是蕊形真藓。

表 6-2 4 种苔藓植物下伏土壤酶活性($p<0.05$)

苔藓种类	DH 活性/[μg/(g·d)]	ALP 活性/[mg/(g·d)]	IN 活性/[mg/(g·d)]	URE 活性/[mg/(g·d)]
大灰藓	6.729±0.347b	0.103±0.007c	58.017±0.223c	59.908±1.407c
小石藓	6.092±0.234c	0.104±0.009c	67.321±0.900b	62.669±1.044c
蕊形真藓	6.290±0.001c	0.157±0.008b	59.082±0.959c	72.381±0.906a
牛舌藓	11.574±0.658a	0.249±0.109a	79.605±1.538a	67.074±1.304b
覆盖组	1.633±0.008d	0.0279±0.003d	25.814±1.124e	34.479±0.756d

注：表中数据为平均值±标准差；小写字母表示不同指标在 0.05 水平下的显著性差异。

由表 6-3 可得，苔藓植物土壤累积蒸发量(CE)与土壤效应(SE)呈显著负相关关系，土壤效应对水分蒸发具有抑制作用。但是 CE 与 ALP、URE 之间存在显著的正相关关系($p<0.01$)，表明土壤中这两个酶对水分蒸发具有促进作用。进一步分析 SE 的影响因素主要是 URE，与土壤效应呈负相关($p<0.01$)；其他 3 个酶与 SE 相关性不高。

表 6-3　土壤效应与土壤性质相关性分析

	CE	SE	DH	ALP	IN	URE
CE	1					
SE	−0.790**	1				
DH	−0.042	0.517	1			
ALP	0.734**	−0.371	0.476	1		
IN	0.385	−0.259	0.252	0.678*	1	
URE	0.902**	−0.762**	−0.007	0.720**	0.364	1

注：a.表中数值为相关系数；* $p<0.05$；** $p<0.01$；b.CE 为累积蒸发量，SE 是土壤效应，DH 是脱氢酶，ALP 是碱性磷酸酶，IN 是蔗糖酶，URE 是脲酶；c.用种植组苔藓植物土壤累积蒸发量减去覆盖组累积蒸发量得到此表格中分析使用的 SE 值。

6.3　讨　论

6.3.1　苔藓植物土壤水分蒸发特征分析

苔藓结皮土壤累积蒸发量高于裸土组。一方面，苔藓植物层由于湿润效应而膨胀使其有更大的吸水表面积，表现出较强的持水能力，苔藓植物处理的土壤较裸土储水量更多，增加表面积使蒸发风险增加[203]；另一方面，影响土壤蒸散发的土壤因素包括土壤含水量、土壤质地及结构、土壤色泽与地表特征[204]。而裸土蒸发的 I 阶段，表层的蒸发速率在蒸发初期较苔藓结皮组急剧降低，原因是蒸发初期较高的蒸发速率和裸土对土壤水分保持能力差，水分流失更快，这极大地减缓了随后向大气输送的水分，最终降低了蒸发速率[205]。同类型苔藓植物覆盖组累积蒸发量较种植组累积蒸发量大，土壤效应使它们的累积蒸发量表现出差异性，土壤效应与累积蒸发量呈负相关关系；在苔藓结皮土壤水分蒸发中，土壤效应主要扮演抑制土壤水分蒸发的角色，种植苔藓植物组在土壤表层形成苔藓植物假根、菌丝体、微生物和分泌物等与土壤颗粒黏连胶结形成的十分复杂的复合体；土壤酶活性较高，生物结皮层中生物组分(如有机质、胞外聚合物和苔藓根茎)会膨胀，堵塞土壤孔隙约40%的通孔和减少蒸发，这意味着生物结皮土壤可以保持更多的水分[206]。但是大灰藓种植组和覆盖组的累积蒸发量差异性不显著，原因分析为种植组的大灰藓难以在土壤表层通过苔藓植物层的作用形成由菌丝、分泌物、微生物等组成复杂的生物结皮层保持土壤水分。

不同处理土壤水分的蒸发过程可分为三个阶段(图 6-7)，I 阶段，4 种苔藓结皮土壤蒸发过程中以苔藓植物效应促进水分蒸发占主导，土壤效应为抑制蒸发。初始蒸发期不同苔藓结皮土壤可供蒸发的水分是充足的，土壤含水率较高。一方面，苔藓植物表层在可供水量充足的情况下，蒸发发生在苔藓植物表层，使下伏土壤的水分不被蒸发而存储起来。苔藓结皮水分蒸发在此阶段出现 E/E_0 值约等于 1，但是也出现 E/E_0 值大于 1，原因是苔藓植物吸收热辐射保存温度可能会产生一种绝缘屏障，受空气是不良导体的影响不利于热量向下部土壤传递，导致苔藓植物层温度升高，利用蒸发来抵消升高的温度，导致蒸发量大于大气蒸发[207]。这一结论与 Belnap 研究结果一致，在冬季，与相邻的非结皮土壤相比，深色生物结皮土壤的存在可以使干燥土壤的表面温度升高达 14℃[208]。另一方面，与苔藓结皮相比，裸土吸水少且持水能力较差，较强的蒸发能力导致裸土水分流失较快，表面可能很快形成一个干层，导致蒸发速率经历了蒸发初期后急剧下降，这强烈地减慢了随后从土壤到大气的水汽输送[209]。以上两方面影响使苔藓植物促进水分蒸发效应更突出而成为蒸发I阶段的主导效应。表层覆盖苔藓和裸土表层形成的干层都可以为蒸发II阶段存储水分。种植组苔藓结皮土壤存储了更多的水分，因为苔藓植物和土壤通过分泌物、菌丝等联结形成整体，改变表层土壤储水特性使水分更难以蒸发，所以土壤效应表现为抑制蒸发[210]。

II 阶段，随着蒸发推进，不同处理可供蒸发水量逐渐减少，蒸发能力呈减弱趋势。此阶段土壤效应以促进水分蒸发为主导，苔藓植物效应表现为抑制土壤水分蒸发。主要原因是覆盖组苔藓植物表层在蒸发 I 阶段已经消耗大量水分，而种植组苔藓植物在 I 阶段储存了较覆盖组更多的水分，在供水不充分的情况下，种植组苔藓植物土壤可提供更多水分供蒸发，蒸发速率较大，所以表现为土壤效应促进水分蒸发。苔藓植物效应表现为抑制水分蒸发的原因是，随着蒸发的进行土壤含水率逐渐降低，表层苔藓植物层水分在 I 阶段已经大量被蒸发，此阶段的表层苔藓植物起到遮盖层的作用阻碍土壤水分蒸发[211]；与覆盖组的土壤水分蒸发相比，裸土持水能力较差，失水量更大，无覆盖的裸土表现出较覆盖苔藓植物更大的蒸发速率使土壤水分更少。水分蒸发除受到供水能力的影响外，蒸发面也是影响蒸发的主要因素。

III 阶段，蒸发进入末期，苔藓植物效应和土壤效应在没有外源水的情况下随着蒸发的进行效应值逐渐减小至 0，说明供水情况对土壤水分蒸发的影响较大。不同处理土壤水分完全被消耗，苔藓植物仅依靠吸收空气中的凝结水，其水量远远小于蒸发需求用水[212]，导致蒸发速率趋于 0，土壤效应和苔藓植物效应趋于 0。

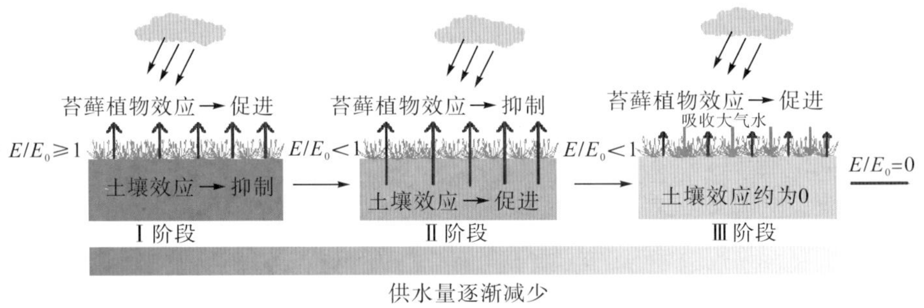

图 6-7 苔藓植物土壤水分蒸发机理

注：I 阶段苔藓植物效应发挥水分蒸发层作用，II 阶段苔藓植物效应发挥表层覆盖层作用

6.3.2 不同苔藓植物对土壤水分蒸发的影响

与裸土组相比，土壤水分蒸发受到表层不同苔藓植物自身生理特征和下伏土壤性质的影响，使苔藓植物效应和土壤效应值及维持时间 T 表现出差异性。I 阶段苔藓植物促进水分蒸发阶段蒸发过程中，随着蒸发时间推进，可供蒸发水量逐渐减少，4 种苔藓结

皮土壤蒸发苔藓植物效应值，以及苔藓植物效应促进蒸发为主导维持时间 *T*，从小到大排序均为：大灰藓＜小石藓＜牛舌藓＜蕊形真藓；与苔藓植物的 SWR、RD、RC 具有显著性关系；蕊形真藓和牛舌藓的 RD 和 SWR 都较大，一方面，表层苔藓植物可以存储更多水分供水分蒸发，另一方面，苔藓植物 RD 较大，表层更密集可能阻碍土壤水分蒸发。这两方面的影响使其苔藓植物效应的维持时间更长，延长了下部土壤水分的存储时间而不被蒸发。前人研究证实，苔藓植物较强的持水能力与苔藓植物吸水导致吸水后比表面积增大有关。而大灰藓由于 RD 小表层土壤水分很容易被蒸发所以两种效应的维持时间短。受到 I 蒸发阶段的影响，II 蒸发阶段，牛舌藓、大灰藓、蕊形真藓、小石藓 4 种苔藓植物的土壤促进蒸发效应值差异不显著，但是以土壤效应促进蒸发为主导的维持时间 *T* 从短到长排序为：小石藓＜大灰藓＜蕊形真藓＜牛舌藓。一方面，由于 I 阶段蒸发的影响下伏土壤含水率变化使水分释放时间有差异性，另一方面，由于表层苔藓植物作为覆盖层阻碍下伏土壤水分的蒸发，与苔藓植物的生理特性关系较大。牛舌藓土壤效应的维持时间最长，原因可能是 CE 和 ALP、URE 之间存在显著的正相关关系($p<0.01$)，牛舌藓下伏土壤中 ALP 和 URE 苔藓植物影响下，土壤性质改变经历 I 阶段后为此阶段存储更多水分导致土壤含水率较高；大灰藓此阶段维持时间最短，此苔藓植物蒸发 I 阶段蒸发了更多水分而未能为 II 阶段存储水分，且大灰藓 RD 最稀疏导致此阶段下伏土壤的水分流失更快所以维持时间最短。在蒸发的 III 阶段，蒸发进入末期，土壤含水率极低，直接导致所有处理的蒸发速率较低。

总之，蒸发能力强弱因不同处理对水分保持具有差异性而异。受到苔藓结皮的影响，各个蒸发阶段可供蒸发水量和蒸发面是影响水分蒸发的核心因素[213]，苔藓结皮通过苔藓植物层和改变表层土壤性质共同影响土壤水分的蒸发，两者效应分别为苔藓植物效应和土壤效应[214]。整个蒸发过程中，苔藓植物效应与累积蒸发量呈正相关，土壤效应与累积蒸发量呈负相关。苔藓植物效应扮演水分吸收存储层促进土壤水分蒸发和作为覆盖层抑制土壤水分蒸发两种角色。这些特性表明，苔藓结皮土壤中，表层苔藓植物在保留更多水分的同时也通过蒸发增加水分流失。表层水分存储避免了因为石漠化区特殊的岩溶漏洞结构造成水分的深层流失，生物结皮的阻滞作用更加突出，为石漠化区薄层土壤保存了水分[215]。但与裸土相比，覆盖组和种植组土壤能保留更多的水分，有研究者也得到了类似的结果，他们发现苔藓生物结皮不仅能增加土壤含水率，而且蒸发水分比藻类结壳快；而去除生物结皮会导致表层(深度 3cm)土壤含水率下降[216,217]。另外，覆盖组与种植组相比，种植组生物结皮通过改变土壤固有关系和增加持水能力减少蒸发并提高了土壤含水率[218,219]。

6.4　小　　结

(1) 大灰藓、牛舌藓、小石藓、蕊形真藓种植组的累积蒸发量分别为 6.057mm、7.383mm、6.318mm、8.143mm；覆盖组的累积蒸发量分别为 6.133mm、7.649mm、6.644mm、8.708mm；裸土组的累积蒸发量为 5.989mm。4 种苔藓植物覆盖组和种植组的累积蒸发量均高于裸土组；覆盖组和种植组组内和组间累积蒸发量除了大灰藓组间差异性不显著外，其他交互处理之间均存在显著性差异。

(2) 4 种苔藓植物种植组土壤水分蒸发 I 阶段均以苔藓植物效应促进水分蒸发占主导，土壤效应为抑制蒸发；II 阶段，土壤效应促进水分蒸发为主导，苔藓植物效应为抑制水分蒸发；III 阶段，苔藓植物效应和土壤效应值趋近 0。4 种苔藓植物效应明显大于土壤效应，导致 4 种苔藓植物生长或直接覆盖在土壤表层水分累积蒸发量显著大于裸土组，但受到土壤效应抑制蒸发的影响而使覆盖组累积蒸发量大于种植组。种植组土壤水分累积蒸发量与土壤效应呈负相关，与苔藓植物效应呈正相关；苔藓植物效应与 RD、SWR 和 RC 呈显著正相关($p<0.01$)；土壤效应与 URE 呈显著负相关($p<0.01$)。

(3) 4 种苔藓植物土壤蒸发过程中，苔藓植物效应和土壤效应的维持时间具有差异性，牛舌藓和蕊形真藓蒸发速率趋于 0 的时间较小石藓和大灰藓具有延迟性，说明此 2 种苔藓植物较小石藓和大灰藓土壤水分蒸发在时间上具有阻滞效应。

综上分析，苔藓植物土壤中，表层苔藓植物在吸收更多水分的同时也通过蒸发增加水分流失，石漠化区通过苔藓表层存储水分在一定程度上可以避免特殊的岩溶漏洞结构造成水分深层的流失，为石漠化区薄层土壤保存了水分。

第7章　典型苔藓植物强降水后土壤水分入渗特征及模拟

目前，大多研究者一般将苔藓植物结皮土壤作为一个整体研究水分入渗过程，难以阐明苔藓植物生长繁殖水分入渗机理。而苔藓植物在实际生长发育中，主要通过苔藓植物层和改变表层土壤特性，二者共同影响土壤水分入渗，因此有必要将二者对水分入渗的影响进行区分研究。本次试验以滇中高原石漠化区为研究背景，降水集中且强度大，研究短时强降水下土壤表层人为覆盖苔藓植物对水分入渗产生的影响，与裸土为对照，开展苔藓植物覆盖处理的一维土柱水分入渗过程室内试验，旨在探索表层覆盖苔藓植物对土壤水分入渗产生的影响，以期为揭示苔藓结皮水分入渗机理提供数据支撑。

7.1　研究方法

7.1.1　试验材料

2019年12月，将在云南石林县典型石漠化区采集的优势苔藓大灰藓、牛舌藓、小石藓、蕊形真藓在室内采用不锈钢培养盘进行培养，2020年7月测量苔藓植物的生理特性，并将野外采集的土柱供试土壤自然风干后剔除杂质，研磨过2mm筛孔混合均匀备用。于2021年1月开展土柱入渗试验，测量风干后土柱供试土壤含水率为3.35%；取供试土样使用TIPSCOPE-400显微镜观察土壤表层的土颗粒结构及大小；利用吸管法测定土壤机械组成，砂粒、粉粒和黏粒的含量分别为15.9%、48.7%和35.4%，土壤质地属于粉质黏土。

7.1.2　土柱入渗试验

试验所用土柱为4个内径6cm、高50cm的透明有机玻璃柱组装而成(图7-1)，底层有机玻璃柱底部均匀分布圆形小孔。土柱制作过程中注意事项有：①在土柱底部垫2层滤纸防止土颗粒流失；②在有机玻璃柱内壁涂抹一层凡士林以防止管壁效应影响水分入渗；③分层装入土壤，层与层之间刮毛处理防止入渗分层效应的产生；④为防止土壤不均匀分布使用圆形木头轻压土柱。将供试土样充分混匀后，分3层装入土柱，每层厚度为5cm，之后分别将室内培养后风干一周的4种苔藓植物覆盖在土壤表层，盖度大于98%；

大灰藓、牛舌藓、蕊形真藓和小石藓 4 种苔藓植物的厚度分别约为 1.383cm、0.948cm、0.786cm 和 0.57cm，形成不同的试验处理，以裸土为对照，各处理均重复 3 次。

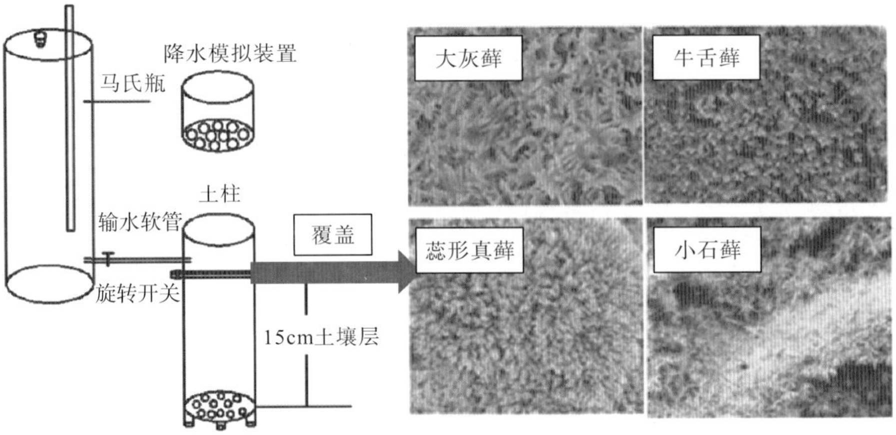

图 7-1 试验设计

一维土柱制备完成后，试验过程分为两个阶段：第一个阶段依据短时强降水是指 1h 降水量≥20mm 的降水，本试验模拟历经短时间达到 20mm 降水量的强降水。为了使降水均匀分布在土柱表层，使用直径为 6cm，底部孔径为 8mm 的网筛模拟降水，从距离苔藓植物表层 5cm 的高度处一次性加入全部水量。所有样品表面均未出现积水后立即展开第二阶段的定水头入渗试验，使用内径为 9cm、高度为 50cm 的马氏瓶供水；水头高度为 3cm；试验时间共计 90min。入渗开始后，连续记录马氏瓶水位下降高度，前 30min 每 1min 读一次数，30～90min 每 5min 记录一次。初始入渗速率为入渗后前 3min 的平均速率；稳定入渗速率是将前后供水量恒定或相差不大时视为入渗过程达到稳渗阶段，并通过加水量与间隔时间算出稳渗速率；平均入渗速率为总计试验时间内的入渗速率均值。由于试验持续时间较短，可忽略蒸发对入渗过程的影响。入渗试验结束后，保留入渗土柱中的土壤原形并使其风干，取 5 个不同处理的表层土壤薄层使用 TIPSCOPE-400 显微镜观察土壤的颗粒结构及大小。

7.1.3 苔藓植物效应

在降水强度下，将土壤表层是否人为覆盖苔藓植物所表现出来的水分入渗能力差异定义为该条件下的苔藓植物效应。其中，由覆盖苔藓植物的土柱入渗速率减去裸土土柱入渗速率的差值称为苔藓植物效应值。若效应值大于 0，则表明苔藓植物促进土壤水分入渗；若效应值小于 0，则表明苔藓植物阻碍土壤水分入渗。另外，苔藓植物效应值大于 0 或小于 0 的维持时间也是反映苔藓植物效应的重要参数。

$$\Delta E = E_{\mathrm{b}} - E_{\mathrm{s}} \tag{7-1}$$

式中，ΔE 为苔藓植物效应值，cm/min；E_b 和 E_s 分别为覆盖苔藓植物的入渗速率和裸土入渗速率，cm/min。

7.1.4　土壤水分入渗模型

本次选取 3 个需要标定参数的经典入渗模型和简单无须标定参数的 Singh 熵入渗方程，用于模拟苔藓植物覆盖后的土壤水分入渗过程。

经典入渗模型：

(1) 霍顿 (Horton) 入渗模型

$$f(t)=f_c+(f_0-f_c)e^{-kt} \tag{7-2}$$

式中，$f(t)$ 是入渗速率，cm/min；f_0 是初始入渗率，cm/min；f_c 是稳定入渗率，cm/min；k 是经验常数，表征入渗速率随时间减少的程度；t 为入渗时间，min。

(2) 菲利普 (Philip) 入渗模型：

$$f(t)=\frac{1}{2}St^{-0.5}+A \tag{7-3}$$

式中，$f(t)$ 是入渗速率，cm/min；S 为吸渗率，cm/min$^{0.5}$，表征土壤入渗能力；t 为入渗时间，min；A 为稳定入渗速率，cm/min。

(3) Kostiakov 入渗模型

$$f(t)=at^{-b} \tag{7-4}$$

式中，$f(t)$ 是入渗速率，cm/min；a、b 均为模型参数。

Singh 熵入渗方程：

(1) E-Horton 入渗模型：

$$I(t)=I_c+(I_0-I_c)\exp\left[-\frac{I_0-I_c}{S}t\right] \tag{7-5}$$

(2) E-Philip 入渗模型：

$$I(t)=0.5\times(2\times I_c\times S)^{0.5}\times t^{-0.5}+I_c \tag{7-6}$$

(3) E-Kostiakov 入渗模型：

$$I(t)=0.5\times(2\times I_c\times S)^{0.5}\times t^{-0.5}+I_c \tag{7-7}$$

上述三个模型中，$I(t)$ 为入渗率，cm/min；I_0 为初始入渗率，cm/min；I_c 为稳定入渗率，cm/min；S 为土壤最大持水量，在本试验中等同于累积入渗量，cm。

7.1.5　数据处理

试验数据统计处理使用 Microsoft Excel 2018 软件；差异性分析使用 SPSS 25.0 软件，利用单因素方差分析法分析 4 种苔藓植物的水分入渗特征指标的差异是否显著，如果显著 ($p<0.05$)，再用多重比较分析不同物种之间模拟的差异性；Horton 模型、Philip 模型、Kostiakov 模型使用 1stOpt5.0 软件进行模拟；相关性矩阵使用 R 语言的 corrplot 包分析及绘制；其他图形绘制使用 Origin 9.5 软件。

7.2 结果与分析

7.2.1 表层覆盖苔藓对土壤水分入渗的影响

1. 不同苔藓植物土壤水分入渗特征分析

4 种苔藓植物影响下土壤水分入渗特征与裸土具有显著性差异(p<0.05)。它们的初始入渗速率、稳定入渗速率、平均入渗速率均大于裸土，入渗特征值最小的蕊形真藓较裸土的 3 个入渗特征值(0.667cm/min、0.168cm/min、0.257cm/min)分别高出 7.65%、11.90%、8.56%。另外，4 种苔藓植物影响下土壤水分入渗特征部分呈现出差异性(p<0.05)(表 7-1)。小石藓和大灰藓的初始入渗速率值最大，分别为 0.915cm/min 和 0.883cm/min，二者无显著性差异；其次是牛舌藓和蕊形真藓，入渗速率分别为 0.787cm/min 和 0.718cm/min，二者无显著性差异。稳定入渗速率最大的是小石藓(0.242cm/min)，其次是大灰藓(0.207cm/min)，牛舌藓和蕊形真藓的入渗速率值分别为 0.190cm/min 和 0.188cm/min，二者无显著性差异。平均入渗速率值最大的是小石藓(0.392cm/min)，其次是大灰藓(0.312cm/min)，牛舌藓和蕊形真藓平均入渗速率值分别为 0.297cm/min 和 0.279cm/min。

表 7-1 不同苔藓植物影响下土壤水分入渗特征(p<0.05)

	初始入渗速率/(cm/min)	平均入渗速率/(cm/min)	稳定入渗速率/(cm/min)
大灰藓	0.883±0.019a	0.312±0.018b	0.207±0.007b
牛舌藓	0.787±0.042b	0.297±0.024c	0.190±0.002c
蕊形真藓	0.718±0.038b	0.279±0.013c	0.188±0.004c
小石藓	0.915±0.097a	0.392±0.033a	0.242±0.022a
裸土	0.667±0.059b	0.257±0.032c	0.168±0.028c

注：a.表中数据表示平均值±标准差；b.不同小写字母表示不同苔藓植物水分入渗特征在 0.05 水平下差异显著。

2. 不同苔藓植物土壤水分入渗曲线及累积入渗量分析

表层覆盖不同苔藓植物土壤水分入渗过程和裸土一样可划分为 3 个阶段(图 7-2)。第 I 阶段为入渗速率快速下降阶段，各类处理入渗速率差异性不显著；第 II 阶段为入渗速率缓慢下降阶段，各类处理入渗速率开始呈现出显著性差异，入渗速率从大到小依次为：小石藓、大灰藓、牛舌藓和蕊形真藓；第 III 阶段为入渗速率相对稳定阶段，各类处理入渗速率处于微波动中的稳定状态，大灰藓和小石藓的稳定入渗速率均大于蕊形真藓、牛舌藓和裸土。另外，不同处理下，累积入渗量随着入渗时间的推移均呈增加趋势。在入渗的 I 阶段，裸土与 4 种不同苔藓植物覆盖处理的累积入渗量差异性不显著(图 7-2)。随着入渗时间推进，在 II 阶段累积入渗量逐渐呈现出显著性差异。III 阶段结束后，不同处理累积入渗量从大到小排序为：小石藓＞大灰藓＞牛舌藓＞蕊形真藓＞裸土，值分别为 26.85cm、22.59cm、21.04cm、20.31cm、19.575cm。与裸土相比，小石藓、大灰藓、牛舌藓和蕊形真藓在整个入渗过程中累积入渗量分别高出 37.16%、15.40%、7.48%、3.75%。

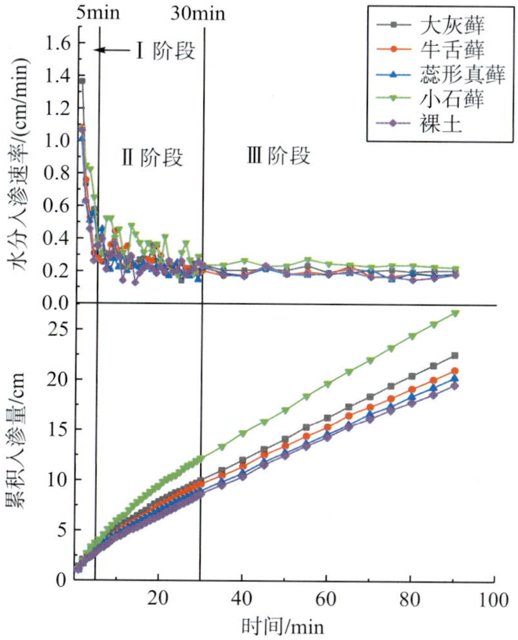

图 7-2　水分入渗速率及累积入渗量随时间变化关系曲线

3. 不同苔藓植物效应分析

苔藓植物效应值 ΔE 在整个入渗过程中并非一直表现为促进或阻碍水分入渗效应，而是随着入渗时间的推进呈现出阶段性的变化(图 7-3)。另外，促进或阻碍水分入渗效应维持时间 T 因苔藓植物不同而异。水分入渗推进 30min 内，不同苔藓植物促进或阻碍水分入渗的效应值及维持时间 T 具有差异性。小石藓促进水分效应值最大且维持时间 T 为 30min，大灰藓和牛舌藓 0～20min 以促进效应为主且促进效应值较小石藓小，20～30min 以阻碍水分入渗为主。牛舌藓、大灰藓和小石藓在整个入渗过程中的促进入渗效应维持时间 T 大于阻碍效应维持时间，说明表层覆盖此 3 种苔藓植物历经短时 20mm 强降水后对水分入渗具有促进作用。与其他 3 种苔藓植物相比，蕊形真藓促进效应值最小，阻碍效应值最大，且 2 种效应维持时间差异性不显著，说明蕊形真藓覆盖在土壤表层产生阻碍水分入渗的效应较其他 3 种苔藓更明显。土壤水分入渗推进至 30～90min 过程中，小石藓、大灰藓和牛舌藓表现出苔藓植物效应值接近 0 的促进水分入渗效应，反映出此 3 种苔藓植物覆盖在土壤表层对水分入渗促进作用的影响更大。而蕊形真藓的效应值接近 0，反映出该苔藓植物覆盖在土壤表层产生促进水分入渗效应和阻碍水分入渗效应差异不大。

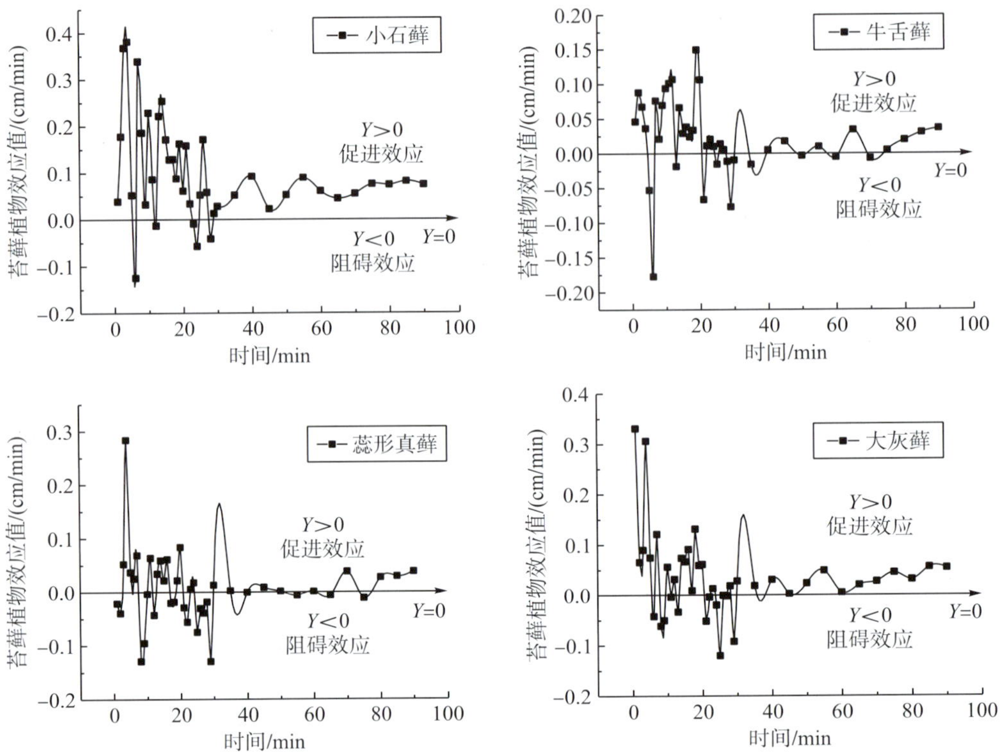

图 7-3　强降水后苔藓结皮效应变化趋势

4. 不同苔藓覆盖处理土壤表层结构特征分析

短时 20mm 强降水后，不同处理土壤表层显微镜观测图像具有显著性差异，由图 7-4 可见，图 7-4(a)显示的是未经过试验处理的土壤表层结构特征，土壤颗粒外形较图 7-4(b)和图 7-4(c)更圆润且土壤颗粒较大；覆盖苔藓植物后土壤表层观测图[图 7-4(b)]显示土壤的结构已经被破坏，土壤颗粒变小，但是较裸土表层土壤成像图[图 7-4(c)]显示的土壤颗粒更大。通过比较得到，表层覆盖苔藓植物在一定程度上可以缓解土壤表层被强降水破坏导致土壤颗粒粒径变小、减少水分入渗的情况、说明苔藓植物存在于土壤表层具有阻碍土壤表层产生物理结皮、促进水分入渗的效应、同时也说明表层覆盖物影响下土壤性质的改变与否对水分入渗过程具有重要的影响。

(a)　(b)　(c)

图 7-4　不同处理土壤表层显微镜观测图

注：(a)为土柱试验前土壤观测图；(b)为苔藓植物覆盖处理后土壤表层观测图，因为 4 种苔藓植物覆盖处理后土壤表层观测图差异性不显著，所以选择大灰藓植物覆盖处理的观测图为代表；(c)为裸土土壤表层显微镜观测图；三图比例尺为 1∶400

7.2.2　苔藓植物形态特征对入渗特征的影响

历经 20mm 强降水后苔藓植物入渗特征指标两两呈正相关关系。入渗特征指标与苔藓植物假根密度、假根根长、饱和吸水率呈负相关；与苔藓植物糙率呈正相关，糙率越大，入渗特征指标越大(图 7-5)。

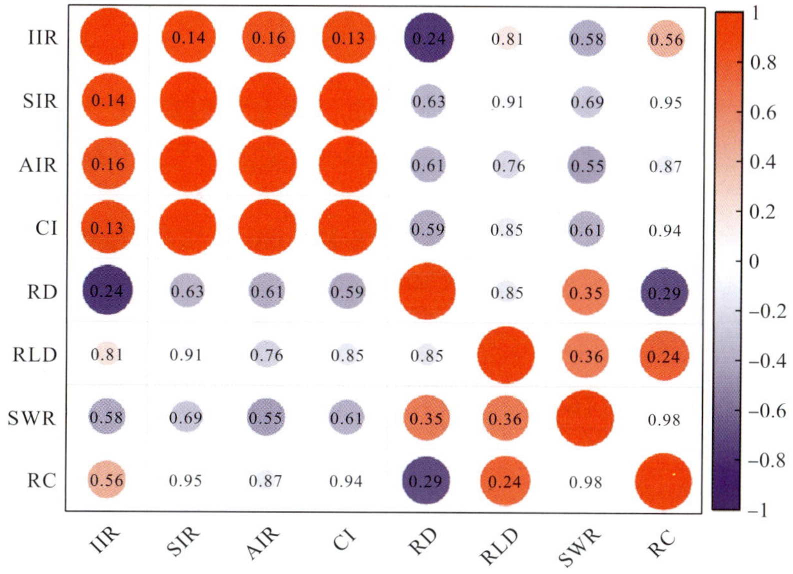

图 7-5　苔藓植物形态特征和入渗特征相关性分析

注：a.IIR-初始入渗速率，SIR-稳定入渗速率，AIR-平均入渗速率，CI-累积入渗量；b.红色表示正相关性，蓝色表示负相关性；颜色深浅表示系数值的大小，颜色越深，相关性越强；c.圆点越大，表示两个变量之间的相关性越大；如果相关性 p 值大于 0.05，则无圆圈

7.2.3　表层覆盖苔藓植物土壤水分入渗模拟

采用 Kostiakov、Philip 和 Horton 入渗模型模拟表层覆盖苔藓植物土壤水分入渗过程，模型拟合参数结果见表 7-2。Horton、Philip、Kostiakov 模型模拟的 R^2 值范围分别为 0.832～0.942、0.838～0.889、0.824～0.885，Horton 入渗模型的 R^2 值较大，且该模型计算入渗率与实测入渗率之间的相对误差为 12.758%～18.528%，较其他两个模型小(表 7-4)，所以 Horton 入渗模型更适合模拟表层覆盖苔藓植物的土壤水分入渗过程。而裸土 Horton、Philip、Kostiakov 入渗模型的 R^2 值分别为 0.866、0.833、0.811，入渗速率计算相对误差分别为 34.411%、29.986%、30.641%(表 7-4)，所以裸土水分入渗过程模拟采用 Philip 入渗模型更适合。

表 7-2 不同苔藓植物土壤水分入渗经典入渗模型模拟

处理	Horton 入渗模型				Philip 入渗模型			Kostiakov 入渗模型		
	初始入渗率 f_0	稳定入渗率 f_c	经验常数 k	R^2	吸渗率 S	稳定入渗率 A	R^2	模型参数 a	模型参数 b	R^2
大灰藓	1.968	0.233	0.497	0.942	2.175	0.009	0.868	1.186	0.543	0.885
牛舌藓	1.750	0.236	0.572	0.871	1.740	0.052	0.838	0.939	0.456	0.824
蕊形真藓	1.243	0.206	0.341	0.923	1.712	0.039	0.889	0.916	0.471	0.880
小石藓	1.218	0.273	0.229	0.832	1.996	0.095	0.847	1.061	0.401	0.837
裸土	1.279	0.208	0.451	0.866	1.466	0.058	0.833	0.796	0.433	0.811

Singh 的熵入渗方程，即 E-Horton 入渗模型、E-Philip 入渗模型、E-Kostiakov 入渗模型方程可由实测的土壤水分入渗参数得到(表 7-3)，避免了测量诸多水力学参数。分别用 E-Horton 入渗模型、E-Philip 入渗模型、E-Kostiakov 入渗模型模拟苔藓结皮及裸土土壤水分入渗过程，得到的相对误差范围分别为 90.886%～108.903%、108.558%～119.552%、35.511%～48.757%(表 7-4)，三类入渗方程中，E-Kostiakov 入渗模型相对误差值较小，精度要求不高的情况下，为了简便采用 E-Kostiakov 入渗模型模拟土壤水分入渗过程是可行的。但是 Singh 的熵入渗方程模拟土壤水分入渗的相对误差总体大于 3 个经典入渗方程。

表 7-3 不同苔藓植物土壤水分入渗 Singh 的熵入渗模型模拟

处理	E-Horton 入渗模型	E-Philip 入渗模型	E-Kostiakov 入渗模型
大灰藓	$I(t)=0.207+0.675e^{-0.0298t}$	$I(t)=1.530t^{-0.5}+0.207$	$I(t)=1.530t^{-0.5}$
牛舌藓	$I(t)=0.190+0.597e^{-0.0284t}$	$I(t)=1.414t^{-0.5}+0.190$	$I(t)=1.414t^{-0.5}$
蕊形真藓	$I(t)=0.188+0.529e^{-0.0260t}$	$I(t)=1.383t^{-0.5}+0.188$	$I(t)=1.383t^{-0.5}$
小石藓	$I(t)=0.242+0.673e^{-0.0250t}$	$I(t)=1.804t^{-0.5}+0.242$	$I(t)=1.804t^{-0.5}$
裸土	$I(t)=0.168+0.498e^{-0.0259t}$	$I(t)=1.124t^{-0.5}+0.168$	$I(t)=1.273t^{-0.5}$

表 7-4 模型模拟入渗率与实测入渗率的相对误差 (单位：%)

处理	Horton 模型	Philip 模型	Kostiakov 模型	E-Horton 模型	E-Philip 模型	E-Kostiakov 模型
大灰藓	12.758	20.528	21.716	108.903	119.552	41.955
牛舌藓	16.816	18.151	19.623	94.072	108.558	35.511
蕊形真藓	13.193	17.495	19.623	100.119	118.888	41.293
小石藓	18.528	18.151	19.896	90.886	111.077	36.794
裸土	34.411	29.986	30.641	101.844	113.062	48.754

强降水后土壤水分入渗过程复杂，为了了解强降水后不同苔藓覆盖对土壤水分入渗的影响，从三个经典入渗模型和 Singh 的熵入渗方程中筛选出最优的土壤水分模型，引入相对误差来反映模型计算入渗率与实测入渗率之间的离散程度(表 7-4)，计算公式为

$$\delta = \frac{|f_m - f_r|}{f_r} \times 100\% \tag{7-8}$$

式中，δ 为入渗率相对误差，%；f_m 为模型计算的入渗率，cm/min；f_r 为实测入渗率，cm/min。

7.3　讨　　论

7.3.1　覆盖苔藓植物对水分入渗的影响

苔藓植物通过影响水分入渗的界面而使入渗特征发生变化。苔藓植物对入渗的影响划分为苔藓植物层对入渗的影响和苔藓植物改变表层土壤性质对入渗的影响两类。结果表明，历经 20mm 强降水后表层覆盖苔藓植物水分入渗特征和裸土明显不同；与裸土相比，苔藓植物的存在增加了入渗量(表 7-1、图 7-2)。前人研究结论表明苔藓具有高渗透性，具有高持水能力和微粗糙度，能减缓径流通量，延长径流的开始时间[220]，这些研究证明了苔藓植物覆盖在土壤表层能增加入渗率。苔藓植物虽然可以通过吸水膨胀阻止水分进入土壤孔隙来减少渗透[221]，但苔藓植物层犹如一层薄海绵，通过对强降水的消能作用，可减缓水流直接冲刷土壤，保护表层土壤物理性质维持原状，因此土壤孔隙并未减小而增加了水分入渗[222]。裸土表层产生物理结皮阻塞土壤基质孔隙而导致入渗减少[223]。Miralles 等报道物理结皮的特征是土壤的细结构填充小而圆的孔隙成致密的低孔隙层，限制了渗透[224]。显微镜下显示历经 20mm 短时强降水后表层覆盖苔藓植物的土壤颗粒较裸土大，粗颗粒中土壤孔隙大、入渗快，而裸土细结构土壤的特点是孔隙窄，减少了水的流动[225]。因此，粗结构土壤的入渗速率快于细结构土壤(表 7-1、图 7-4)。研究表明，生物结皮可以改变土壤孔隙促进水分入渗的影响大于生物结皮阻塞土壤孔隙的影响[226]。所以，历经短时 20mm 强降水后表层覆盖苔藓植物在入渗过程中产生的效应为阻碍土壤表层产生物理结皮增加入渗效应大于苔藓植物层截留阻碍土壤水分入渗效应，与其他研究者的研究结论得到土壤物理结皮对裸地入渗的影响大大超过其他因素的影响，其减少入渗量可达 80%左右保持一致[227]。

苔藓植物覆盖下，水分入渗特征因苔藓植物生理特征不同而具有显著性差异。历经 20mm 短时强降水后，4 种苔藓植物对水分入渗产生的促进或阻碍效应具有差别。一方面，不同苔藓植物在强降水下维持表层土壤的原状特征而阻碍产生物理结皮的效应具有差异性，但是本次研究中大灰藓、牛舌藓、蕊形真藓和小石藓 4 种苔藓植物覆盖下土壤表层显微镜观测图差异性不显著，本书选取大灰藓下表层土壤观测图为代表(图 7-4)，还需更深入研究历经 20mm 短时强降水后覆盖不同苔藓植物对表层土壤特征产生的影响。另一方面，与不同苔藓植物层截留阻碍土壤水分入渗有关。受到小石藓层的影响水分入渗以促进效应为主，小石藓阻碍物理结皮产生的同时，其假根密度较牛舌藓和蕊形真藓低且糙率较大，植株体之间较大的空隙为水分入渗提供通道，且小石藓饱和吸水率低不易形成密闭的水层阻碍水分入渗；前人研究苔藓植物较大的糙率可以延长产生径流的时间，使入渗速率增加[228,229]。大灰藓和牛舌藓入渗开始 0～20min 以促进效应为主，20～30min 以阻碍水分入渗为主，因为入渗初期大灰藓和牛舌藓植株体之间的空隙为水分入渗提供通道，所以苔藓植物在入渗中表现为促进土壤水分入渗。随着入渗的进行，大灰藓受较大的饱和吸水率和较长的假根等因素影响可能导致土壤水分入渗受阻，而牛舌藓因较大的假根密度和饱和吸水率等使其表层形成较为密闭的水层阻碍土壤水分入渗。蕊形真藓覆盖在土壤表层阻碍物理结皮产生的同时，因为该苔藓植物假根密度和饱和吸水率值最大，所以导致苔藓植物作为覆盖层阻碍水分入渗的效应较其他 3 种苔藓植物更显著。与前人研究得到不同植被覆盖下，土壤的孔性及渗透性有明显差别，进而影响到土壤水分入渗的结论保持一致[230,231]。

7.3.2 水分入渗模型分析

通过模型模拟表层覆盖苔藓植物的土壤水分入渗过程发现，需要标定参数的经典模型组效果优于 Singh 的熵入渗模型组(表 7-4)，但对水分入渗模拟精度要求不高的情况下，为了简便可以采用 E-Kostiakov 入渗模型。与丰雪等利用土柱试验，对比研究一般入渗方程和熵入渗方程对沙壤土、黏壤土 2 种均质土壤条件下水分入渗过程的模拟，得到在黏壤土中需要标定参数的一般入渗方程的相对误差较熵入渗方程小的研究结论保持一致[232]。因为 Singh 的熵入渗方程是假设土壤是干燥的，在不限制供水的情况下向干燥的土壤提供水分，将入渗量作为随机变量，用面积的函数表示入渗量的累积概率分布，是一个概率密度函数，利用熵理论推导渗透速率作为时间的函数，将相关参数用入渗实测值进行表示[233]；且 Zhang 和 Li 研究发现即使在相对均匀的土壤(均匀的粉砂壤土)和小面积(40ft×20ft，其中 1ft = 3.048×10^{-1}m)上，入渗能力也有很大的变化[234]，所以用现场或实验测量校准的入渗参数来模拟整个入渗过程比直接由实测值标定的入渗方程的模拟值相对误差更大。在经典方程中，Horton 入渗模型对表层覆盖苔藓植物土壤水分入渗过程的模拟效果最佳，因为 Horton 模型为半经验模型，可以描述水分入渗特征，且模型参数具有物理意义[235]，此研究结论与张侃侃等研究结论表明生物结皮土壤水分入渗过程模拟使用 Horton 入渗模型效果较好保持一致[236]。而 Kostiakov 模型为纯经验模型，由试验或实测资料拟合得出，本身并无物理意义，参数较少，虽然该模型在生产与实践中应用较广但在该研究中并不是最优模型[237]。Philip 模型对裸土水分入渗过程模拟效果较好，因为 Philip 模型是在半无限均质土壤并有积水条件下求得的物理模型，只适用于均质土壤一维入渗，而本次试验裸土是均质土壤，所以该模型模拟效果较好[238]。综上所述，用 Horton 模型模拟苔藓植物覆盖下土壤水分入渗过程效果更佳，用 Philip 模型模拟裸土入渗效果较好；在精度要求不高的情况下，为了简便可以采用 E-Kostiakov 入渗模型。

7.4 小　结

入渗是生态系统中养分循环和侵蚀等过程的基础。本研究清楚地表明：

(1) 历经 20mm 短时强降水后土壤表层覆盖苔藓植物对入渗有重要的影响。与裸土相比，小石藓、大灰藓、牛舌藓和蕊形真藓在整个入渗过程中累积入渗量分别高出裸土组 37.16%、15.40%、7.48%、3.75%，表明表层覆盖苔藓植物有利于土壤水土入渗，对减少径流侵蚀有重要意义。

(2) 短时强降水下，表层覆盖苔藓植物促进水分入渗主要是阻碍土壤表层产生物理结皮保护孔隙率不被减小而增强水分渗透，这种效应大于苔藓植物层截留阻碍水分入渗效应。4 种苔藓植物对水分入渗产生促进或阻碍效应因苔藓植物形态及生理特性不同而具有差异性，与苔藓植物假根密度、假根根长、饱和吸水率呈显著负相关($p<0.05$)，与苔藓植物糙率呈显著正相关($p<0.05$)。

(3) 表层覆盖苔藓植物土壤水分入渗过程采用经典入渗模型 Horton 模型更佳，而裸土水分入渗则采用 Philip 模型效果更好。若精度要求不高且为了简便，则可以采用基于 Singh 熵入渗方程的 E-Kostiakov 入渗模型。本次研究短时强降水入渗后覆盖不同苔藓植物的表层土壤显微镜观测图未显示出差异性，所以有必要进一步采用更精密的仪器研究强降水下不同苔藓植物覆盖下土壤表层结构特征的差异性。

第 8 章　基于熵权法 TOPSIS 模型评价苔藓植物的水土保持功能

苔藓植物水土保持功能包含蒸发、入渗、固土等方面内容，但是不同苔藓植物发挥的功能不一，各自具有自身特征和优势。为了综合评价不同苔藓植物水土保持功能效果，采用熵权法 TOPSIS①模型综合评价苔藓植物的水土保持功能效果，为将苔藓植物运用到石漠化治理中提供数据支撑。

8.1　研 究 方 法

8.1.1　熵权法 TOPSIS 模型

1981 年 K.Yoon 和 C.L.Hwang 提出了 TOPSIS 模型，该模型运用于多目标决策中综合评价比较某事件的优劣[239]。熵权法 TOPSIS 模型在综合评价中具有以下优点：

第一，客观合理的赋权法。该模型采用熵权法对指标进行赋权，熵权法权重计算是依据数学理论基础运算而得，具有客观性和严密性，可以有效避免人为等主观因素的影响，从而不同评价维度指标的重要性得到科学、合理的说明[240]。

第二，规避标准值提高评价可靠性。该模型计算权重和最优距离解释根据评价指标的具体数据，规避了传统评价模型中需要选取标准值的局限，使得评价的可靠性增强。另外，通过数学运算进行综合排序，数据样本选取范围广，数据能被充分利用和数据的真实度能被保证，可以对评价对象进行客观真实评价[241]。

第三，适用广泛性。熵权法 TOPSIS 模型对评价的对象、指标和目的都没有严格的限制，不仅在局部评价中适用，也适用于整体评价汇总；不仅在单层评价指标中适用，在多层评价指标中也适用，所以在众多的领域都具有较强的适用性[242]。

熵权法 TOPSIS 评价模型的建立步骤如下：

(1)确定目标序列，由于苔藓植物评价体系中各个指标初始量纲不一致，需要对指标单位初始量纲进行归一化处理，本书采用熵权法对原始数据进行处理，经标准化后得到矩阵 $\boldsymbol{B}$。

$$x_{ij}=\frac{k_{ij}-\min(k_{ij})}{\max(k_{ij})-\min(k_{ij})}\text{(适用于正向指标)} \tag{8-1}$$

① TOPSIS 指逼近理想解排序法(technique for order preference by similarity to ideal solution)。

$$x_{ij}=\frac{\max(k_{ij})-k_{ij}}{\max(k_{ij})-\min(k_{ij})}\text{(适用于负向指标)} \tag{8-2}$$

$$\boldsymbol{B}=\begin{bmatrix} x_{11} & \cdots & x_{1n} \\ \vdots & & \vdots \\ x_{m1} & \cdots & x_{mn} \end{bmatrix}$$

式中，i 为评价指标(i=1,2,3,…,m)；j 为不同苔藓植物(j=1,2,3,…,n)；k_{ij} 为评价指标体系初始值；max(k_{ij})为指标 k_{ij} 的最大值；min(k_{ij})为指标 k_{ij} 的最小值；x_{ij} 为标准化后的值。

(2)熵权法计算权重。首先，对矩阵 $\boldsymbol{B}$ 进行规范化，得到矩阵 f_{ij}，计算公式为

$$f_{ij}=\frac{x_{ij}}{\sum_{j=1}^{n}x_{ij}} \tag{8-3}$$

其次，计算信息熵 e_i:

$$e_i=-\frac{1}{\ln n}\sum_{j=1}^{n}f_{ij}\times\ln f_{ij} \tag{8-4}$$

$$\text{若 } f_{ij}=0\text{，则} \lim f_{ij}\to 0 f_{ij}\times\ln f_{ij}=0$$

最后，计算指标权重 w_i:

$$w_i=\frac{1-e_i}{m-\sum_{i=0}^{m}e_i} \tag{8-5}$$

(3)TOPSIS 模型构建。为确保评价结果的客观性，根据指标权重 w_i 创建规范化分析矩阵 $\boldsymbol{C}$。

$$\boldsymbol{C}=\left|y_{ij}\right|_{m\times n}=\left|w_i\times x_{ij}\right|_{m\times n} \tag{8-6}$$

(4)确定正负理想值。正理想解 Z^+和负理想解 Z^-是第 i 个指标在第 j 种苔藓中的最大值和最小值，具体公式为

$$\begin{aligned} Z^+&=\max\{y_{ij}\} \\ Z^-&=\min\{y_{ij}\} \end{aligned} \tag{8-7}$$

(5)计算距离。选用欧氏距离计算苔藓植物水土保持功能效益评价指标到正负理想的距离，D^+为 i 个评价对象和 Z^+的距离，D^-为 i 个评价对象和 Z^-的距离，具体公式为

$$\begin{aligned} D^+&=\sqrt{\sum_{i=1}^{m}(Z_i^+-y_{ij})^2} \\ D^-&=\sqrt{\sum_{i=1}^{m}(Z_i^--y_{ij})^2} \end{aligned} \tag{8-8}$$

(6)计算相对接近度。C_j 为苔藓植物水土保持功能效益综合评价指数，值越大表示水土保持功能效益越优，计算公式为

$$C_j=\frac{D_j^-}{D_j^++D_j^-} \tag{8-9}$$

根据计算的相对接近度，对各项评价指标依次排序。相对接近度的值越大，说明此项

指标距离与正理想解距离越近，与负理想解距离越远；此指标的排序就越靠前，得到的评价结果也就越好。反之则亦然。

8.1.2 评价指标体系构建的原则

评价指标体系构建的原则有：第一，科学性。科学性是综合评价中构建指标体系的重要原则，需以问题为导向，从众多的指标中选取具有价值的、合理的、可比的指标，且能综合反映被评价效益的主导因素和内在机理。第二，系统性。综合评价是以整体为对象，系统的完整性和全面性应该得以体现，通过指标的构建，能清晰地反映各个层级之间及层级与各个指标之间的关系特征。第三，可持续性。被评价者是处于动态发展变化的过程，在评价指标的构建中需注意评价指标的可持续原则，用发展的观点选择评价指标。第四，非重复性。在综合评价中，需要了解主导因子，评价指标具有典型性和代表性，避免评价指标的重复选取。第五，可操作性。评价指标体系的构建，操作性是必须遵守的原则，确保评价过程顺利实施[243,244]。

8.2 结果与分析

8.2.1 数据选取与分析

依照评价指标体系构建原则，选取上述章节中与苔藓植物水土保持功能相关的指标(表 8-1)，包括保土指标和保水指标两大类。统计采用 Microsoft Excel 2018 软件，熵权法 TOPSIS 模型建立采用 SPSS 25.0 软件完成。

表 8-1 水土保持功能指标

序号	指标类别	评价指标
1	保水指标	苔藓植物蒸腾速率(TR)
2	保水指标	苔藓植物土壤的累积蒸发量(CE)
3	保水指标	苔藓植物土壤水分累积入渗量(CI)
4	保水指标	苔藓植物饱和吸水率(SWR)
5	保土指标	苔藓植物抗冲刷能力(ASA)
6	保土指标	苔藓植物对土壤生理化指标产生积极影响的效果(ISN)

本研究根据指标体系构建原则，苔藓植物的水土保持功能主要包含保水和保土功能。一方面，土壤层作为苔藓植物水分储蓄的主要界面层，其截留和持水能力与苔藓植物影响下土壤的生理化性质有关；另一方面，前人研究表明植被生长后土壤物理性质的变化会导致饱和导水率、土壤持水量、土壤抗冲刷能力和土壤入渗率等指标的变化[245]。无论是保水还是保土功能的研究，均与土壤生理化性质关系密切，所以将苔藓植物改良土壤生理化

指标的效果纳入评价水土保持功能效益指标中。将保土指标之一——苔藓植物对土壤各个酶活性的影响归纳隶属为苔藓植物改良土壤生理化指标的效果这一大类(简称 ISN)，另一个保土指标苔藓植物抗冲刷能力包含同一坡度不同冲刷流速下的抗冲刷强化值和同一冲刷流速不同冲刷坡度下的抗冲刷强化值两大类，将这些具体的指标归纳隶属为苔藓植物抗冲刷能力一大类(简称 ASA)。而保水指标苔藓植物蒸腾速率和饱和吸水率分别反映苔藓植物对土壤水分保持的特征和苔藓植物自身的水分吸收特征，所以为两个不同指标；苔藓植物对水分入渗和蒸发的影响也是反映苔藓植物保水功能的重要指标。由于 ASA 和 ISN 两个指标包含具体的小指标，根据 4.2.2.4 章节综合评价 4 种苔藓植物对石漠化区土壤生理化指标产生积极影响的能力，从大到小排序为：牛舌藓＞蕊形真藓＞大灰藓≈小石藓。4.2.3 章节 4 种苔藓植物抗冲刷能力排序为：蕊形真藓≈大灰藓＞牛舌藓＞小石藓。所以利用双极(Bipolar)区间尺度 3 点标度法进行赋值。ASA 和 ISN 指标区间标度的方法为 1 点(低)、2 点(中)、3 点(高)[246]；此两个指标为定性指标。剩下的 4 个指标 SWR、TR、CE、EI 为定量指标。最后选取 SWR、TR、CI、CE、ASA 和 ISN 共 6 个指标综合评价 4 种苔藓植物在石漠化区的水土保持功能效益，结合 PCA 主成分分析，6 个指标能反映苔藓植物生态修复效益 92.0%的信息。通过这 4 个定量指标、2 个定性指标的量化得到的水土保持功能评价指标样本数据见表 8-2。

表 8-2　苔藓植物水土保持功能评价指标体系样本数据

序号	指标	指标性质		苔藓植物水土保持功能综合评价原始数据			
				大灰藓	小石藓	蕊形真藓	牛舌藓
1	ASA	定性	正指标	3	1	3	2
2	SWR	定量	正指标	1112.78	602.74	1384.93	782.25
3	TR	定量	负指标	146.86	261.36	402.43	360.30
4	ISN	定性	正指标	1	1	2	3
5	CE	定量	负指标	6.057	6.318	8.143	7.383
6	CI	定量	正指标	22.59	26.85	20.31	21.04

8.2.2　数据归一化处理

通过极差法处理原始数据得到归一化后的数据(表 8-3)。

表 8-3　指标体系归一化处理

序号	名称	ASA	SWR	TR	ISN	CE	CI
1	大灰藓	1	0.652	1	0.01	1	0.349
2	小石藓	0.01	0.01	0.552	0.01	0.885	1
3	蕊形真藓	1	1	0.01	0.5	0.01	0.01
4	牛舌藓	0.5	0.229	0.165	1	0.364	0.112

8.2.3 权重计算

根据熵权法计算指标权重，CE、CI、ISN、TR、SWR 和 ASA 在水土保持功能评价中的权重分别为 12.45%、20.25%、24.85%、16.52%、14.59%、11.33%（表 8-4）。

表 8-4 苔藓植物水土保持功能评价指标体系权重（%）

指标	ASA	SWR	TR	ISN	CE	CI
权重系数	11.33	14.59	16.52	24.85	12.45	20.25

8.2.4 综合评价

运用熵权法 TOPSIS 模型对 4 种苔藓植物的水土保持功能进行综合评价（表 8-5）。相对接近度 C 值越大，表示水土保持功能越好。结果显示，相对接近度 C 值最大的是牛舌藓，其次是大灰藓，最小的为蕊形真藓。综合评定水土保持功能优劣排序为：牛舌藓＞大灰藓＞小石藓＞蕊形真藓。根据苔藓植物的实际采样生境，牛舌藓是裸岩地的优势物种，此苔藓植物的生境较其他 3 种苔藓植物更恶劣；大灰藓是林地中的苔藓物种，此苔藓植物在林地中覆盖在土壤表层具有涵养水源及保持水土的功能。因此，牛舌藓和大灰藓在石漠化区水土保持生态修复中更具有应用优势。

表 8-5 4 种苔藓植物水土保持功能评价得分

苔藓名称	正理想解距离 D^+	负理想解距离 D^-	相对接近度 C	排序结果
大灰藓	0.284	0.261	0.479	2
小石藓	0.316	0.245	0.437	3
蕊形真藓	0.312	0.220	0.413	4
牛舌藓	0.271	0.260	0.490	1

8.3 讨 论

熵权法指标权重计算结果表明，苔藓植物对土壤指标的影响权重最大，其次分别是苔藓植物水分入渗速率、蒸腾速率、饱和吸水率、土壤水分蒸发和抗冲刷性。与前人研究表明生物结皮的水土保持功能作用对结皮层土壤性质的影响是具有主导地位保持一致[247]。石漠化脆弱的生态环境必须以蓄水、治土、造林为核心，其实质就是要解决水土保持与植被恢复问题。较丰裕的土壤养分和充足的水分有利于物种繁衍促进生态系统自然恢复以达到保土的效益。石漠化治理原则以顺应自然规律为基础，恢复重建工作中可以适当增加种植植被种源，营造更适宜乔木和灌木生长的小生境，是促进岩溶山区生态系统迅速恢复的有效办法，随着社会环境与地理环境的变化，以退耕还林、补植种草、建植经济作物为主的修复模式植被成活率低、病虫害严重、生态系统稳定性差、生态补偿成本过高等一系列问题逐渐凸显[248]。所以不应局限于“林、灌、草”单一、两者或三者相互组合而成的植被修复模式，基于以上对苔藓植物的水土保持功能研究，可以考虑将苔藓植物作为修复种源，为喀斯特石漠化的治理开辟有效的新途径。

苔藓生物作为栖息于岩石表面或微隙中的微菌落，其代谢物或酶的作用会加速钙化碳酸盐岩的风化。本次研究得出，牛舌藓和大灰藓在石漠化区具有较好的水土保持效益，建议将此两种苔藓植物应用到石漠化区水土保持治理中作为土壤先锋的改造生物，为现有的石漠化治理技术提供新型的补充。牛舌藓和大灰藓不仅是滇中高原石漠化区原生的优势植物，而且它们在滇中石漠化区广泛分布，是地表重要的覆盖植物之一。苔藓植物与不同类型的生境契合度高、抗逆性强，能直接通过特殊的生理结构借助假根系从体表直接吸收水分和养分，生长繁殖改善生境[249]。前人研究人工培育苔藓生物结皮前期成本低，中期培植容易，后期养护方便，生长周期较短且存活率高，耐胁迫能力好、生态价值高、与不同生境的兼容度高[250]。可通过施加有机肥、生物质炭、微生物量碳等人工干预方式，促进地表原生苔藓生物结皮的扩展，增强地表覆盖、改良土壤微生物肥力，与其他生态修复措施相结合，进而恢复已经遭到破坏的石漠化区的生态系统活力[251]。

8.4　小　　结

选取苔藓植物的饱和吸水率(SWR)和蒸腾速率(TR)、苔藓植物土壤的累积蒸发量(CE)、累积入渗量(CI)和抗冲刷能力(ASA)以及苔藓植物对土壤生理生化指标产生积极影响的效果(ISN)这 6 个指标，利用熵权法 TOPSIS 模型综合评价苔藓植物的水土保持功能，6 个指标权重依次为 14.59%、16.52%、12.45%、20.25%、11.33%、24.85%。评价结果表示，牛舌藓和大灰藓在石漠化水土保持中功能较优，建议石漠化生态恢复中可以引入苔藓植物以增加种源达到更好的修复效益。

第 9 章　秸秆混掺对石漠化地区苔藓发育的影响

秸秆作为农田废弃物的一种，国内年产量高达 7 亿多吨，还田后不仅可以作为廉价易获得的农家肥，更可用于土壤理化性质改良，其中秸秆混掺常以增加养分的目的出现在农业生产中，其具有增肥、保水、固土的能力，使得秸秆混掺具有在石漠化地区进行土壤改良的潜力[252-253]。苔藓结皮以其强抗逆性、低维护成本以及与不同类型生境的高契合度，成为治理石漠化恢复生态系统的新选择[254-255]。因此，研究秸秆混掺在苔藓培育过程中对苔藓发育及土壤养分分布的影响，在实践上可为石漠化地区水土流失治理提供新的方案，以土壤养分分布特征、苔藓结皮生长密度及土壤微生物群落特征为媒介，通过设立施加量 1（质量比 0.7%）、施加量 2（1.4%）、施加量 3（2.1%）3 种秸秆施加量水平，A（秸秆粉末）、B（1cm 长秸秆碎屑）、C（2cm 长秸秆段）、D（3cm 长秸秆段）4 种秸秆长度水平共计 12 种秸秆混掺处理，探讨秸秆混掺结合苔藓结皮发育对石漠化地区水土流失治理的潜力。

9.1　供试材料与方法

供试土壤取自云南省石林县西街口镇，取土深度为 0～30cm，土壤为碱性黄褐色石灰土，土壤养分初期含量分别为：硝态氮含量 27.16mg/kg、全氮含量 1.40g/kg、有效磷含量 42.54mg/kg、全磷含量 2.29g/kg、速效钾含量 258mg/kg、全钾含量 3.22g/kg、有机质含量 16.42g/kg，取得的土壤经自然风干、碾碎、去除杂质后，过 2mm 筛后备用。

石林县是云南省昆明市远郊县，地处云南省东部、昆明市东南部，属于滇中高原的中心，其地域范围为：103°10′E～103°41′E，24°30′N～25°03′N，土地面积约 1719km^2，县境内约有三分之二的岩溶地貌，石漠化土地面积占较大比重，约为 286.33km^2，是“云南省岩溶地区石漠化综合治理试点县”[256]。

供试秸秆采用风干后粉碎的小麦秸秆，秸秆混掺设置参照前人试验[95]设置施加量、秸秆长度两种因素共 12 个试验处理，影响因素为设置秸秆长度和施加量，秸秆长度水平分别为过 0.2mm 筛的秸秆粉末、1cm 长秸秆碎屑、2cm 长秸秆段、3cm 长秸秆段，分别用 A、B、C、D 代替，设空白对照均质土为 CK，施加量（质量分数）水平为 0.7%、1.4%、2.1%，具体见表 9-1。试验期间供试入渗肥液的溶质肥料采用元素水溶肥，产自中国农资集团，产品状态为粉剂，水肥入渗试验时，将其溶解入去二氧化碳蒸馏水中制成浓度为 0.2g/L 的肥液备用。

表 9-1　试验处理

处理	秸秆长度水平	秸秆施加量/%
A1	秸秆粉末	0.7
A2	秸秆粉末	1.4
A3	秸秆粉末	2.1
B1	1cm 长秸秆碎屑	0.7
B2	1cm 长秸秆碎屑	1.4
B3	1cm 长秸秆碎屑	2.1
C1	2cm 长秸秆段	0.7
C2	2cm 长秸秆段	1.4
C3	2cm 长秸秆段	2.1
D1	3cm 长秸秆段	0.7
D2	3cm 长秸秆段	1.4
D3	3cm 长秸秆段	2.1

注：表中不同代码代表不同试验处理，共 12 个试验处理，设空白对照均质土为 CK。

9.2　试验设置

9.2.1　入渗淋溶试验

试验装置由供水系统与试验土柱组成，试验土柱材质为高透明亚克力管，其规格为内部直径 6cm，高 30cm，土柱侧端设有进水孔，底部为蜂窝状的底板，以模拟喀斯特石漠化地区水肥漏失的地质条件，土柱外侧由下至上贴有刻度标识，最高刻度数为 30cm，以便观测湿润锋运移距离。供水系统由马氏瓶、橡胶软管、止水夹和铁架台 4 部分组成，马氏瓶为供水装置，负责提供恒定压力水头，在入渗过程中控制肥液的水位，马氏瓶的外侧自下而上贴有刻度标示，以便在水肥入渗过程中观测马氏瓶中的水位读数。试验装置如图 9-1 所示。

装土时，将不同秸秆还田处理的土样按 1.2g/cm^3 的容量，每 5cm 为一层，分层均匀装入土柱，层间用毛刷进行打毛处理，以避免产生结构分层，装填高度为 25cm。

水肥入渗及淋溶均采用一维定水头垂直积水入渗的方法进行，积水高度为 5cm，其中入渗试验设置为根据由密到疏的原则，记录入渗时间分别为 0min、1min、2min、5min、10min、20min、30min、60min、90min、120min、150min、180min、210min 时湿润锋运移距离和马氏瓶水位读数，入渗时间达到 210min 时入渗结束，立即停止对马氏瓶供水，设 0～5cm、5～10cm、10～15cm、15～20cm、20～25cm 五层，用药勺对土柱内土体进行分层取样，取样点间隔距离为 4～5cm，将取出的土样装入铝盒以便后期测定试验数据，所得土样风干两周后，进行速效养分测定。对记录的湿润锋运移距离及累积入渗量进行计算，探讨累积入渗量、湿润锋运移距离随入渗时间的变化规律。淋溶试验的初始时间为淋溶液自土柱底部流出时，自淋溶液渗出开始淋溶共计 5h。

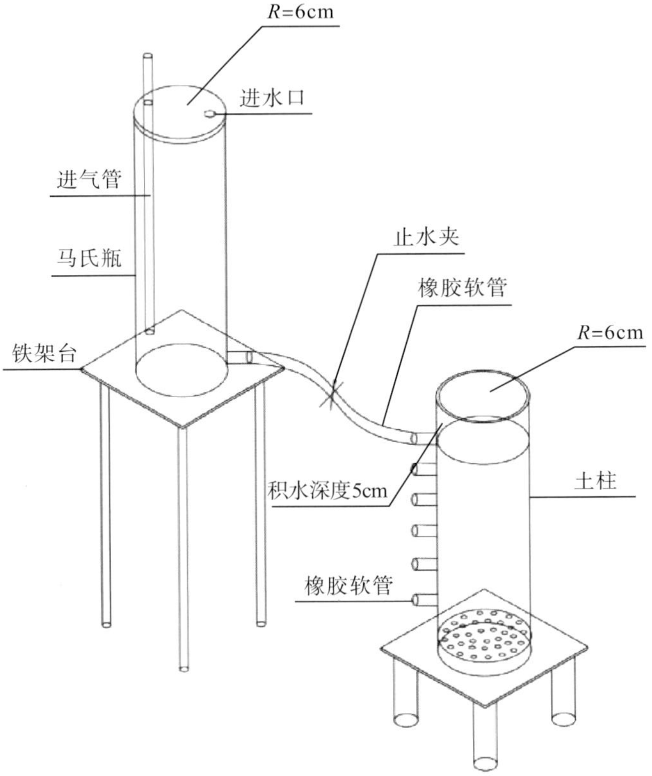

图 9-1 试验装置图

9.2.2 苔藓结皮培育试验

选取石林县野外的丛生真藓(*Bryum caespiticium* Hedw.)作为试验材料，收集研磨后备用，人工气候箱选择上海跃进医疗器械有限责任公司生产的 HQH-H 系列智能型人工气候箱，以云南石林县石漠化地区碱性黄褐色石灰土为试验土样，试验前晒干研磨后过 2mm 筛备用。在培育盒(宽 168mm，高 50mm，底部均匀分布 12 个直径 6mm 的小孔)底部铺上一层纱网，其次将晾干并过 2mm 筛后的基质土施加不同试验处理后装入培育盒，厚度为 40mm，在土表均匀撒播 2g 苔藓研磨后的粉末，而后在人工气候室恒温环境条件下(温度：昼/夜为 20℃/10℃，空气湿度：60%，光照强度 2500lx，光照周期：12h)开展试验，试验初期，每隔 1 天测定表层土壤含水量，试验后期，每隔 4 天测定一次。依据每个处理所测定的含水量，适当调整预定喷水时间，使表层土壤含水量维持在设定范围。整个试验过程中，苔藓结皮生长指标(盖度和密度)每 10 天测定一次，当结皮盖度趋于稳定时试验结束，试验周期为 90 天。

9.2.3 入渗阶段模型拟合

基于 MATLAB R2021b 进行入渗模型拟合，采用 Philip 模型拟合石漠化地区土壤水肥入渗下的水分入渗过程。相关研究表明对于 250min 以内的水分入渗模型拟合，Philip 模型具有较高精度，且对累积入渗量计算的精度要求较高，对参数的灵敏性更强，本试验总入渗时间为 210min，符合公式要求，且进一步提高了对试验参数精度的要求，Philip 模型[257]具体的入渗公式为

$$I(t) = St^{0.5} + A \tag{9-1}$$

对入渗历时 t 求导得

$$i(t) = \frac{1}{2}St^{-0.5} + A \tag{9-2}$$

当入渗时间较短，土壤毛管吸附占主导时，Philip 公式可简化为

$$I(t) = St^{0.5} \tag{9-3}$$

$$i(t) = \frac{1}{2}St^{-0.5} \tag{9-4}$$

式中，$I(t)$ 为累积入渗量，cm；$i(t)$ 为入渗率，cm/min；S 为吸渗率，cm/min$^{0.5}$；A 为稳定入渗率，cm/min。

Philip 入渗模型，对于 250min 以内的水分入渗模型拟合具有较高的精度，且对累积入渗量计算的精度要求较高，其中的吸渗率(S)反映土壤依靠毛管力吸收水分的能力，其大小与土壤结构和空隙状况有关[258-259]。

9.3 结果与分析

9.3.1 秸秆混掺对土壤水分入渗规律的影响

1)秸秆混掺对石漠化地区土壤水分入渗特征的影响

对不同处理下的土柱及空白对照(CK)进行持续时间 210min 的恒定压力水头入渗，由图 9-2 可知，相同秸秆长度、不同秸秆施加量下，湿润锋运移距离及累积入渗量变化曲线随时间推移逐渐减缓上升趋势。

在秸秆长度 A 处理下，随秸秆施加量的增长其湿润锋运移距离与累积入渗量逐渐降低，处理组湿润锋运移距离随时间逐渐减缓增长趋势，在入渗结束时，仅 A1 处理达到 25cm 处，A2、A3 分别为 24.5cm、18.7cm；累积入渗量呈现 CK＞A1＞A2＞A3 的趋势，A1、A2、A3 对比 CK 分别减少了 23.32%、29.38%、46.06%。在秸秆长度 B 处理下，入渗结束时，仅 B3 处理湿润锋运移距离未达到 25cm 处，只有 13.61cm，B2 及 B1 处理在 150min、180min 时达到入渗底部 25cm 处；累积入渗量与秸秆施加量成反比，表现为 CK＞B1＞B2＞B3 的趋势，B1、B2、B3 对比 CK 分别减少了 22.31%、34.44%、50.51%。在秸秆长度 C

处理下，入渗结束时 C2、C3 处理湿润锋运移距离均未达到 25cm 处，且表现为 C2>C3，分别为 21.5cm、16.5cm；累积入渗量与秸秆施加量成反比，表现为 CK>C1>C2>C3 的趋势，C1、C2、C3 对比 CK 分别减少了 5.07%、41.15%、59.32%。在秸秆长度 D 处理下，入渗结束时，各处理湿润锋运移距离均未达到 25cm 处，且表现为随秸秆施加量增长湿润锋运移距离降低的趋势，即 D1>D2>D3；累积入渗量同样与秸秆施加量成反比，表现为 CK>D1>D2>D3，D1、D2、D3 对比 CK 分别减少了 41.86%、51.11%、57.05%。

综上所述，在同一秸秆长度水平下，秸秆施加量与累积入渗量及湿润锋运移距离成反比。

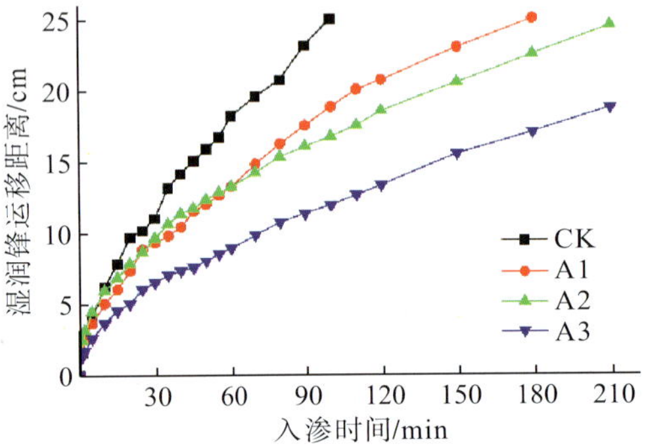

(a) A长度水平下湿润锋运移规律

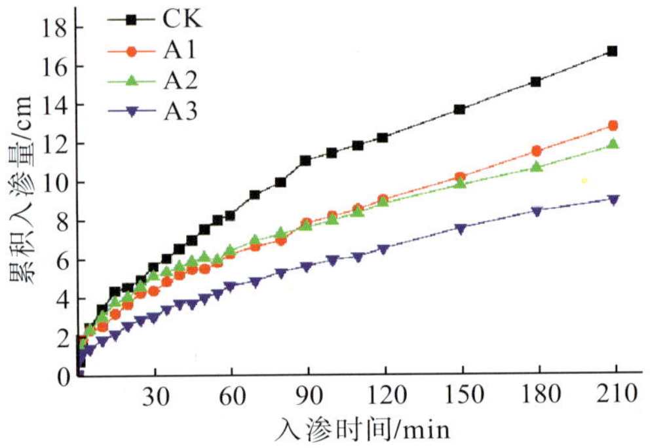

(b) A长度水平下累积入渗量变化规律

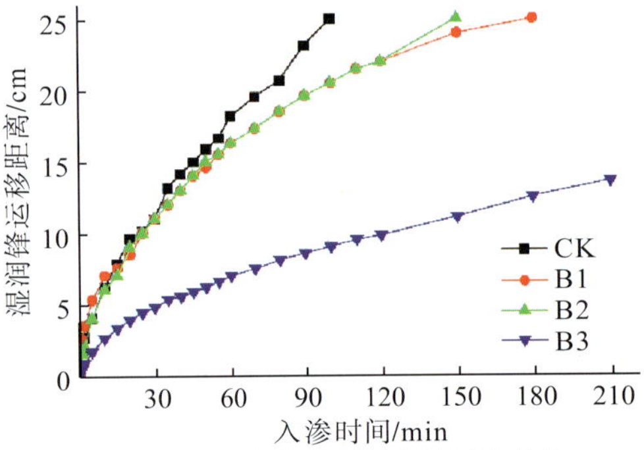

(c) B长度水平下湿润锋运移规律

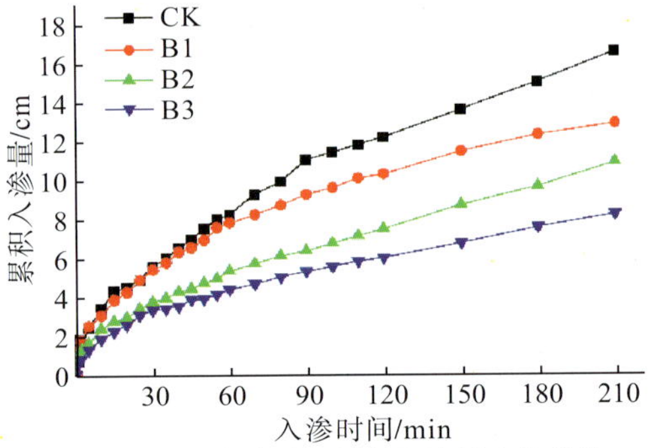

(d) B长度水平下累积入渗量变化规律

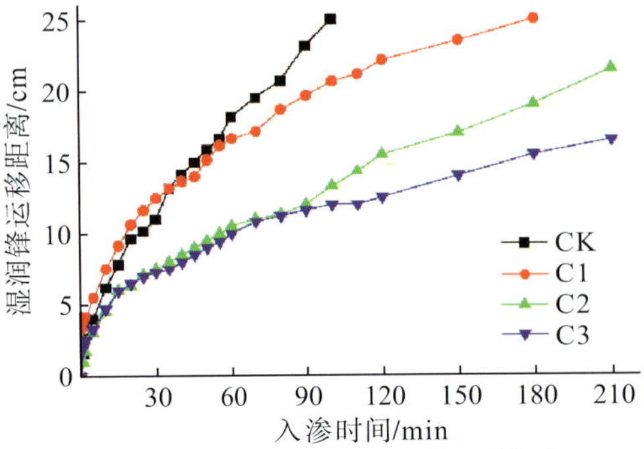

(e) C长度水平下湿润锋运移规律

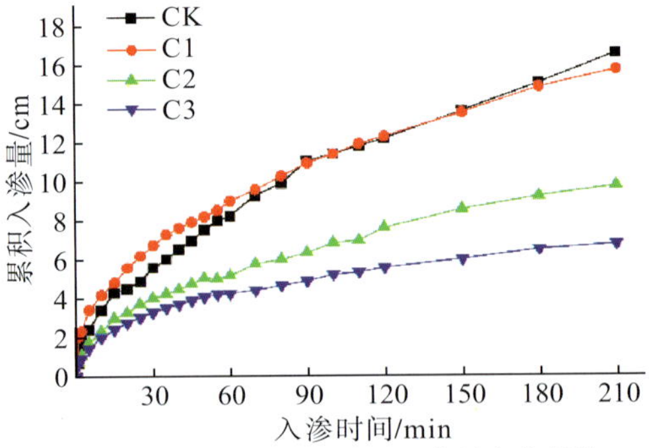

(f) C长度水平下累积入渗量变化规律

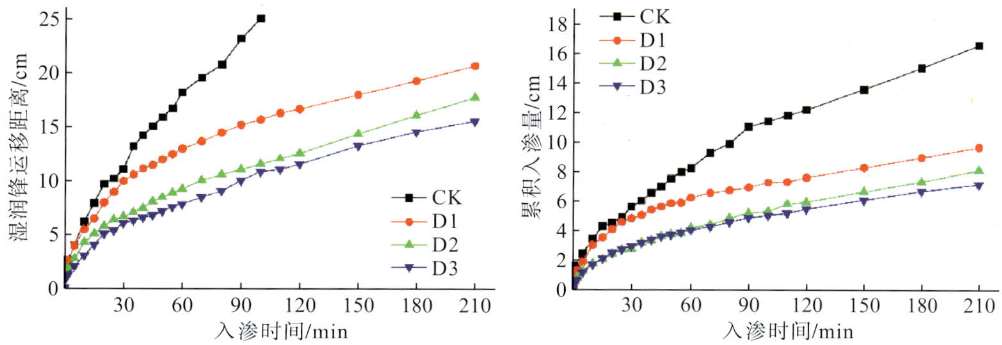

(g) D长度水平下湿润锋运移规律　　(h) D长度水平下累积入渗量变化规律

图 9-2　不同秸秆长度下秸秆施加量对石漠化土壤水分入渗特征的影响

秸秆长度对石漠化地区土壤水分入渗特征的影响如图 9-3 所示，湿润锋随时间运移距离可反映水流在垂直一维入渗过程中的运动特征，累积入渗量随时间的变化趋势可反映土壤水分入渗能力的差异。

在施加量 1 处理下，30min 之前各秸秆长度处理存在湿润锋运移曲线重合的现象，而在入渗中后期，相同入渗时间下，各处理的湿润锋运移距离均低于 CK，如在 90min 时湿润锋运移距离表现为 CK＞C1＞B1＞A1＞D1，在入渗结束时仅 D1 处理湿润锋运移距离未达到 25cm，运移距离为 20.6cm；各处理对比 CK，累积入渗量均减少，呈现出 C1＞B1＞A1＞D1 的趋势，C1、B1、A1、D1 对比 CK 累积入渗量分别降低了 5.07%、22.31%、23.32%、41.86%，其中 A1、B1 为同一水平。在施加量 2 处理下，湿润锋运移曲线及累积入渗量变化曲线差异明显，入渗时间为 100min、150min 时，CK 及 B2 处理的湿润锋运移距离达到 25cm，入渗结束时，其余处理湿润锋运移距离为 A2＞C2＞D2，分别为 24.5cm、21.5cm、17.7cm；对于累积入渗量，各处理对比对照组均减少，呈现出 A2＞B2＞C2＞D2 的趋势，A2、B2、C2、D2 对比 CK 累积入渗量分别降低了 29.38%、34.44%、41.15%、51.11%。在施加量 3 处理下，各处理在入渗结束时均未达到 25cm 处，湿润锋运移距离为 A3＞C3＞D3＞B3，分别为 18.7cm、16.5cm、15.5cm、13.61cm；对于累积入渗量，各处理对比对照组均减少，呈现出 A3＞B3＞D3＞C3，对比 CK 分别降低了 46.05%、50.51%、57.05%、59.32%。

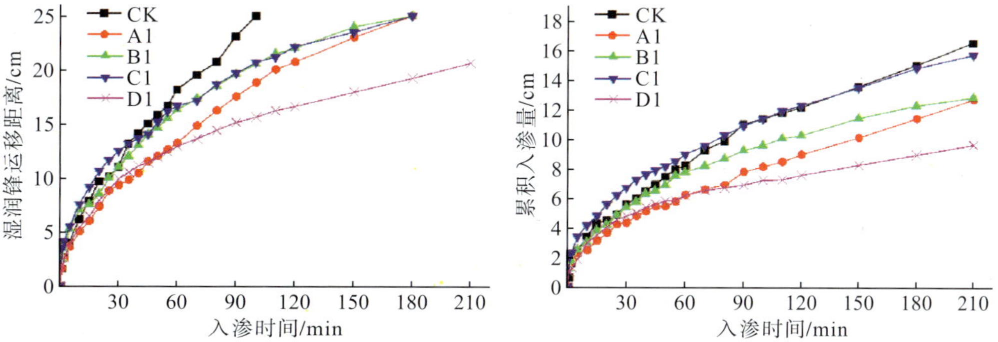

(a) 施加量1水平下湿润锋运移规律　　(b) 施加量1水平下累积入渗量变化规律

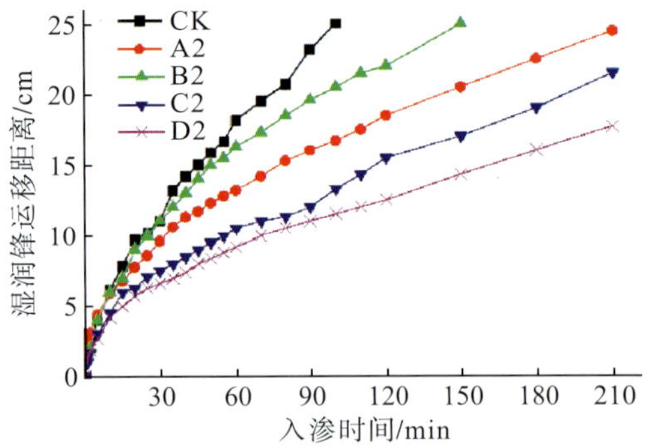

(c) 施加量2水平下湿润锋运移规律

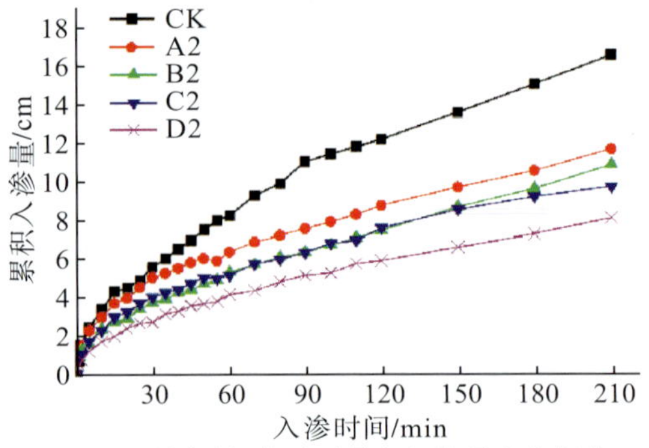

(d) 施加量2水平下累积入渗量变化规律

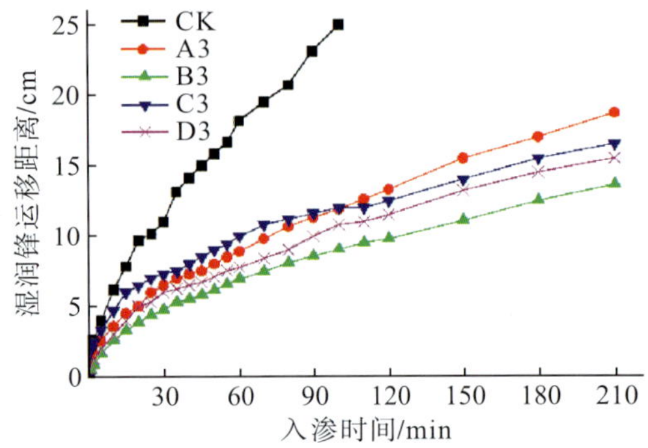

(e) 施加量3水平下湿润锋运移规律

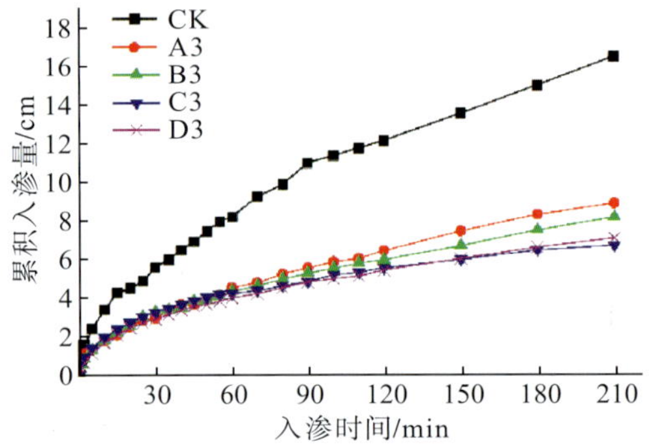

(f) 施加量3水平下累积入渗量变化规律

图 9-3 不同秸秆施加量下秸秆长度对石漠化土壤水分入渗特征的影响

由此可知，当土壤中添加秸秆后，累积入渗量与湿润锋运移距离较对照组降低，其中在施加量 1 和 2 处理下，秸秆长度 D 处理对湿润锋运移距离及累积入渗量较对照组降低最多，并随施加量增加而降低，最多降低 51.11%。

2) 湿润锋运移距离与累积入渗量之间的关系

秸秆混掺下各处理湿润锋运移距离与累积入渗量的拟合方程符合线性关系，决定系数 R^2 介于 0.9908～0.9981，拟合表达式为

$$I = aS + b \tag{9-5}$$

式中，I 为累积入渗量，cm；S 为湿润锋推进距离，cm；a、b 为拟合参数。

不同秸秆处理下湿润锋推进距离与累积入渗量之间的拟合方程及相关系数，如表 9-2 所示。

表 9-2 湿润锋推进距离与累积入渗量关系拟合方程

处理方式	$I=aS+b$	R^2
CK	$y = 0.4532x + 0.2922$	0.9945
A1	$y = 0.4139x + 0.5427$	0.9937
A2	$y = 0.4625x + 0.2566$	0.9970

续表

处理方式	$I=aS+b$	R^2
A3	$y = 0.4779x + 0.0957$	0.9981
B1	$y = 0.4726x + 0.049$	0.9978
B2	$y = 0.3158x + 0.2607$	0.9908
B3	$y = 0.5813x + 0.3037$	0.9981
C1	$y = 0.5673x - 0.1837$	0.9947
C2	$y = 0.469x + 0.3474$	0.9920
C3	$y = 0.4244x + 0.0312$	0.9912
D1	$y = 0.4484x + 0.2952$	0.9949
D2	$y = 0.472x - 0.204$	0.9964
D3	$y = 0.4532x + 0.249$	0.9926

3）秸秆混掺对 Philip 入渗模型的适应性

由表 9-3 可知，Philip 入渗模型决定系数 R^2 均在 0.99 以上，拟合程度高，可以很好地描述土壤添加秸秆后的入渗过程。由表 9-4 可知，秸秆长度各水平之间具有极显著差异（$p<0.001$），秸秆施加量处理各水平之间具有极显著差异（$p<0.001$），秸秆长度与秸秆施加量的交互效应也有极显著差异（$p<0.001$）。

表 9-3　Philip 入渗模型拟合参数

试验处理	土壤吸渗率 S	R^2
CK	0.9510	0.9955
A1	0.7557	0.9912
A2	0.9200	0.9932
A3	0.5273	0.9966
B1	1.0647	0.9973
B2	0.6236	0.9950
B3	0.5711	0.9976
C1	1.2897	0.9941
C2	0.7224	0.9965
C3	0.6592	0.9973
D1	0.9694	0.9930
D2	0.5008	0.9985
D3	0.5702	0.9956

表 9-4　秸秆长度与施加量处理下吸渗率方差分析表

变异源	SS（平方和）	df（自由度）	MS（均方）	F	p
秸秆长度	0.214	3	0.071	115.416	<0.001
秸秆施加量	1.260	2	0.630	1019.263	<0.001
秸秆长度×秸秆施加量	0.522	6	0.087	140.749	<0.001

续表

变异源	SS(平方和)	df(自由度)	MS(均方)	*F*	*p*
误差	0.016	26	0.001		
修正后总计	2.107	38			

注：R^2 =0.992。

相同秸秆长度水平下不同秸秆施加量处理的石漠化土壤水分吸渗率如表 9-5 所示，秸秆长度 A 水平下，随秸秆施加量的增加，吸渗率呈先上升后降低的趋势，各处理吸渗率大小表现为 CK＞A2＞A1＞A3，A2、A1、A3 对比 CK 分别降低 3.26%、20.54%、44.55%，其中 A2 与空白对照 CK 为同一水平；秸秆长度 B 水平下，随秸秆施加量的增加，各处理吸渗率大小表现为 B1＞CK＞B2＞B3，各处理间差异显著，B1 对比 CK 增加 11.96%，B2、B3 对比 CK 分别降低 34.43%、39.95%；秸秆长度 C 水平下，各处理吸渗率大小表现为 C1＞CK＞C2＞C3，C1 对比 CK 增加 35.62%，C2、C3 对比 CK 分别降低 24.04%、30.68%，其中 C2、C3 为同一水平；秸秆长度 D 水平下，各处理吸渗率大小表现为 D1＞CK＞D2＞D3，D1 对比 CK 提高 1.93%，D2、D3 对比 CK 分别降低 47.21%、40.04%，其中 D1、CK 为同一水平。由此可得，秸秆施加量处理下吸渗率变化规律表现为在多数情况下都表现为随施加量增长，吸渗率同比降低的趋势。此外，A 秸秆长度水平较为独特，其在随施加量增长中呈先上升后降低的独特规律，而 D 秸秆长度处理在施加量 2 后降幅趋缓，对比施加量 2，施加量 3 仅降低 13.55%。

表 9-5　相同秸秆长度水平下不同秸秆施加量处理下的吸渗率

秸秆长度	施加量 1	施加量 2	施加量 3	CK
A	0.7557±0.0178b	0.9200±0.0181a	0.5273±0.0164c	0.951±0.0376a
B	1.0647±0.0184a	0.6236±0.0172c	0.5711±0.0164d	0.951±0.0376b
C	1.2897±0.0554a	0.7224±0.0172c	0.6592±0.0165c	0.951±0.0376b
D	0.9694±0.0178a	0.5020±0.0159c	0.5702±0.0257b	0.951±0.0376a

注：表中数据为平均值±标准差；表中不同小写字母代表相同秸秆长度水平下不同秸秆施加量水平及 CK 的 *S* 值之间差异显著（$p<0.05$）。

相同施加量水平下不同秸秆长度处理的石漠化土壤水分吸渗率 *S* 如表 9-6 所示，在施加量 1 处理下，各处理吸渗率大小表现为 C1＞B1＞D1＞CK＞A1，对比 CK，C1、B1、D1 分别提高 35.62%、11.96%、1.93%，A1 降低 20.54%，其中 D1 处理与 CK 为同一水平；在施加量 2 处理下，各处理吸渗率大小表现为 CK＞A2＞C2＞B2＞D2，对比 CK，A2、C2、B2、D2 分别降低 3.26%、24.04%、34.43%、47.21%，其中 A2 与 CK 为同一水平；在施加量 3 处理下，各处理吸渗率大小表现为 CK＞C3＞B3＞D3＞A3，对比 CK，C3、B3、D3、A3 分别降低 30.68%、39.95%、40.04%、44.55%，其中 A3、B3、D3 处理为同一水平。综上所述，D 长度秸秆处理在多数情况下，吸渗率低于其他处理，而在施加量 3 下，A3、B3、D3 三种处理吸渗率 *S* 为同一水平。

表 9-6　相同秸秆施加量水平下不同秸秆长度处理的吸渗率

秸秆长度	施加量 1	施加量 2	施加量 3
A	0.7557±0.0178D	0.9200±0.0181A	0.5273±0.0164C
B	1.0647±0.0184B	0.6236±0.0172C	0.5711±0.0164C
C	1.2897±0.0554A	0.7224±0.0172B	0.6592±0.0165B
D	0.9694±0.0178C	0.5020±0.0159D	0.5702±0.0257C
CK	0.9510±0.0376C	0.9510±0.0376A	0.9510±0.0376A

注：表中数据为平均值±标准差；表中垂直一列含有不同大写字母代表相同秸秆施加量水平下不同秸秆长度水平及 CK 的 S 值之间差异显著($p<0.05$)。

试验表明，秸秆混掺在水肥入渗中对土壤水分下渗起阻滞作用，对比 CK，湿润锋运移距离与累积入渗量均降低。其中秸秆施加量与累积入渗量及湿润锋运移距离均成反比，随施加量增加，两者均降低，这一趋势与齐江涛等的试验结果不谋而合[260]，究其原因，秸秆混掺下秸秆施加量的上升，降低了土壤孔隙度，阻碍了水分入渗，使湿润锋与入渗量都相应降低。而秸秆长度对累积入渗量与湿润锋运移距离的影响各有差异，但其中 D 长度秸秆处理对水分下渗抑制最为明显，各施加量下累积入渗量对比 CK 最高降低 41.86%、51.11%、57.05%，这一现象与前人[261]的研究结论一致，究其原因，长秸秆对比其他秸秆长度处理占据更大空间，阻断了土壤水分流通的毛管孔隙，减少了水分下渗通道，使得累积入渗量与湿润锋运移距离同步降低[260]。此外，在施加量 1 水平下 A、B、C 秸秆长度处理均在 180min 时湿润锋运移距离达到 25cm，且其中 A1、B1 处理的累积入渗量为同一水平，表明秸秆粉末及秸秆碎屑的微量加入对累积入渗量影响不大。

在对秸秆混掺的水肥入渗过程的模拟试验中，Philip 入渗模型决定系数 R^2 均在 0.99 以上，拟合程度高，可以很好地描述土壤添加秸秆后的入渗过程。在 210min 的入渗时间内，入渗主要受毛管力和重力的共同作用，对于 Philip 入渗模型，其中的吸渗率(S)反映土壤依靠毛管力吸收水分的能力，其大小与土壤结构与孔隙状况有关，可在本试验中描述秸秆混掺对土壤孔隙的影响[262,263]。对于秸秆施加量处理，施加量 1 显著提升了 B、C、D 的吸渗率，有助于水分入渗，对比 CK 分别增长了 11.99%、35.65%、1.89%，随着施加量增加，各处理组吸渗率均降低，说明毛管力对土壤中水分的吸收能力减弱，分析原因可能是随着秸秆施加量的增加，土壤结构紧密，孔隙减少，从而导致毛管吸水对水的吸渗效果减弱[263-265]。对于秸秆长度处理，吸渗率 S 的响应各有差异，而其中 D 秸秆长度水平在多数情况下，都表现出降低吸渗率的趋势，究其原因，D 秸秆长度为 3cm 长秸秆段，对比其余长度处理在同样施加量下有更大体积，对土壤孔隙影响更显著。

9.3.2　水肥入渗下秸秆混掺对土壤速效养分分布特征的影响

1)秸秆混掺对土壤硝态氮分布的影响

相同秸秆长度水平下，不同秸秆施加量对水肥入渗时不同土层深度土壤硝态氮分布特征的影响如图 9-4 所示，其中 CK 呈先降低后上升的趋势，硝态氮含量自 0～5cm 处

65.50mg/kg 开始，在 10～15cm 处降至最低 49.21mg/kg，随后在 20～25cm 处升至最高 74.85mg/kg。A 长度水平下各施加量处理在湿润锋运移范围内硝态氮含量随土层深度增加均呈先降低后升高的趋势，在各土层深度下硝态氮含量均表现为 A1＞A2＞A3，同土层深度 A 长度水平下极大值与极小值的差值可达 47.55mg/kg，组内对比 CK 最高上升 33.19%(15cm 处)，最高降低 63.71%(25cm 处)，且在 15cm 处各处理硝态氮含量均高于 CK，施加量的增长还减缓了 5～10cm 区间硝态氮变动的幅度，表现为线条更平缓。B 长度水平下，随土层深度增加，B1、B2 硝态氮含量呈先降低后升高的趋势，B3 则持续增长至 15cm 处后降低至土壤本底值，B 水平处理下仅 B3 在 15cm 处硝态氮含量高于 CK11.86%，且在 10～15cm 范围内 B3 处理硝态氮高于 B1、B2，施加量的增长使得 5～10cm 范围内硝态氮含量变动幅度降低。C 长度水平下，随土层深度增加，C2、C3 硝态氮含量呈先增长后在湿润锋附近降低的趋势，仅 C1 与 CK 相同呈先降低后升高的趋势，各土层深度下 C 长度水平处理硝态氮含量大都低于 CK，仅 C3 处理在 10cm、15cm、20cm 处均高于 CK，且在 15cm 处对比 C1、C2 差距最大，对比 CK 提高了 44.7%，施加量的增长亦使得 5～10cm 范围内硝态氮变动幅度降低。D 长度水平下，随土层深度增加，D2、D3 呈先缓慢增长后降低的趋势，D1 则呈先降低后缓慢升高的趋势，但各处理在各土层内均有部分深度土层硝态氮高于 CK，且在 15cm 处这一现象更加显著，此外施加量的增长

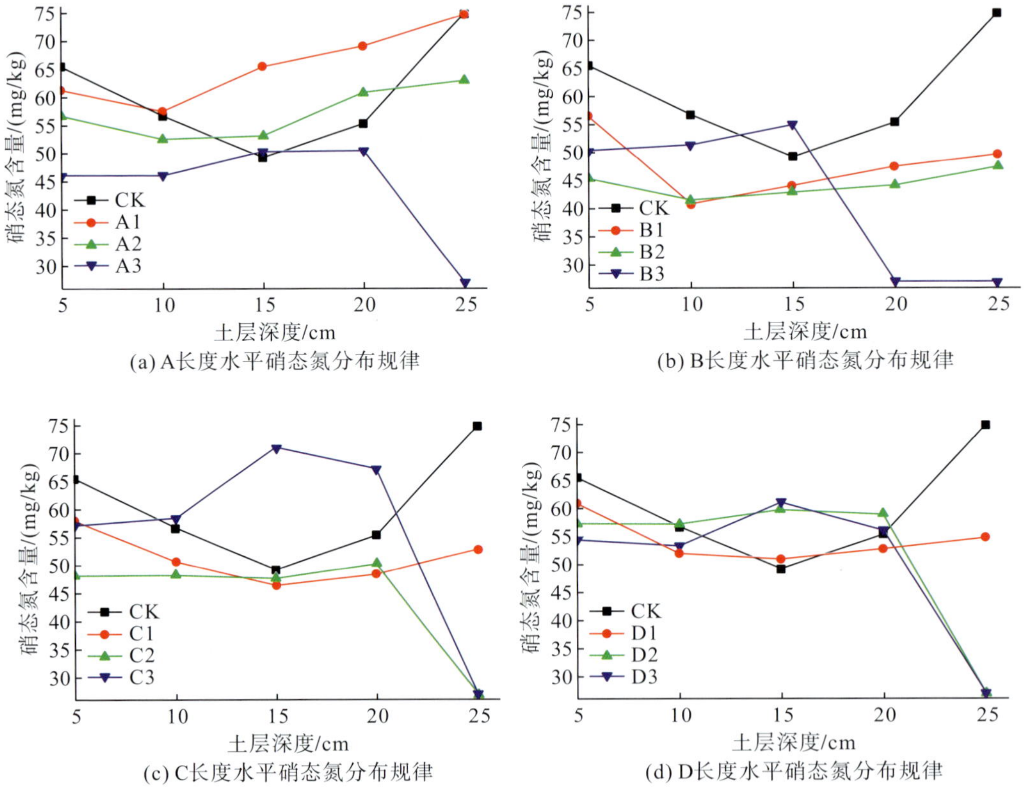

图 9-4 相同秸秆长度下秸秆施加量对水肥入渗时不同深度土壤硝态氮分布特征的影响

亦使得 5～10cm 范围内硝态氮变动幅度降低。综上所述，各处理在湿润锋到达的范围内其硝态氮含量，大都随土层深度增加呈先降低后上升的趋势，施加量的增长减弱了这一趋势，B、C、D 长度秸秆水平下，各土层硝态氮含量随施加量增长而增加，且施加量的增长提高了土层中部 15cm 的硝态氮含量，硝态氮集中在土壤表层 5cm 处及湿润锋底端。值得一提的是，A 长度秸秆水平下施加量与各土层硝态氮含量成反比，但对比 CK 土层中部即 15cm 处硝态氮含量均有所提高，此外施加量的增长使得 5～10cm 范围内硝态氮变动幅度降低。

相同秸秆施加量水平下不同秸秆长度对水肥入渗时不同土层深度土壤硝态氮分布特征的影响如图 9-5 所示。施加量 1 水平下，随土层深度增加各处理硝态氮含量均表现出先降低后升高的趋势，各土层深度下土壤硝态氮含量均表现为 A1＞D1＞C1＞B1，施加量 1 水平下仅 A1、D1 在个别土层深度下硝态氮含量高于 CK，D1 在 15cm 处对比 CK 提高 3.74%，A1 在 10～20cm 范围内对比 CK 最高提升 33.19%。施加量 2 水平下，各处理土壤硝态氮含量在 5～15cm 范围内变动幅度较小且均表现为 D2＞A2＞C2＞B2 的趋势，而后在 20cm 处发生转折，A2、B2 持续增长，C2、D2 则降低至本底值，各处理硝态氮含量仅 A2 和 D2 分别在 15～20cm、10～20cm 范围内高于 CK，对比 CK，各处理中 D2 在 15cm 处硝态氮含量提升最大，提高了 21.66%。施加量 3 水平下，

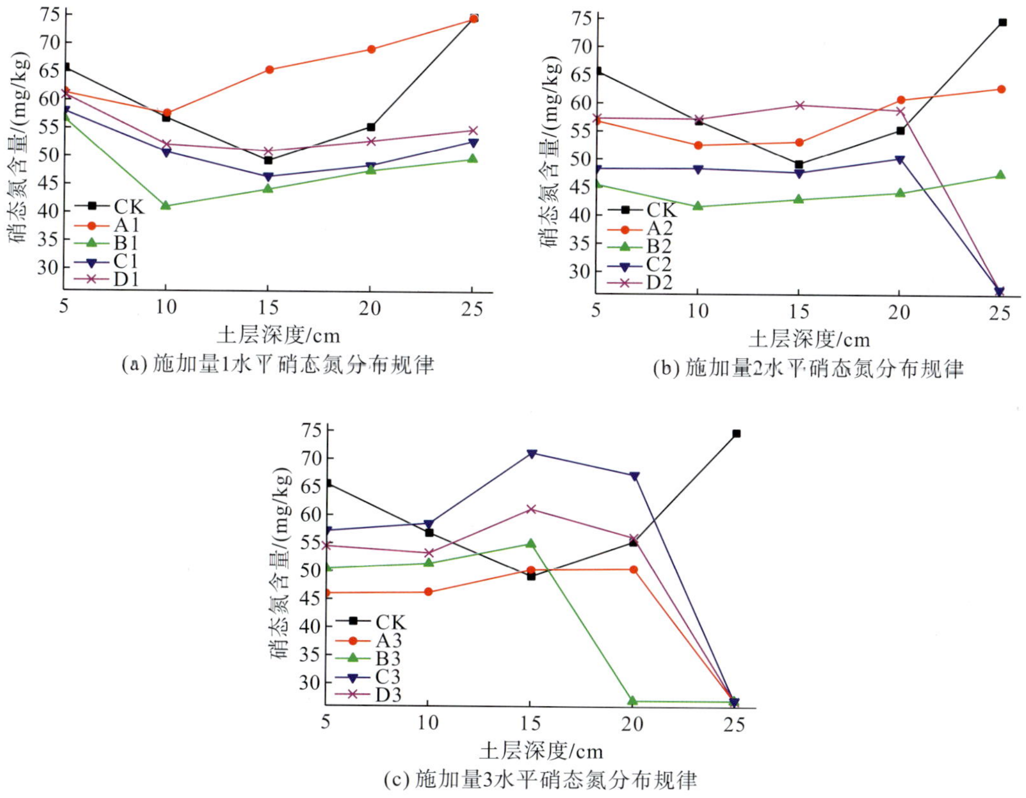

(a) 施加量1水平硝态氮分布规律

(b) 施加量2水平硝态氮分布规律

(c) 施加量3水平硝态氮分布规律

图 9-5　不同秸秆施加量下秸秆长度对水肥入渗时不同土层深度土壤硝态氮分布特征的影响

随土层深度增加各处理土壤硝态氮含量均表现为先逐渐增长后降低的趋势，且在 5～15cm 范围内各土层硝态氮含量大小表现为 C3＞D3＞B3＞A3 的趋势，各处理在 15cm 处硝态氮含量均高于 CK，其中 C3 表现最为突出，对比 CK 提高了 44.7%，同深度下 A3 提升最低(2.53%)。综上所述，秸秆长度对硝态氮分布规律的影响各有差异，但 A、D 长度秸秆在不同施加量下对比 CK 均提高了土层中部 15cm 处的硝态氮含量。

2) 秸秆混掺对土壤有效磷分布的影响

相同秸秆长度水平下不同秸秆施加量对水肥入渗时不同土层深度土壤有效磷分布特征的影响如图 9-6 所示，其中 CK 呈先降低后上升的趋势，有效磷含量自 5cm 处 122.84mg/kg 开始逐渐降低，在 15cm 处降至最低值 60.48mg/kg，而后逐渐上升。A 长度水平下，各施加量处理在湿润锋运移范围内有效磷含量随土层深度增加呈不同趋势，A1、A2 处理呈先降低后升高的趋势，而 A3 处理随土层深度增加有效磷含量呈波动式下降，各土层深度下土壤有效磷含量均表现为 A1＞A2＞A3，但其中仅 A1 处理在 15cm 及 20cm 处有效磷含量高于 CK，对比 CK 增长 14.09～33.61mg/kg。B 长度水平下，各处理仅 B1 随土层深度增加呈先降低后升高的趋势，且曲线平缓，其余 B 水平处理表现为随土层深度增加逐渐降低的趋势，在 5～15cm 范围内各土层深度下土壤有效磷含量均表现为 B3＞B2＞B1，但各处理中仅 B3 在 15cm 处高于 CK 4.88mg/kg。C 长度水平下，各处理仅 C1 处理随土层深度增加有效磷含量呈先降低后上升的趋势，其余处理均表现为随土层深度增加有效磷含量逐渐降低，在 25cm 处达到本底值，这与肥液入渗未达到土壤底部有关，C 水平下 C3 处理土壤有效磷含量在湿润锋运移范围内各土层深度下均显著高于其余处理，且在 15cm、20cm 土层深度下高于 CK 处理。D 长度水平下，各处理都呈随土层深度增加土壤有效磷逐渐降低的趋势，在土层深度 25cm 处 D2、D3 均降低至土壤本底值，这与肥液入渗过程中湿润锋运移距离有关，D2、D3 处理趋势相同，均表现为降低至 10cm 处升高，在 15cm 处继续降低直至本底值，其中部分有效磷含量变化曲线出现重合的现象，这表明在 D 处理下施加量增长在 D2 至 D3 区间对土壤有效磷含量影响变动不大，但对比 CK 均提高了 15cm 处有效磷含量。

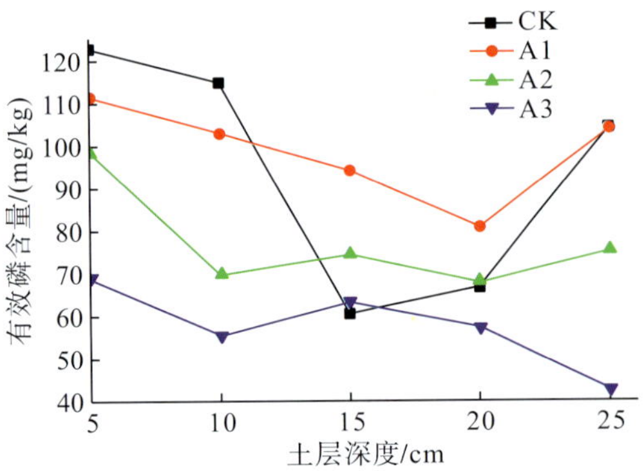

(a) A长度水平有效磷分布规律

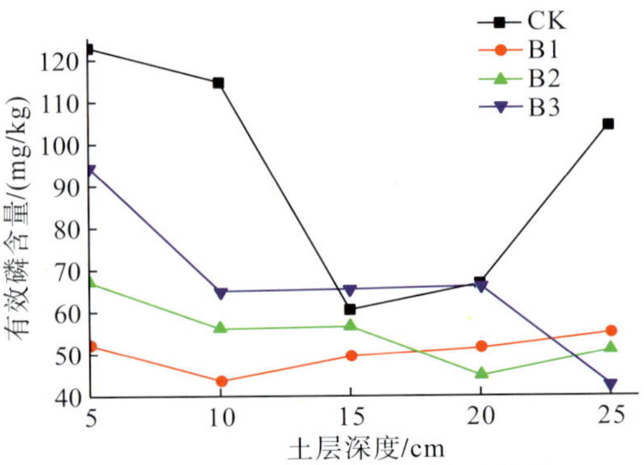

(b) B长度水平有效磷分布规律

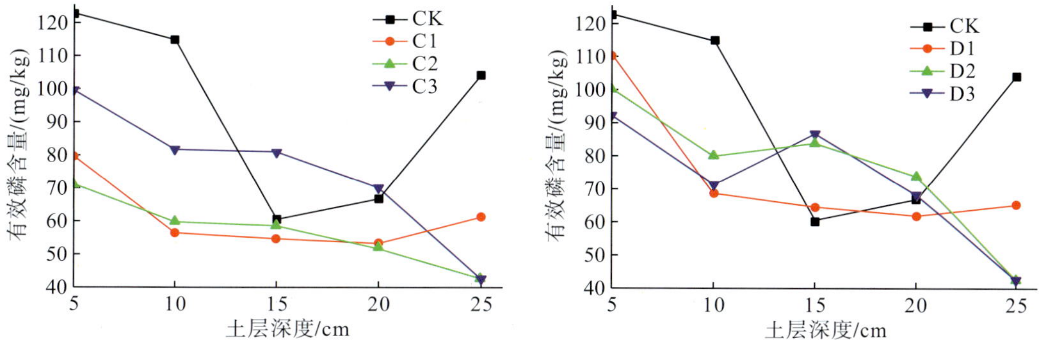

(c) C长度水平有效磷分布规律 (d) D长度水平有效磷分布规律

图 9-6 相同秸秆长度下秸秆施加量对水肥入渗时不同土层深度土壤有效磷分布特征的影响

不同秸秆长度下秸秆施加量对水肥入渗时不同土层深度土壤有效磷分布特征的影响如图 9-7 所示。施加量 1 水平下，各土层深度下土壤有效磷含量均表现为 A1＞D1＞C1＞B1，组内差值最大值出现在 10cm 处，A1 对比 B1 提高 59.32mg/kg。施加量 2 水平下，D2 处理在 5～20cm 范围内均高于其余处理组，且在此范围内各处理组有效磷含量表现为 D2＞A2＞C2＞B2，施加量 2 水平下，土壤有效

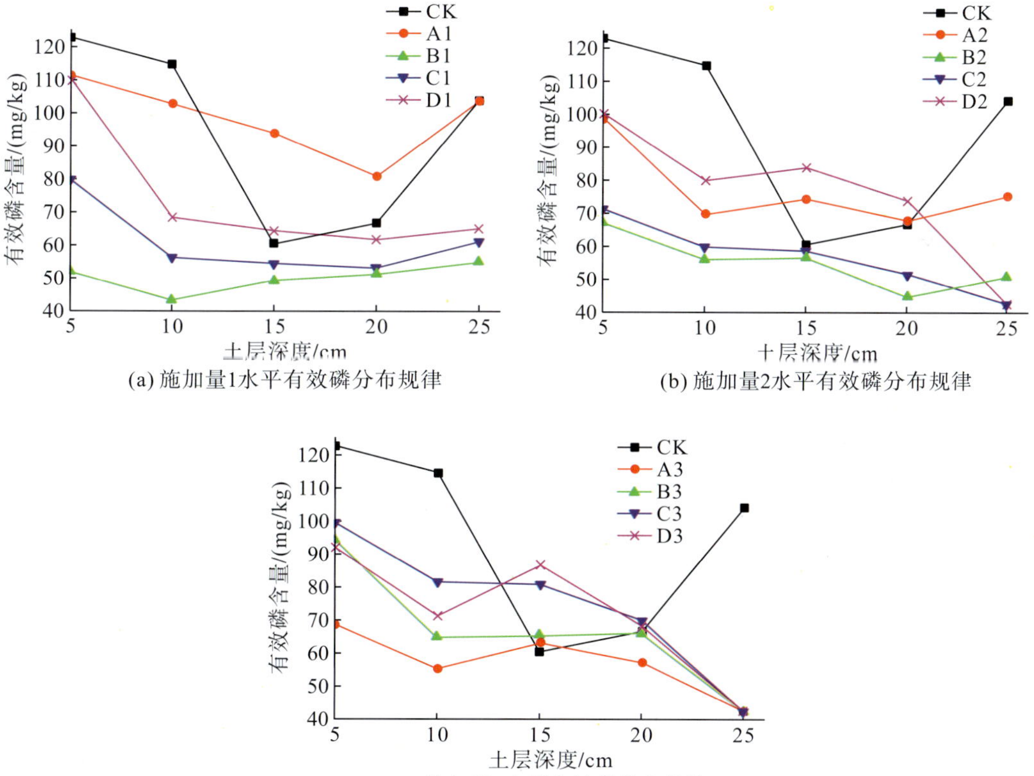

(a) 施加量1水平有效磷分布规律 (b) 施加量2水平有效磷分布规律

(c) 施加量3水平有效磷分布规律

图 9-7 不同秸秆施加量下秸秆长度对水肥入渗时不同土层深度土壤有效磷分布特征的影响

磷含量仅 D2、A2 在 15～20cm 范围内高于 CK，在 15cm 处提升最大，D2、A2 对比 CK 提升 13.87～23.35mg/kg。施加量 3 水平下，各处理在 15cm 处土壤有效磷均高于 CK 处理，且表现为 D3＞C3＞B3＞A3，对比 CK 分别提高了 26.29mg/kg、20.42mg/kg、4.88mg/kg、2.7mg/kg。在不同施加量下，秸秆长度对土壤有效磷含量影响各有差异，但其中 D 处理对比秸秆长度 B、C 处理均表现为提高，在施加量 2 水平下，达到组内最大差异(28.99mg/kg)。

3）秸秆混掺对土壤速效钾分布的影响

不同秸秆长度水平下秸秆施加量处理对水肥入渗下不同土层深度土壤速效钾含量分布特征的影响如图 9-8 所示，其中 CK 表现为随土层深度增加速效钾含量缓慢降低的趋势，自 339mg/kg 降低至 258mg/kg。在 A 长度处理下，各处理组土壤速效钾随土层深度增加呈缓慢降低的趋势，而在湿润锋运移范围内，各土层速效钾均表现为 A3＞A2＞A1，对比 CK 各处理中 A3 在 20cm 处提升最高，速效钾含量差值为 261mg/kg，同比增长可达 101.16%，其余处理中 A1 处理与 CK 差异不仅不显著且在同一水平，速效钾含量分布曲线几乎重合。在 B 长度水平下，随土层深度增加速效钾含量逐渐降低，湿润锋运移范围内各土层速效钾含量均表现为 B3＞B2＞B1＞CK，各处理中 B3 较 CK 提升最大，速效钾含量提高 176.84～212.07mg/kg，B2 较 CK 提升 123.92～163.37mg/kg，B1 较 CK 降低 11.54～66.16mg/kg。在 C 长度水平下，各处理随土层深度增加速效钾含量逐渐降低，其中 C1 处理在 10～25cm 范围内与 CK 速效钾为同一水平，C1、C2、C3 组间差异较大，但在湿润锋运移范围内不同土层下土壤速效钾均表现为 C3＞C2＞C1，对比 CK、C3 在 20cm 处提升最高，土壤速效钾较 CK 提升 349.21mg/kg。在 D 长度水平下，各处理随土壤深度增加土壤速效钾逐渐降低，在湿润锋运移范围内各土层速效钾含量均表现为 D2＞D3＞D1，其中对比 CK 提升最高的处理为 20cm 处的 D2 处理。各处理中施加量对各秸秆长度处理下速效钾分布均有不同影响，其中在施加量 1 处理下各处理对比 CK 差异不大，个别长度水平下施加量 1 处理与 CK 为同一水平，而施加量 2、3 显著高于 CK 及施加量 1 处理，总而言之，施加量的提升显著提高了水肥入渗下土壤速效钾含量，但微量施加并不能得到显著提升。

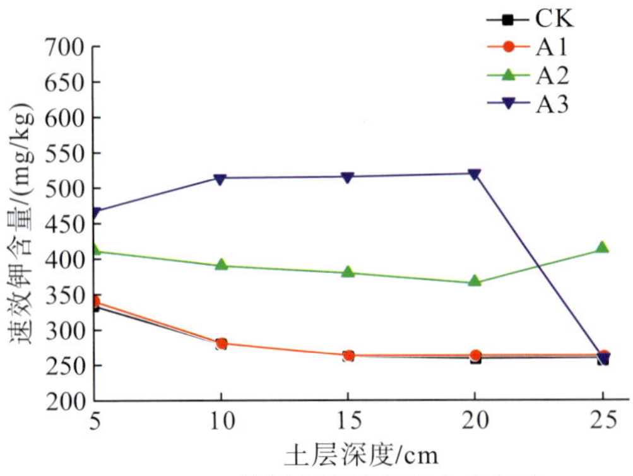

(a) A长度水平速效钾分布规律

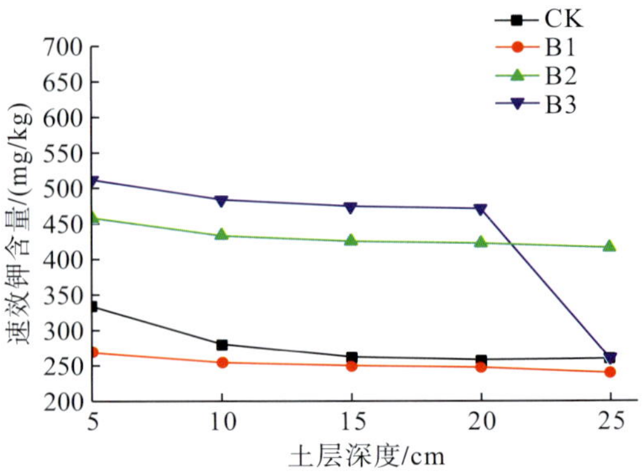

(b) B长度水平速效钾分布规律

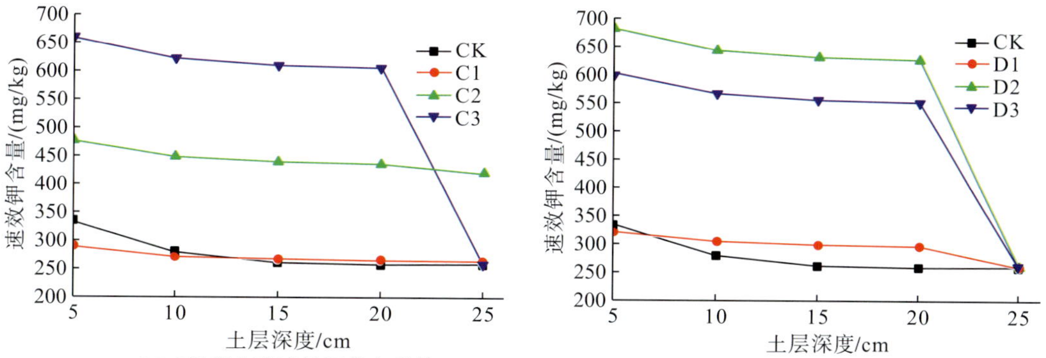

(c) C长度水平速效钾分布规律　(d) D长度水平速效钾分布规律

图 9-8　不同秸秆长度下秸秆施加量对水肥入渗下不同土层深度土壤速效钾分布特征的影响

相同秸秆施加量下不同秸秆长度对水肥入渗下土壤速效钾分布特征的影响如图 9-9 所示，CK 处理速效钾分布规律同图 9-8 所述，在施加量 1 水平下，各长度处理下土壤速效钾含量随土层深度增加逐渐降低，组内差异不大，个别处理在一些土层深度下与 CK 为同一水平，但其中 D1 处理在 10～20cm 处仍显著高于其余处理及 CK。在施加量 2 水平下，各处理在湿润锋运移范围内显著高于 CK，且在不同土层深度下表现为 D2＞C2＞B2＞A2。

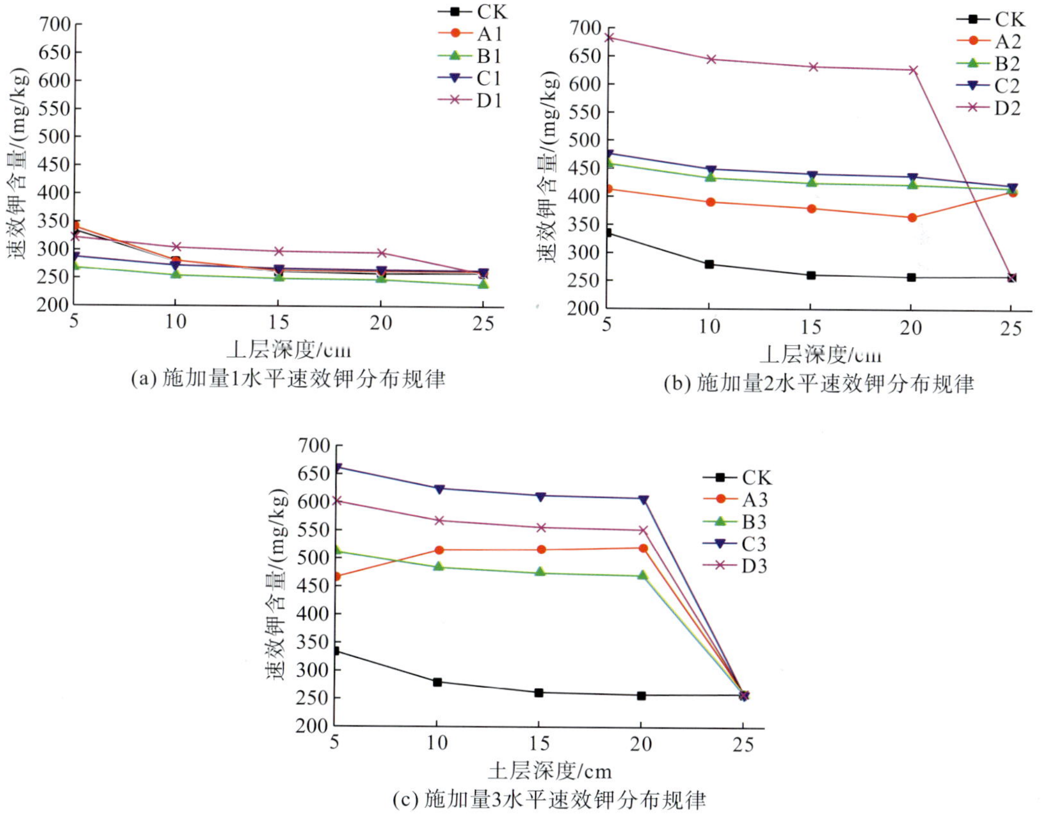

(a) 施加量1水平速效钾分布规律　(b) 施加量2水平速效钾分布规律

(c) 施加量3水平速效钾分布规律

图 9-9　相同秸秆施加量下秸秆长度对水肥入渗下土壤速效钾分布特征的影响

在施加量 3 水平下，各处理随土层深度增加速效钾含量呈逐渐降低的趋势，各土层内大都表现为 C3＞D3＞A3＞B3＞CK。秸秆长度在施加量 1 水平时仅 D1 处理表现出提高速效钾含量的趋势，随施加量增加，D 长度处理均表现出提高速效钾含量的趋势，且大都高于其余长度处理的速效钾含量。

在水肥入渗下，本试验研究发现，各处理与 CK 在不同土层的硝态氮浓度呈先降低再升高的趋势，这一现象与费良军等的田间试验中，0～30cm 土壤硝态氮分布规律相同，究其原因，硝态氮带有负电荷，且与带负电荷的土壤胶体团粒互相排斥，故随水分下渗逐渐向下转移[266]。此外，试验还表明，0～5cm 与 5～10cm 范围内硝态氮的差值随施加量增长而减小，在同一秸秆长度水平下，施加量 1 明显大于施加量 3，这表明施加量的改变影响了硝态氮的垂直分布规律，秸秆施加量的增加提高了土壤紧实度，表层土壤膨胀减弱，孔隙降低，使得表层土壤硝态氮浓度相对降低，Bouhicha[267]等试验表明，秸秆的施加量与长度的增加可以显著提升土壤抗剪强度，降低土体收缩率，结合上述结论不难得出，秸秆施加量的增长提升了土壤的黏聚力和内摩阻力，降低土体形变，使得对比下层土体，表层吸水膨胀更剧烈，带来的土壤孔隙更多，硝态氮含量更高。此外，施加量在 B、C、D 三长度处理下，下层土壤(5cm 至湿润锋运移范围)硝态氮含量与施加量成正比，推测是因为秸秆施加量的增长使得肥液运移速率降低的同时，原本随肥液运移的硝态氮，逐渐积累在湿润锋附近，不同 B、C、D 长度水平，对比 CK，A 长度水平在施加量 1、2 下各土层硝态氮含量大都高于 CK，且随施加量增长，土层内硝态氮含量降低，推测是 A 长度水平为过 0.1mm 筛的秸秆粉末，具有体积小、表面积大的特点，对硝态氮产生了吸附作用，在土壤硝态氮测量，风干研磨过筛的过程中，吸附有硝态氮的粉末状秸秆极易散失，故随秸秆粉末施加量增长，硝态氮含量降低，无独有偶，有研究者试验表明小于 0.1mm 粒径的秸秆粉末出现了吸附现象，亦有研究表明农业废弃物不经化学改性也具有一定的吸附能力，其中就包含秸秆，此类农业废弃物还呈现粒径越小，比表面积越大，吸附就越容易进行的现象[269]，但就长远来看，秸秆粉末吸附氮素的现象对生产有利，其吸附氮素后会逐渐分解缓慢向土壤释放氮素，减少了氮素以硝态氮形式流失。其余秸秆长度处理对硝态氮的分布影响主要体现在长秸秆占据更大空间，变相提高了土体容重，降低土壤孔隙，降低水分下渗速率，给硝态氮滞留创造条件，而 A 长度秸秆由于其小体积、大表面积的构造，其对肥液硝态氮的吸附为主要作用[268]。

有效磷含量随土层深度增加在湿润锋范围内呈逐渐降低的趋势，且对比 CK，处理组显著降低了相同处理不同土层深度下有效磷含量的极值差异，使得曲线更加平缓，有效磷分布更加均匀，这与土壤本身对磷素具有较好的吸附作用有直接关系，秸秆的施加使得入渗减缓的同时加大了磷素与上层土壤的接触时间，而少数处理在土壤底层有效磷上升是由于湿润锋在入渗结束前就到达入渗底部，磷素在底部发生积累，从而产生随土层深度增加，有效磷含量呈先降低、在底部上升的趋势[269-271]。施加量对有效磷含量的影响表现为在湿润锋范围内随施加量增加，B、C、D 长度水平处理在施加量 3 下的土壤有效磷高于同长度的施加量 1 处理，而 A 处理则截然相反，上述情况与秸秆混掺下硝态氮含量变化机理相同，都是因为秸秆施加量的增长使得肥液运移速率降低的同时，原本随肥液运移的有效磷，逐渐积累在湿润锋附近，而秸秆长度在不同施加量下对土壤有效磷含量影响各有差异，但其中 D 长度处理对比秸秆长度 B、C 处理均表现为提高有效磷含量的趋势，这与其本身结构有直接关系，较长的秸秆段在相同质量下占据了更大的空间，减少肥液下渗通道，使得肥液下渗受阻，有效磷含量提高[271]。

秸秆混掺处理下土壤速效钾分布较硝态氮、有效磷较均匀，施加量的提升显著提高了水肥入渗下土壤速效钾含量，但微量施加并不能得到显著提升，这与施加量的增长改变土壤孔隙有直接关系，秸秆的施加量通过改变土壤孔隙进而减缓肥液下渗过程，使得速效钾在土壤中得到积累，这一过程中施加量越高土壤孔隙越多，养分含量越高，而施加量 1 处理下则效果不明显。秸秆长度对土壤速效钾含量影响在不同施加量下均有差异，但在施加量 1 水平时仅 D1 处理表现出提高速效钾含量的趋势，随施加量增加 D 长度处理均表现出提高速效钾含量的趋势，且大都高于其余长度处理的速效钾含量，这一现象与有效磷含量变化机理相同。

9.3.3　秸秆混掺在淋溶下土壤速效养分分布特征的影响

1) 秸秆混掺对淋溶下土壤硝态氮分布特征的影响

相同秸秆长度水平下不同秸秆施加量对淋溶时不同土层深度土壤硝态氮分布特征的影响如图 9-10 所示，其中 CK 随土层深度增加硝态氮含量呈逐渐上升的趋势，在 10～15cm 范围内变化较为平缓，随后逐渐增长，在 25cm 处达到最高值(35.2mg/kg)。

A 长度水平下各处理土层深度 5cm 较 25cm 处硝态氮含量均有所提高，其中 A2、A3 不同于 A1、CK 随土层深度增加硝态氮含量缓慢上升的趋势，A2 自 10cm 处降低至 15cm 处的最小值(21.9mg/kg)然后上升，A3 则在 20cm 处达到了最大值，随后降低。B 长度水平下，除 B1 处理表现出较为平缓的降低外，其余处理均表现出随土层深度硝态氮含量增加的趋势，在 25cm 处，其余同长度水平处理较 B1，硝态氮含量提高了 10.16～12.17mg/kg。C 长度水平下，各处理硝态氮含量随土层深度增加变化曲线较为平缓，而其中 C2、C3 处理在不同土层深度下硝态氮含量均高于 C1、CK 处理，且 C2、C3 在相同土层深度下彼此间硝态氮含量差值范围为 0.74～3.52mg/kg。D 长度水平下，各处理硝态氮含量随土层深度增加逐渐升高，在各土层深度下 D1、D2、D3 处理硝态氮含量均高于 CK 空白对照，且存在曲线重合的情况，表明 D 处理下施加量对其影响差异不大。

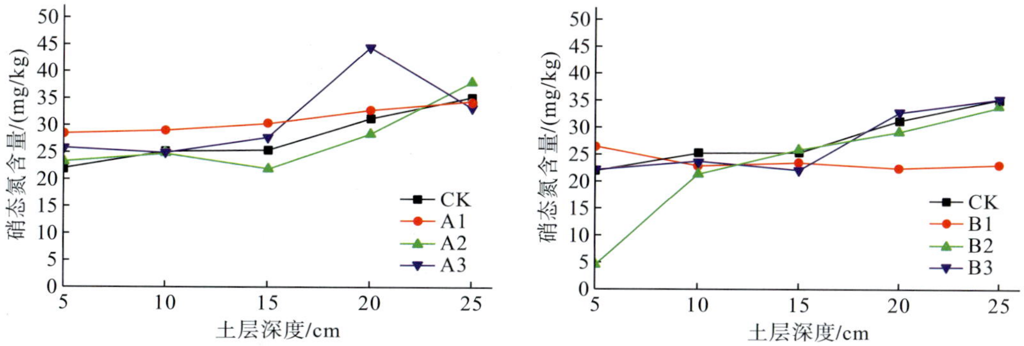

(a) A长度水平硝态氮分布规律　　(b) B长度水平硝态氮分布规律

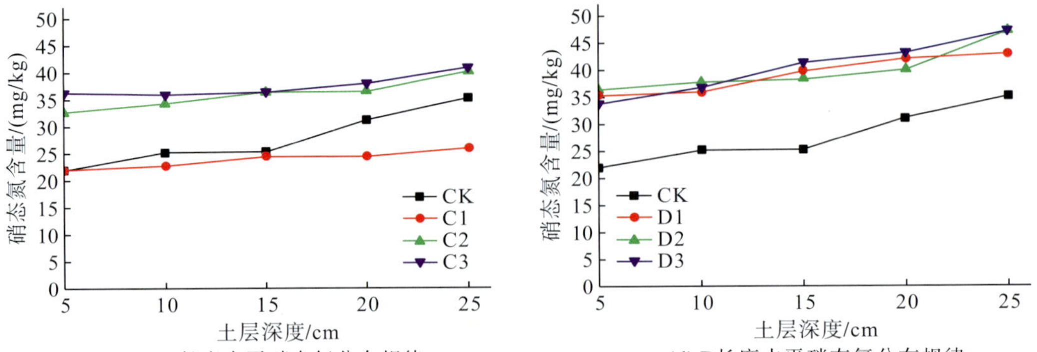

(c) C长度水平硝态氮分布规律 (d) D长度水平硝态氮分布规律

图 9-10 相同秸秆长度下秸秆施加量对淋溶时不同土层深度土壤硝态氮分布特征的影响

各处理均表现为随土层深度增加硝态氮含量逐渐增加的趋势，施加量的增长显著提高了 A、B、C、D 长度水平内硝态氮的含量，其中 C 处理对施加量的增长最为敏感，而 D 处理则组内差异较其余长度水平不甚显著。

相同秸秆施加量水平下不同秸秆长度在淋溶时不同土层深度土壤硝态氮分布特征的影响如图 9-11 所示。在施加量 1 水平下，D1 处理在各土层深度下均高于同水平处理 D2、D3，且高于 CK，最大值出现在 25cm（43.03mg/kg），B1、C1 处理在 10～25cm 范围内硝态氮含量均低于 CK，在 25cm 处差值最大，其中 B1 较 CK 降低 12.04mg/kg，C1 较 CK 降低 9.36mg/kg，A1 处理则在 5～20cm 范围内高于 CK。在施加量 2 水平下，各处理硝态氮含量均随土层深度增加升高，其中 C2、D2 在各土层深度下硝态氮含量均表现为 D2＞C2＞CK，值得一提的是，B2 处理在土层深度 5cm 处即土壤表层硝态氮含量为所有处理中最低，仅 4.5mg/kg，较 CK 降低了 10.71mg/kg，这表明 B2 处理不仅不能减少淋溶，还加剧了硝态氮的表层淋溶。在施加量 3 水平下，各处理随土层深度增加硝态氮含量升高，D3、C3 处理在各土层深度下均高于 CK 处理，其余处理在个别土层深度下较 CK 硝态氮含量均有不同程度的提高，在施加量 3 水平下，D3 处理在土层深度 15cm 处较 CK 提升最高，为 16.06mg/kg，同比增长 63.35%，为全处理全土层深度下提升最大值。

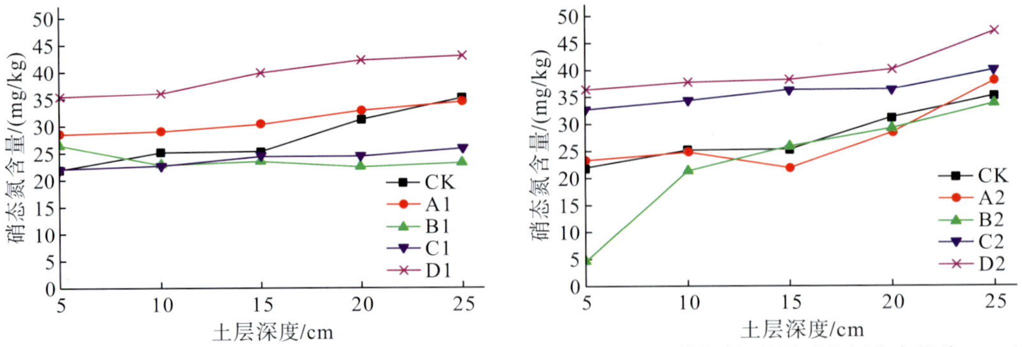

(a) 施加量1水平硝态氮分布规律 (b) 施加量2水平硝态氮分布规律

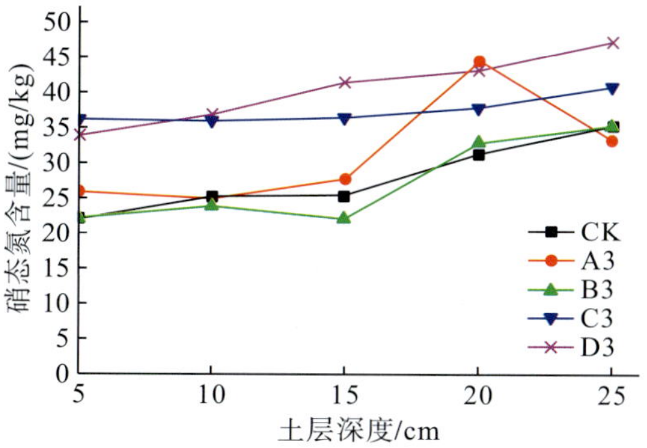

(c) 施加量3水平硝态氮分布规律

图 9-11 相同秸秆施加量下不同秸秆长度对淋溶时不同土层深度土壤硝态氮分布特征的影响

2) 秸秆混掺对淋溶下土壤有效磷分布特征的影响

相同秸秆长度水平下不同秸秆施加量对淋溶下不同土层深度土壤有效磷分布特征如图 9-12 所示，其中 CK 呈先降低后上升的趋势，有效磷含量自土层深度 5cm 处 19.66mg/kg 开始降低，在 10cm 处降至最低(15.7mg/kg) 后逐渐上升并在 25cm 处达到峰值(19.65mg/kg)。A 长度水平下，不同处理随土层深度增加，有效磷含量呈先降低后升高的趋势，其中在各土层下均表现为 A1＞A2＞A3＞CK，各处理中 A1 在土层深度 5cm 处达到峰值(42.1mg/kg)。B 长度水平下，各处理中 B3 在各土层下有效磷含量均高于 CK 且呈显著的降低趋势，对比 CK 提升 5.42～15.96mg/kg，其余处理在 20～25cm 范围内均低于 CK，而在有效磷曲线发生第一次交叉前，各处理有效磷大小表现为 B3＞B2＞B1，组内最大值为土层深度 5cm 处的 B3 处理(36.62mg/kg)。C 长度水平下，各处理有效磷含量随土层深度增加呈逐渐降低趋势，C3 在各土层均高于其余处理及 CK，对比 CK 提高 6.35～17.96mg/kg，C2、C1 有效磷变化曲线发生了两次相交，这表明施加量 1、2 下，C 处理对其差异响应不敏感。D 长度水平下，随土层深度增加各处理有效磷含量均呈逐渐降低的趋势，在各土层深度下不同处理有效磷含量大小表现为 D3＞D2＞D1，对比 CK 最大提升 19.55mg/kg，其中 D2、D3 在各土层深度下的速效磷含量差异不显著。

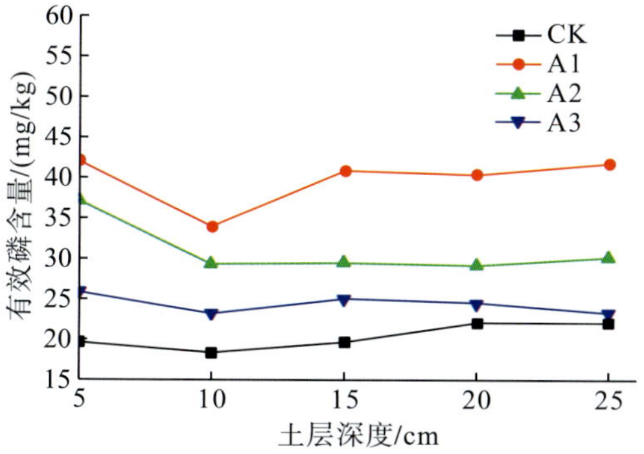

(a) A长度水平有效磷分布规律

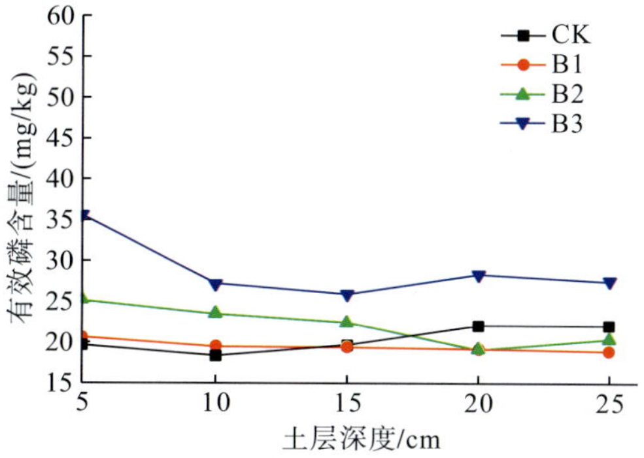

(b) B长度水平有效磷分布规律

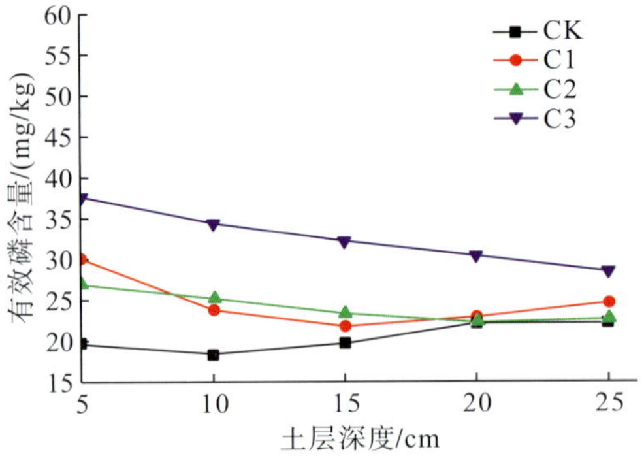

(c) C长度水平有效磷分布规律

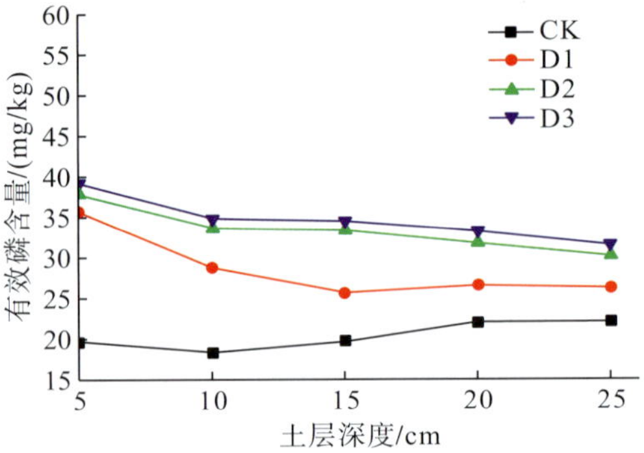

(d) D长度水平有效磷分布规律

图 9-12 相同秸秆长度下不同秸秆施加量对淋溶下不同土层深度土壤有效磷分布特征的影响

相同施加量水平下不同秸秆长度对淋溶下不同土层深度土壤有效磷分布特征如图 9-13 所示。在施加量 1 水平下，各处理在不同土层深度下均表现为 A1>D1>C1>B1，组内对比显示，CK 最高提升了 22.44mg/kg，这一提升出现在处理 A1 在 5cm 处的有效磷含量，施加量 1 处理下其余处理有效磷含量均不同程度高于 CK 处理，仅 B1 处理在土层深度为 15cm 后低于 CK 处理。在施加量 2 水平下，各处理有效磷含量表现为 D2>A2>

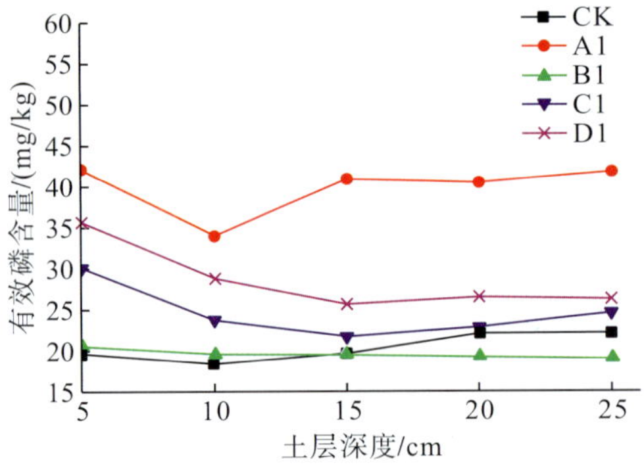

(a) 施加量1水平有效磷分布规律

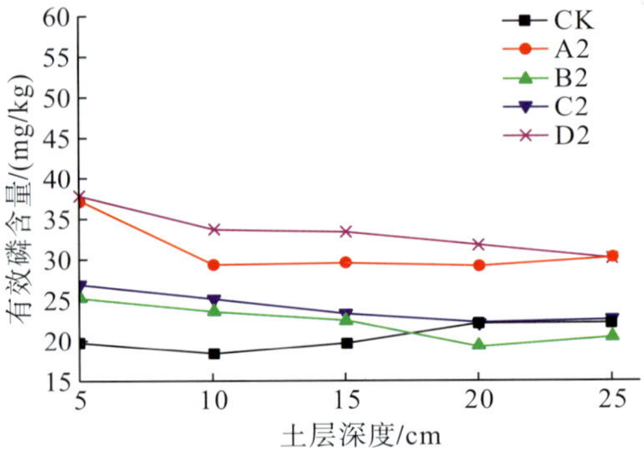

(b) 施加量2水平有效磷分布规律

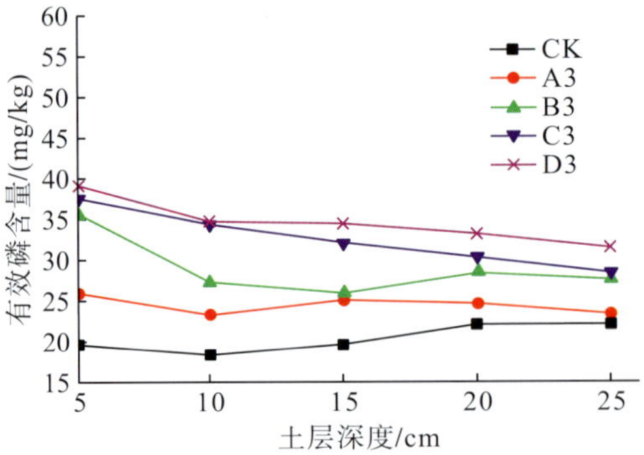

(c) 施加量3水平有效磷分布规律

图 9-13 相同秸秆施加量下不同秸秆长度对淋溶下不同土层深度土壤有效磷分布特征的影响

C2＞B2，组内对比显示，CK 最高提升了 18.21mg/kg，这一提升出现在 5cm 处的 D2 处理中。施加量 3 水平下，各处理土壤有效磷含量表现为 D3＞C3＞B3＞A3，对比 CK，最高提升了 19.5mg/kg。施加量处理下 D 长度处理均表现出提升，而 C 长度处理则表现出规律性的提高。以 10cm 处土壤有效磷为例，随施加量的增加 C 长度水平下有效磷含量分别为 5.42mg/kg、6.82mg/kg、16.06mg/kg，而 B 长度在施加量 1、2 下对比 CK，有效磷含量变动范围不大。在施加量 3 下，各土层均出现显著提高，提高了 5.42～15.96mg/kg。

3）秸秆混掺对淋溶下土壤速效钾分布特征的影响

相同秸秆长度水平下不同秸秆施加量对淋溶下不同土层深度土壤速效钾分布特征的影响如图 9-14 所示，其中 CK 随土层变化曲线平缓，从 200mg/kg 增长至 209mg/kg 后逐渐降低至 207mg/kg。在 A 长度水平下，各处理变化平缓，其中 A2、A3 随土层深度增加速效钾含量逐渐增长，A1 处理随土层深度增加，速效钾含量呈先增高后降低的趋势，同 CK 相似。处理组内差异显著，以均值为比较手段，随施加量增长 A 长度下土层速效钾均值大小差异为 A3＞A2＞A1，对比 CK 分别增长 228.4mg/kg、146.6mg/kg、78.2mg/kg。在 B 长度水平下，随土层深度增加 B3、B2 土壤速效钾含量呈先降低后升高的趋势，B1 呈

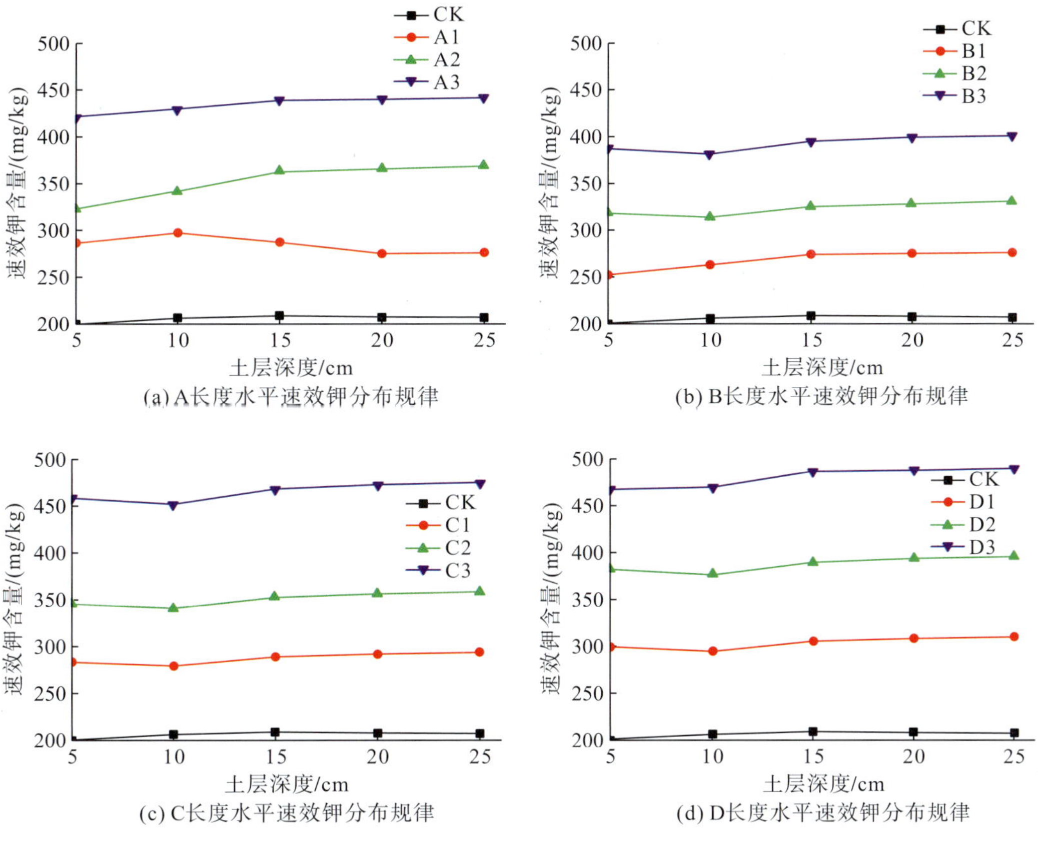

(a) A长度水平速效钾分布规律　(b) B长度水平速效钾分布规律

(c) C长度水平速效钾分布规律　(d) D长度水平速效钾分布规律

图 9-14　相同秸秆长度下不同秸秆施加量对淋溶下不同土层深度土壤速效钾分布特征的影响

逐渐上升的趋势，趋势较平缓，随施加量增长各土层深度下土壤速效钾大小差异为 B3＞B2＞B1，不同处理下土壤速效钾均值对比 CK 增长了 69～186.63mg/kg。在 C 长度水平下，随土层深度增加各处理速效钾含量呈逐渐升高的趋势，不同土层下土壤速效钾含量大小均表现为 C3＞C2＞C1，不同处理下土壤各深度速效钾均值对比 CK 增长了 81.27～259.2mg/kg。在 D 长度水平下，随土层深度增加各处理速效钾含量呈逐渐升高的趋势，不同土层下土壤速效钾含量大小均表现为 D3＞D2＞D1，不同处理下土壤各深度速效钾均值对比 CK 增长了 97.17～274.44mg/kg。

相同秸秆施加量水平下不同秸秆长度对淋溶下不同土层深度土壤速效钾分布特征如图 9-15 所示。在施加量 1 处理下，各处理在不同土层深度下土壤速效钾含量对比 CK 均有提升，其中 D 处理在 10cm 后均高于其余处理速效钾含量，不同土层深度速效钾含量均值对比 CK 提高了 62～97.17mg/kg。在施加量 2 水平下，各处理在不同土层深度下土壤速效钾含量对比 CK 均有所提升，其中 D2 处理在不同土层下均高于其余处理，自 10cm 后，处理间速效钾含量大小为 D2＞A2＞C2＞B2，组内对比 CK 最高提升 188.87mg/kg，出现在 25cm 处的 D2 处理中。在施加量 3 水平下，各处理在不同土层深度下速效钾含量对比 CK 均有所提升，组内速效钾含量大小为 D3＞C3＞A3＞B3，对比 CK 最高提升了 283mg/kg。

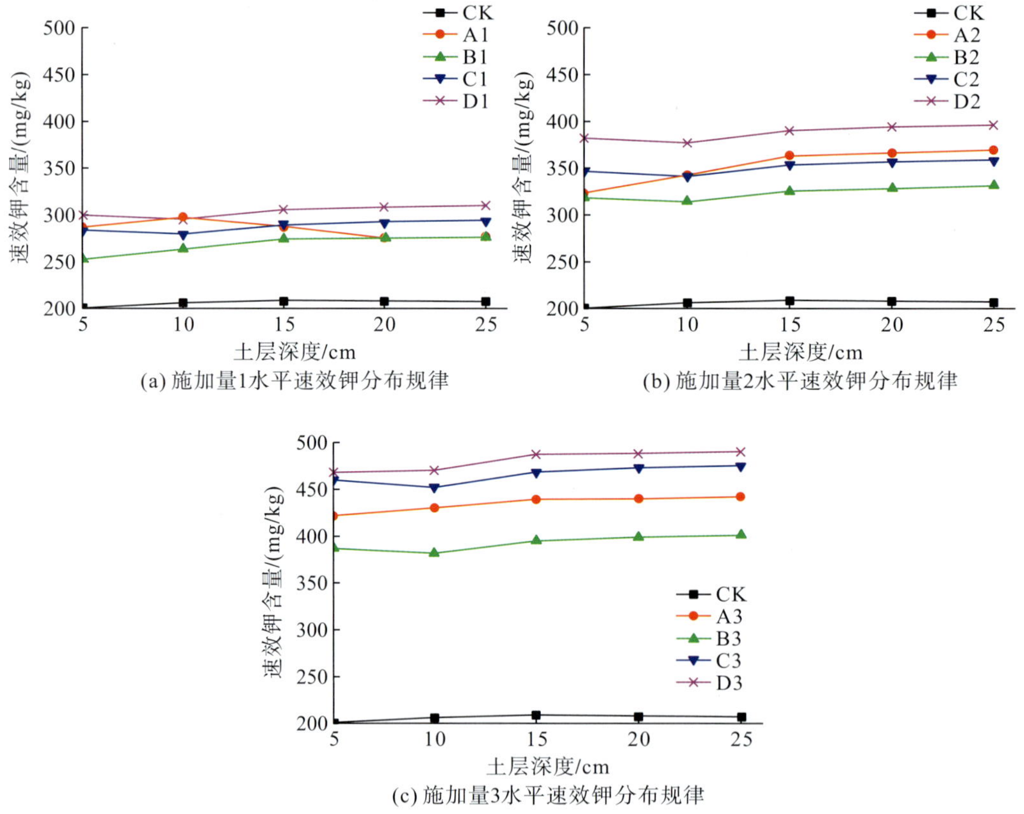

(a) 施加量1水平速效钾分布规律
(b) 施加量2水平速效钾分布规律
(c) 施加量3水平速效钾分布规律

图 9-15 相同秸秆施加量下不同秸秆长度对淋溶下不同土层深度土壤速效钾分布特征的影响

秸秆混掺处理在淋溶试验下，各处理均表现为随土层深度增加硝态氮含量逐渐增加的趋势，施加量的增长显著提高了 A、B、C、D 长度水平内硝态氮的含量。在施加量 3 水平下，各处理不同土层硝态氮含量均高于 CK 处理，其中 C 处理对施加量的增长最为敏感，这表明秸秆施加量的增长降低了土壤孔隙度，使得淋溶液裹挟硝态氮向下运移受阻，土壤硝态氮含量提高，此外秸秆片状的结构也减缓了淋溶液向下运移的过程[273]。

淋溶试验下土壤有效磷含量除 B1、B2 处理在土层的下部土壤有效磷含量低于 CK 外，其余处理在不同土层下土壤有效磷含量均有所提升，土壤有效磷含量大都表现为随土层深度增加逐渐降低的趋势，随施加量增长各处理不同土层深度下土壤有效磷均有变化，在 B、C、D 长度水平下，其中施加量 3 处理在各土层深度土壤有效磷含量均高于施加量 1 处理，而 A 长度水平下，A1 处理在土层深度为 5cm 处，对比 CK 增长了 22.44mg/kg，为所有秸秆混掺处理中的最大值，而后随施加量增长各土层深度有效磷含量逐渐降低。长度处理对淋溶下土壤有效磷含量影响各不相同，但除去 A1 处理，D 长度处理在各施加量下土壤有效磷含量都高于其他处理，大体积的秸秆段处理(即 D 长度处理)依旧凭借其本身结构减少了淋溶液向下运移的通道。

秸秆混掺处理在淋溶试验下，土壤速效钾含量较 CK 均有提高，其中 D3 长度处理对比 CK 最高提升 274.44mg/kg，施加量对其影响规律同上，均表现为随施加量增长土壤速效钾含量逐渐提高的趋势。在同长度处理下，土壤速效钾含量均表现为施加量 1＜施加量 2＜施加量 3。长度处理下，各长度在不同秸秆施加量下有所差异，但 D 长度处理在各施加量下均高于其他处理，而 B 长度处理则恰恰相反，在大多数情况下均低于其他处理。这种独特的现象与秸秆施加对孔隙度的改变息息相关。较短的秸秆施加后，土壤孔隙度增加，淋溶液得以在其中留存，而长秸秆的存在虽然也增加了土壤孔隙度，但较大的体积使得土壤紧实度增加得更明显，淋溶液下渗受阻，两者表现出相似的现象，但内在机理却有差异。

9.3.4　秸秆混掺对苔藓生长发育的影响

1)秸秆混掺对苔藓密度的影响

不同秸秆混掺对苔藓密度的影响如图 9-16 所示，各处理中仅 A2、B2、B3、C1、C2 高于 CK 处理 3.12%～30.62%，施加量处理对苔藓密度的影响表现为随施加量增长各处理苔藓密度先升高后降低，即在施加量 2 处理时达到峰值而后降低，而秸秆长度在各施加量水平下均有差异，但 B 长度秸秆处理下除施加量 1 外，其苔藓密度均显著高于其余处理。

2)秸秆混掺对苔藓盖度的影响

不同秸秆混掺对苔藓盖度的影响如图 9-17 所示，各处理中仅 A1、A2、B1、B2、B3、C1、C2 苔藓盖度高于 CK 处理 2.11%～14.93%，施加量处理对苔藓盖度的影响大都表现为随施加量增加各处理苔藓盖度先升高后降低，即在施加量 2 处理时达到峰值而后降低，而秸秆长度在各施加量水平下均有差异，但 B 长度秸秆处理水平下各施加量处理均高于 CK，这表明 B 处理在三种施加量下均能提高苔藓盖度。

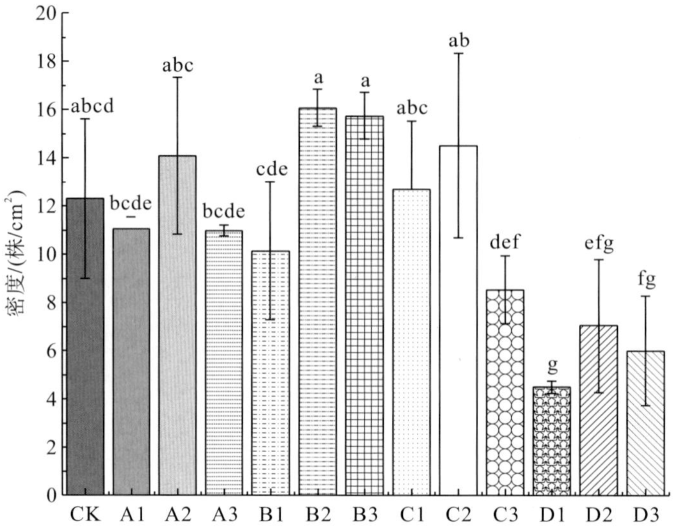

图 9-16 秸秆混掺对苔藓密度的影响

注：图中不同小写字母代表秸秆长度在各施加量水平下具有差异性(p<0.05)，后同

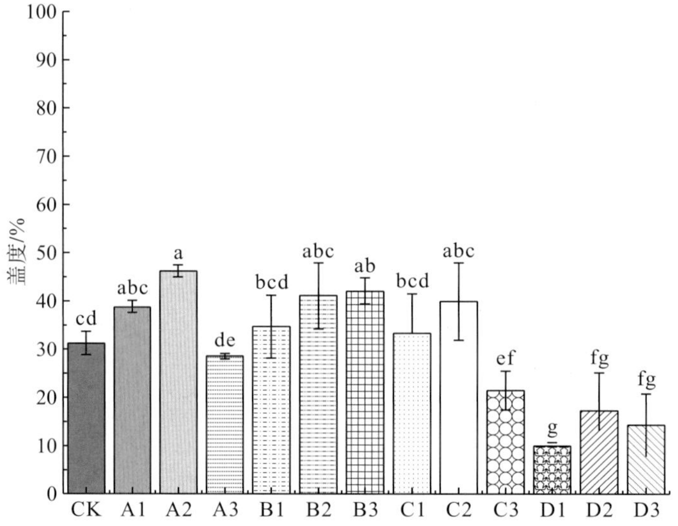

图 9-17 秸秆混掺处理对苔藓盖度的影响

3) 秸秆混掺对土壤饱和持水量的影响

秸秆混掺处理对土壤饱和持水量的影响如图 9-18 所示，处理组均显著高于 CK 处理(提高 1.68%～19.72%)，施加量处理在各长度水平下均表现为施加量 3 大于施加量 1 处理的土壤饱和持水量，但值得一提的是，随施加量增长，A 秸秆长度水平下呈先降低后升高的趋势，B 秸秆长度水平下呈逐渐增长的趋势，C、D 秸秆长度水平下呈先增长后降低的趋势。

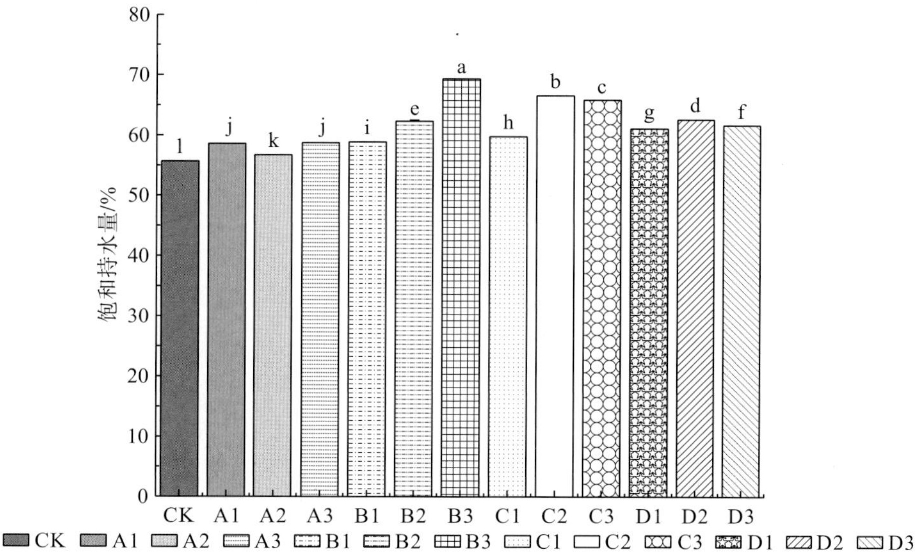

图 9-18　秸秆混掺对土壤饱和持水量的影响

注：小写字母代表土壤饱和持水量的差异性($p<0.05$)

4) 秸秆混掺对土壤累积蒸发量的影响

以 24h 蒸发结束后土壤累积蒸发量表征秸秆混掺对土壤水分蒸发的影响，即土壤累积蒸发量越大，对水分蒸发影响越小。

不同秸秆混掺处理对苔藓土壤累积蒸发量的影响如图 9-19 所示，对秸秆施加量及秸秆长度处理下土壤累积蒸发量做方差分析得，秸秆施加量及秸秆长度对土壤累积蒸发量均有显著影响($p<0.05$)，土壤累积蒸发量为 35.41～41.61g，对比 CK 仅 B2、B3 处理的土壤累积蒸发量有所提升，提升区间为 1.01%～4.01%，其余处理下土壤累积蒸发量均低于 CK，其中 A2、A3、C1、C3、D3 显著低于其他处理，各处理对比 CK，最多降低 11.49%。施加量对土壤累积蒸发量的影响表现为：A 长度水平下，随施加量增长逐渐降低，且 A2、A3 为同一水平；B 长度水平下，随施加量增长土壤累积蒸发量逐渐提高，在 B3 达到最大值且高于 CK；C、D 长度水平下，随施加量增长呈先升高后降低的趋势。秸秆长度对土壤累积蒸发量的影响表现各异，但显而易见的是，A 长度水平下 2、3 施加量间没有差异，C、D 长度秸秆处理在各施加量下表现趋势均相同。

秸秆混掺处理下，仅 A2、B2、B3、C1、C2 苔藓密度高于 CK 处理，A1、A2、B1、B2、B3、C1、C2 苔藓盖度高于 CK 处理 2.11%～14.93%，施加量处理对苔藓密度和盖度的影响表现为随施加量增长各处理苔藓密度及盖度先升高后降低。这表明适度地添加秸秆对苔藓生长有促进作用，但过度施加反而会抑制苔藓生长。不同长度处理对苔藓生长的影响均有差异，但 B 长度处理对苔藓生长促进效果明显，B 长度秸秆处理下除施加量 1 外，苔藓密度均显著高于其余处理，且在各长度水平下苔藓盖度均高于 CK 处理。

秸秆混掺处理对土壤饱和持水量的影响表现为处理组均显著高于 CK 处理，这是因为秸秆的加入为土壤带来了更多的孔隙，使得土壤饱和持水量提高，而施加量处理在各长度水平下均表现为施加量 3 大于施加量 1 处理的土壤饱和持水量。但值得一提的是，随施加量增长，A 秸秆长度水平下土壤饱和持水量呈先降低后升高的趋势，B 秸秆长度水平下则呈逐渐增长的趋势，C、D 秸秆长度下呈先增长后降低的趋势。而与此同时，秸秆混掺对土壤累积蒸发量的影响表现为仅在 B2、B3 处理下提高蒸发量。

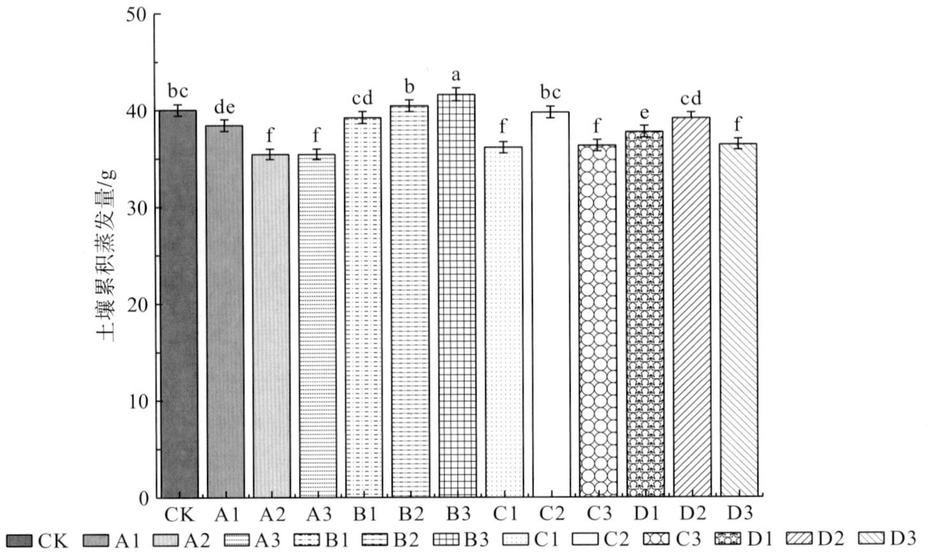

图 9-19 不同秸秆混掺对土壤累积蒸发量的影响

综上所述，在所有秸秆混掺处理均提高了土壤饱和持水量的背景下，仅 B 秸秆长度处理在施加量 2、3 处理下累积蒸发量提高。巧妙的是，苔藓生长过程中 B 秸秆长度处理对苔藓生长促进效果明显，B 秸秆长度处理下除施加量 1 外，其苔藓密度均显著高于其余处理，且在各长度水平下其苔藓盖度均高于 CK 处理，这无疑表明苔藓生长与土壤累积蒸发量息息相关。结合施加量 1 时各处理苔藓盖度、密度对比 CK 大都有提高，不难得出推论，秸秆的加入提高了土壤孔隙度，在提供更多孔隙容纳水分的同时，也为土壤蒸发提供了更多通道。而苔藓植物没有真正的根[274]，其更依赖土壤表层的水蒸气凝结在其上后吸收，高蒸发量对其生长有益，施加量的影响表现为少量添加提高孔隙度，加剧蒸发，而随施加量增长，秸秆占据了更多的空间，提高了土壤容重反而降低了土壤孔隙度进而抑制了后续蒸发。这一现象在 D 秸秆长度处理下表现格外明显。因此，在苔藓培育过程中，其累积蒸发量是苔藓生长的正面促进因素，而饱和持水量对苔藓生长存在潜在的抑制风险。有研究表明，过高的水分会降低苔藓植物的光合速率，影响其生长[275]。

9.3.5 秸秆混掺对苔藓土壤养分的影响

1) 秸秆混掺对土壤全氮含量的影响

相同秸秆长度水平下不同秸秆处理下土壤全氮含量如表 9-7 所示。相同秸秆长度水平不同秸秆施加量下的全氮含量表现为：A 秸秆长度水平下，各处理间差异显著，施加量的增长与全氮含量成正比，即施加量增长土壤全氮含量随之增长，且均高于 CK，对比 CK 提升了 46.63%；B 秸秆长度水平下，各处理间差异不显著，其中 B1、B2、B3 为同一水平，对比 CK 全氮含量提升 25.96%～31.25%；C 秸秆长度水平下，处理间差异不显著，其中 C1、C2、C3 与 CK 为同一水平，但对比 CK 提升 18.27%～22.60%；D 秸秆长度水平下，处理间 D1、D3 差异显著，对比 CK 提升 19.7%～35.10%。

表 9-7　相同秸秆长度水平下不同秸秆施加量处理下的土壤全氮含量　（单位：g/kg）

秸秆长度	施加量 1	施加量 2	施加量 3	CK
A	2.33±0.1c	2.62±0.11b	3.05±0a	2.08±0.2d
B	2.62±0.02a	2.7±0.04a	2.73±0.09a	2.08±0.2b
C	2.46±0.66a	2.55±0.04a	2.53±0.14a	2.08±0.2a
D	2.49±0.05b	2.7±0.14ab	2.81±0.16a	2.08±0.2c

相同施加量下不同秸秆长度处理对土壤全氮含量的影响如表 9-8 所示。在施加量 1 水平下，各秸秆长度处理间差异不显著，A1、B1、C1、D1、CK 为同一水平，全氮含量大小分别为 CK＜A1＜C1＜D1＜B1，对比 CK 提升了 12.02%～25.96%；在施加量 2 水平下，除 CK 外各处理为同一水平，但对比 CK 均有提高，全氮含量大小分别为 CK＜C2＜A2＜B2=D2，组内对比 CK 最高提升了 29.81%；在施加量 3 水平下，各处理对比 CK 全氮含量大小分别为 CK＜C3＜B3＜D3＜A3，其中 C3、B3 为同一水平，处理内对比 CK 提升了 21.63%～46.63%。综上所述，不同秸秆长度处理对相同施加量下的土壤全氮含量影响差异大多不显著，而施加量处理下，处理间差异显著，且均呈随施加量增长全氮含量增长的趋势，且高于 CK 处理，最高提升了 46.63%。

表 9-8　相同施加量水平下不同秸秆长度处理下的土壤全氮含量　（单位：g/kg）

秸秆长度	施加量 1	施加量 2	施加量 3
A	2.33±0.1A	2.62±0.11A	3.05±0A
B	2.62±0.02A	2.70±0.04A	2.73±0.09C
C	2.46±0.66A	2.55±0.04A	2.53±0.14C
D	2.49±0.05A	2.7±0.14A	2.81±0.16AB
CK	2.08±0.2A	2.08±0.2B	2.08±0.2D

2) 秸秆混掺对土壤硝态氮含量的影响

各处理下土壤硝态氮含量差异如表 9-9、表 9-10 所示。其中，在相同长度水平下不同秸秆施加量处理下的硝态氮含量如表 9-9 所示，在 A 秸秆长度水平下，随施加量增加，硝态氮含量逐渐降低，A2 处理与 CK 为同一水平；在 B 秸秆长度水平下，随施加量增加，硝态氮含量逐渐降低，B3 处理较 CK 降低了 24.79%；在 C 秸秆长度水平下，随施加量增长，硝态氮含量呈先增长后降低的趋势，C3 处理较 CK 降低了 38.83%；在 D 秸秆长度水平下，处理组硝态氮含量均低于 CK 处理，且随施加量增加，土壤硝态氮含量逐渐升高。相同施加量水平不同长度处理下土壤硝态氮含量如表 9-10 所示，在施加量 1 水平下，各处理硝态氮含量大小为 B1＞C1＞A1＞D1≈CK，其中 D1、CK 为同一水平；在施加量 2 水平下，各处理硝态氮含量大小为 C2＜A2≈CK＜D2＜B2，其中 A2、CK 为同一水平；在施加量 3 水平下，各处理硝态氮含量大小为 CK＜D3＜B3＜A3＜C3。综上所述，施加量处理在 A、B、C 秸秆长度水平下，均表现为随施加量增加硝态氮含量逐渐降低的趋势，且这三种秸秆长度处理在施加量 3 时显著低于 CK。值得一提的是，D 秸秆长度处理下土壤硝态氮含量略有差异，表现为随施加量增加土壤硝态氮含量逐渐上升，在 D3 处理处达到最大值，且三种施加量下，D 秸秆长度水平下土壤硝态氮均低于 CK。

表 9-9 相同秸秆长度水平不同施加量处理下的土壤硝态氮含量

秸秆长度	土壤硝态氮含量/(mg/kg)			
	施加量 1	施加量 2	施加量 3	CK
A	150.75±0.83a	149.37±0.82a	100.59±0.55b	149.93±0.83a
B	173.52±0.96a	132.59±0.73c	112.76±0.62d	149.93±0.83b
C	152.71±0.84b	225.76±1.24a	91.71±0.5d	149.93±0.83c
D	132.8±0.73d	134.34±0.74c	140.6±0.77b	149.93±0.83a

表 9-10 相同施加量水平下不同秸秆长度处理下的土壤硝态氮含量

秸秆长度	土壤硝态氮含量/(mg/kg)		
	施加量 1	施加量 2	施加量 3
A	150.75±0.83C	149.37±0.82B	100.59±0.55D
B	173.52±0.96A	132.59±0.73D	112.76±0.62C
C	152.71±0.84B	225.76±1.24A	91.71±0.5E
D	132.8±0.73D	134.34±0.74C	140.6±0.77B
CK	149.93±0.83C	149.93±0.83B	149.93±0.83A

3) 秸秆混掺对土壤全磷含量的影响

不同处理下土壤全磷含量如表 9-11、表 9-12 所示。统计结果表明，施加量处理间差异性不显著(p=0.086)，长度处理间差异显著($p<0.05$)。相同秸秆长度水平不同施加量处理下全磷含量如表 9-11 所示。在 A 秸秆长度水平下，随施加量增加土壤全磷含量呈上升趋势，且在施加量 2 时超过 CK 处理，在 A3 时达到最大值，较 CK 提高 27.13%；在 B 秸秆长度水平下，随施加量增加，土壤全磷含量逐渐提高，但各处理内土壤全磷含量均低于 CK；在 C 秸秆长度水平下，随施加量增加，土壤全磷含量提高，在 C3 处理时超过 CK 值；在 D 秸秆长度水平下，随施加量增加全磷含量呈先降低后升高的趋势。相同施加量水平不同秸秆长度下土壤全磷含量如表 9-12 所示。在施加量 1 水平下，各处理土壤全磷含量大小表现为 D1＞CK＞A1＞B1＞C1；在施加量 2 水平下，各处理土壤全磷含量大小表现为 A2＞CK＞D2＞C2＞B2，同一水平内各处理差异不显著；在施加量 3 水平下，各

处理土壤全磷含量大小表现为 A3＞C3＞D3＞CK＞B3。综上所述，施加量处理对土壤全磷含量的影响大都表现为随施加量增加土壤全磷含量增长的趋势，而秸秆长度处理在各施加量水平下均有不同规律，差异不显著，其中 B 秸秆长度处理在施加量 3 时依旧低于 CK 处理。

表 9-11 相同秸秆长度水平不同施加量处理下土壤全磷含量

秸秆长度	土壤全磷含量/(g/kg)			
	施加量 1	施加量 2	施加量 3	CK
A	2.21±0.65a	2.53±0.89a	3.14±0.35a	2.47±0.67a
B	1.85±0.13a	1.87±0.21a	1.97±0.41a	2.47±0.67a
C	1.48±0.64b	2.10±0.4ab	2.53±0.1a	2.47±0.67a
D	2.86±0.42aA	2.17±0.52a	2.48±0.3a	2.47±0.67a

表 9-12 相同施加量水平不同秸秆长度处理下土壤全磷含量

秸秆长度	土壤全磷含量/(g/kg)		
	施加量 1	施加量 2	施加量 3
A	2.21±0.65AB	2.53±0.89A	3.14±0.35A
B	1.85±0.13AB	1.87±0.21A	1.97±0.41B
C	1.48±0.64B	2.1±0.4A	2.53±0.1AB
D	2.86±0.42A	2.17±0.52A	2.48±0.3AB
CK	2.47±0.67AB	2.47±0.67A	2.47±0.67AB

4) 秸秆混掺对土壤有效磷含量的影响

不同处理下土壤有效磷含量如表 9-13、表 9-14 所示。统计结果表明，施加量处理间差异显著($p<0.001$)，长度处理间差异显著($p<0.001$)。相同秸秆长度水平不同施加量下土壤有效磷含量如表 9-13 所示。在 A 秸秆长度水平下，土壤有效磷含量随施加量增加逐渐提高，在 A3 处理下达到最大值，且始终高于 CK 处理，较 CK 最高提升 246.25%；在 B 秸秆长度水平下，土壤有效磷含量随施加量增加逐渐提高，在 B3 处理下达到最大值且始终高于 CK 处理，较 CK 最高提升 146.25%；在 C 秸秆长度水平下，土壤有效磷含量随施加量增加逐渐提高，在 C3 处理下达到最大值，较 CK 最高提升 113.75%；在 D 秸秆长度水平下，土壤有效磷含量随施加量增加而降低，但始终高于 CK 处理。相同施加量水平下，不同秸秆长度处理下土壤有效磷含量如表 9-14 所示。在施加量 1 水平下，各处理土壤有效磷含量大小为 CK＜B1＜C1＜A1＜D1；在施加量 2 水平下，各处理土壤有效磷含量大小为CK＜B2＜C2＜A2＜D2；在施加量3 水平下，各处理土壤有效磷含量大小为CK＜C3＜B3＜D3＜A3。综上所述，A、B、C 秸秆长度下，有效磷含量与施加量成正比，而 D 秸秆长度处理下，有效磷含量与施加量成反比，且各处理同水平下均高于 CK 处理，而秸秆长度处理在不同施加量水平下均存在差异。值得一提的是，在施加量 1、2 下，土壤有效磷含量大小均表现为 B＜C＜A＜D 的趋势，在施加量 3 时发生变动，但 D 秸秆长度处

理依旧高于 C、B 秸秆长度处理。

表 9-13 相同秸秆长度水平不同施加量处理下土壤有效磷含量

秸秆长度	土壤有效磷含量/(mg/kg)			
	施加量 1	施加量 2	施加量 3	CK
A	101.21±0.56c	121.00±0.67b	210.80±1.16a	60.88±0.34d
B	95.12±0.52c	100.45±0.55b	149.92±0.83a	60.88±0.34d
C	98.93±0.54c	116.43±0.64b	130.13±0.72a	60.88±0.34d
D	194.05±1.07a	165.14±0.91b	159.05±0.88c	60.88±0.34d

表 9-14 相同施加量水平不同秸秆长度处理下的土壤有效磷含量

秸秆长度	土壤有效磷含量/(mg/kg)		
	施加量 1	施加量 2	施加量 3
A	101.21±0.56B	121.00±0.67B	210.80±1.16A
B	95.12±0.52D	100.45±0.55D	149.92±0.83C
C	98.93±0.54C	116.43±0.64C	130.13±0.72D
D	194.05±1.07A	165.14±0.91A	159.05±0.88B
CK	60.88±0.34E	60.88±0.34E	60.88±0.34E

5) 秸秆混掺对土壤全钾含量的影响

不同处理下土壤全钾含量如表 9-15 和表 9-16 所示。相同秸秆长度水平不同施加量处理下的土壤全钾含量如表 9-15 所示。在 A 秸秆长度水平下，全钾含量大小分别为 CK＞A1≈A3＞A2，但处理间差异不显著，为同一水平；在 B 秸秆长度水平下，随施加量增加，土壤全钾含量逐渐降低，且始终低于 CK；在 C 秸秆长度水平下，随施加量增加，全钾含量逐渐升高；在 D 秸秆长度处理下，随施加量增加，土壤全钾含量呈先降低后升高的趋势。相同施加量水平不同秸秆长度处理下土壤全钾含量如表 9-16 所示。在施加量 1 水平下，处理组全钾含量大小表现为 CK＞A1＞B1＞D1＞C1；在施加量 2 水平下，处理组全钾含量大小为 CK＞A2＞B2＞C2＞D2；在施加量 3 水平下，处理组全钾含量大小表现为 CK＞A3＞C3＞B3＞D3。综上所述，秸秆长度处理间差异不显著，且各处理均低于 CK 处理，秸秆施加量处理间差异亦不显著，表明秸秆混掺在秸秆长度及秸秆施加量处理下未对土壤全钾含量造成显著影响，但各处理土壤全钾含量均较 CK 有所降低。

表 9-15 相同秸秆长度水平不同施加量处理下的土壤全钾含量

秸秆长度	土壤全钾含量/(g/kg)			
	施加量 1	施加量 2	施加量 3	CK
A	4.21±0.51a	4.06±0.42a	4.21±0.4a	4.26±0.4a
B	3.48±0.08b	3.47±0.05b	3.22±0.29b	4.26±0.4a
C	2.59±1.15b	3.22±0.45ab	3.39±0.41ab	4.26±0.4a
D	3.11±0.52b	2.72±0.43b	3.11±0.25b	4.26±0.4a

表 9-16　相同施加量水平不同秸秆长度处理下土壤的全钾含量

秸秆长度	土壤全钾含量/(g/kg)		
	施加量 1	施加量 2	施加量 3
A	4.21±0.51A	4.06±0.42AB	4.21±0.4A
B	3.48±0.08AB	3.47±0.05BC	3.22±0.29B
C	2.59±1.15B	3.22±0.45CD	3.39±0.41B
D	3.11±0.52AB	2.72±0.43D	3.11±0.25B
CK	4.26±0.4A	4.26±0.4A	4.26±0.4A

6)秸秆混掺对土壤速效钾含量的影响

不同秸秆混掺处理下土壤速效钾含量如表 9-17 和表 9-18 所示。相同秸秆长度水平下不同秸秆施加量处理下速效钾含量如表 9-17 所示。在 A 秸秆长度水平下，随施加量增长土壤速效钾含量逐渐增长，各处理组内较 CK 均有提升，最高提升 20%；在 B 秸秆长度水平下，随施加量增长土壤速效钾含量逐渐增长，组内较 CK 在 B2 处理处高于 CK，最高提升 22.82%；在 C 秸秆长度水平下，随施加量增长土壤速效钾含量逐渐增长，各处理组内较 CK 均有提高，最高提升 27.69%；在 D 秸秆长度水平下，随施加量增长土壤速效钾含量逐渐增长，各处理组内较 CK 均有提高，最高提升 32.56%。相同施加量水平下不同秸秆长度处理下土壤速效钾含量如表 9-18 所示。在施加量 1 水平下，各处理土壤速效钾含量大小表现为 B1＜CK＜D1＜C1＜A1；在施加量 2 水平下，各处理土壤速效钾含量大小表现为 CK＜B2＜A2＜D2＜C2；在施加量 3 水平下，各处理土壤速效钾含量大小表现为 CK＜A3＜B3＜C3＜D3。综上所述，A、B、C、D 秸秆长度处理均表现为随施加量增长土壤速效钾含量增加的趋势，而同一施加量水平下不同秸秆长度处理表现各有差异。值得一提的是，在施加量 1、2 水平时，C、D 秸秆长度处理常在同一水平，在施加量增长后组间差异显著。

表 9-17　相同秸秆长度水平不同秸秆施加量处理下的土壤速效钾含量

秸秆长度	土壤速效钾含量/(mg/kg)			
	施加量 1	施加量 2	施加量 3	CK
A	397.13±2.19c	442.15±2.43b	468.16±2.58a	390.13±2.15d
B	388.13±2.14c	420.14±2.31b	479.16±2.64a	390.13±2.15c
C	396.13±2.18c	460.15±2.53b	498.17±2.74a	390.13±2.15d
D	394.13±2.17c	458.15±2.52b	517.17±2.85a	390.13±2.15c

表 9-18　相同施加量水平不同秸秆长度处理下的土壤速效钾含量

秸秆长度	土壤速效钾含量/(mg/kg)		
	施加量 1	施加量 2	施加量 3
A	397.13±2.19A	442.15±2.43B	468.16±2.58D
B	388.13±2.14B	420.14±2.31C	479.16±2.64C
C	396.13±2.18A	460.15±2.53A	498.17±2.74B
D	394.13±2.17A	458.15±2.52A	517.17±2.85A
CK	390.13±2.15B	390.13±2.15D	390.13±2.15E

7)秸秆混掺对土壤有机质含量的影响

相同秸秆长度水平不同施加量处理下土壤有机质含量如图 9-20 所示。在 A 秸秆长度水平下，土壤有机质含量随施加量增长逐渐提高，且始终高于 CK，在 A3 处理时较 CK 提升最高(24.85%)；在 B 长度水平下，土壤有机质含量随施加量增长逐渐提高，在 B2 处理下即达到组内最大值，其中 B2、B3 为同一水平；在 C 秸秆长度水平下，土壤有机质含量随施加量增长而提高，在 C2 处理时高于 CK 处理；在 D 秸秆长度水平下，土壤有机质含量随施加量增长呈先上升后降低的趋势。相同秸秆施加量不同秸秆长度处理下土壤有机质含量如图 9-21 所示。在施加量 1 水平下，土壤有机质含量大小为 A1＞D1＞CK=B1＞

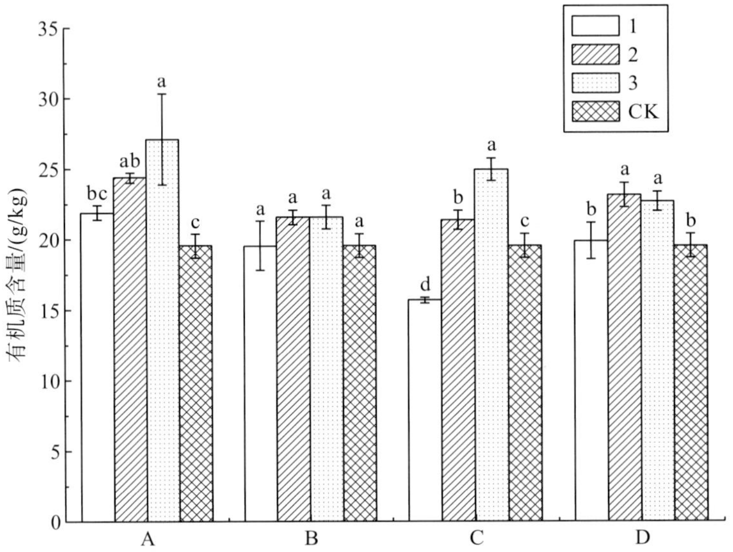

图 9-20　相同秸秆长度水平不同施加量处理对土壤有机质含量的影响

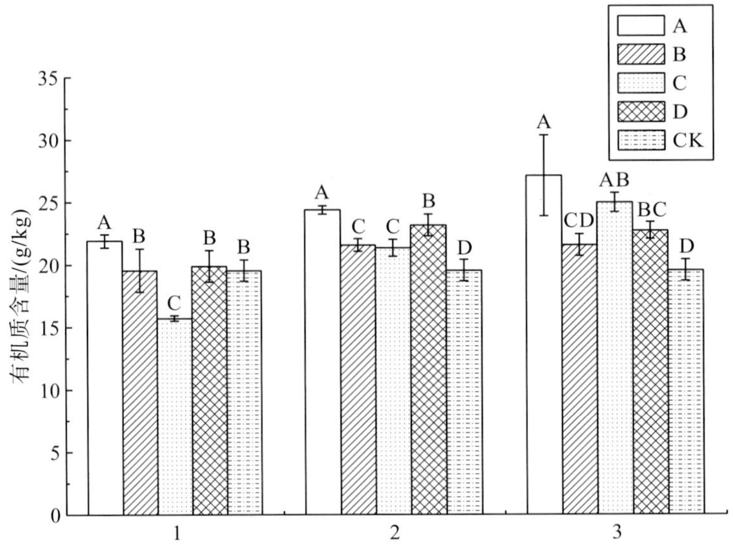

图 9-21　相同施加量不同秸秆长度处理对土壤有机质含量的影响

C1；施加量 2 水平下，土壤有机质含量大小为 A2＞D2＞B2＞C2＞CK；施加量 3 水平下，土壤有机质含量大小为 A3＞C3＞D3＞B3＞CK。综上所述，秸秆施加量的增长在不同处理下均能提高土壤有机质含量，且大都表现为随施加量增长有机质含量提高的趋势。值得一提的是，D 秸秆长度水平下，土壤有机质含量呈先增长后降低的趋势，D2、D3 处理为同一水平且高于 CK，这表明对于 D 秸秆长度处理并不是施加量越高越好。此外，A 秸秆长度处理在各施加量水平下均高于其他秸秆长度处理，这与其本身是秸秆粉末息息相关。

8）秸秆混掺对土壤 pH 的影响

秸秆长度处理各水平之间具有极显著差异（$p<0.001$），秸秆施加量处理各水平之间具有极显著差异（$p<0.001$）。秸秆长度与秸秆施加量的交互效应也具有极显著差异（$p<0.001$），各处理较 CK 显著降低了土壤 pH。施加量对土壤 pH 的影响（图 9-22）表现为：在 A 秸秆长度水平下，随施加量增长 pH 降低，其中 A2、A3 处理为同一水平；B、C 秸秆长度水平下，随施加量增长 pH 逐渐降低，较 CK 最多降低 4.8%（发生在 C3 处理下）；D 秸秆长度水平下，随施加量增长 pH 呈先增长后降低的趋势，且 D1、D3 处理为同一水平。秸秆长度对土壤 pH 的影响表现为：在施加量 1 水平下，土壤 pH 大小表现为 A1＞B1＞C1＞D1，且 A1、CK 为同一水平；在施加量 2 水平下，土壤 pH 表现为 CK＞A2≈D2＞B2≈C2；在施加量 3 水平下，B3 同 C3、D3 处理间差异不显著，其余处理中 A3 最大，C3 最小。

秸秆混掺处理下，随施加量增长土壤全氮含量增长，且均高于 CK 处理，而施加量处理在 A、B、C 秸秆长度水平下，均表现为随施加量增长硝态氮含量逐渐降低的趋势，三种秸秆长度处理在施加量 3 时显著低于 CK；而 D 秸秆长度处理下，土壤硝态氮含量表现为随施加量增长而逐渐上升，在 D3 处理下达到最大值，且三种施加量下，D 秸秆长度水平处理下土壤硝态氮含量均低于 CK。

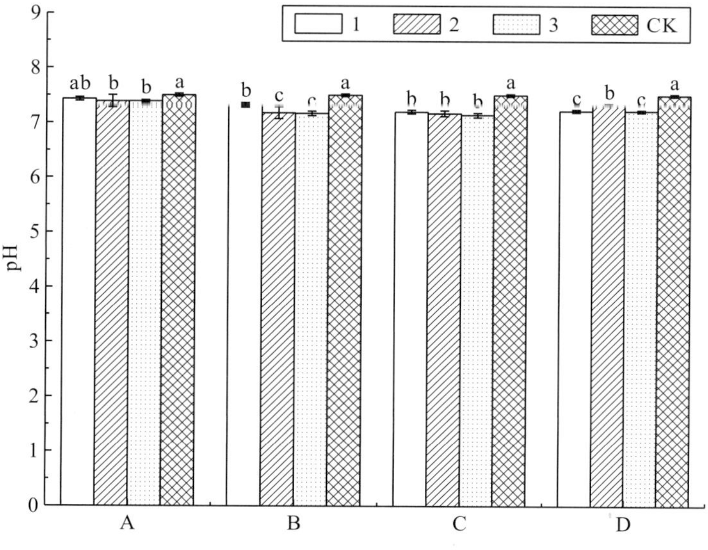

图 9-22　不同秸秆施加量下秸秆长度对石漠化土壤 pH 的影响

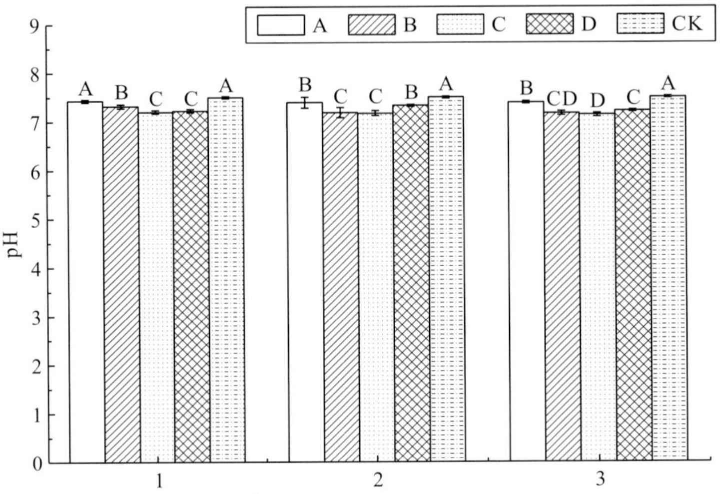

图 9-23 不同秸秆长度下秸秆施加量对石漠化土壤 pH 的影响

秸秆施加量与土壤全氮含量成正比，这是由于施加量的增长提高了秸秆这一潜在氮素输入，而 A、B、C 秸秆长度水平下表现为随施加量增长硝态氮含量逐渐降低的趋势，而 D 秸秆长度处理下，则随施加量增长硝态氮含量逐渐上升，这与秸秆本身有关，A、B、C 对比 D 秸秆长度处理体积差异较大，较大的体积在培育过程中对比其他处理分解更慢[276,277]。而土壤硝态氮较全氮分布特征略有差异，在施加量 3 时土壤硝态氮含量较 CK 都有所降低，这一过程可能是施加量的提高，增加了土壤紧实度，从而减少了日常养护过程中肥液向下渗透的趋势，亦有可能是施加量的增长为土壤速效养分随日常浇水向下流失提供了新的通道。高施加量减少土壤下层硝态氮含量的结论异于大多数研究，但考虑到这些研究都设置在土层深度较深的农田中，与试验模拟的石漠化浅薄土层不同，因此亦有其存在的机理[278,279]。

秸秆混掺处理下，土壤全磷及有效磷含量较 CK 均有提高，与前人研究结论一致[280]，施加量处理对土壤全磷含量的影响大多表现为随施加量增长土壤全磷含量增长的趋势。而在 A、B、C 秸秆长度下，有效磷含量与施加量成正比，而 D 秸秆长度处理下有效磷含量与施加量成反比，且同水平下均高于 CK 处理，而长度处理在不同施加量水平下均有差异。值得一提的是，在施加量 1、2 下均表现为 B＜C＜A＜D 的趋势，在施加量 3 时发生变动，但 D 秸秆长度处理依旧高于 C、B 秸秆长度处理（图 9-23）。

秸秆混掺处理下，土壤全钾含量大多低于 CK 处理，但对处理组进行方差分析后，结果显示施加量及秸秆长度对其影响均不显著，这表明秸秆混掺在苔藓培育过程中对土壤本身全钾含量的影响并不显著。而土壤中速效钾含量较 CK 则多有提高，A、B、C、D 秸秆长度处理均表现为随施加量增长土壤速效钾含量增加的趋势，施加量的增长提供了更多的孔隙，为速效钾在土壤中滞留提供了正向反馈。

秸秆施加量的增长在不同处理下均能提高土壤有机质含量，且大多表现为随施加量增长有机质含量提高的趋势。值得一提的是，D 秸秆长度水平下，土壤有机质含量呈先增长后降低的趋势，且 D2、D3 处理为同一水平，且高于 CK，这表明对于 D 秸秆长度处理并不是施加量越高越好。究其原因：在低施加量较短的秸秆长度处理下秸秆与土壤接触面积更大，提高了二者混合程度，加速了水分吸收，提高了腐解效率[281]。A 秸秆长度处理即秸秆粉末处理在各施加量水平下有机质含量均高于其他长度处理，这便是有力证明。秸秆混掺处理下各处理对比 CK 大多降低了土壤 pH，使得 pH 逐渐向中性靠拢，但均保持在中性附近。

9.3.6　秸秆混掺对土壤微生物群落特征的影响

1) 土壤微生物的群落组成

图 9-24 为不同秸秆处理下苔藓结皮土壤微生物在门水平的群落组成，细菌在门水平上主要包括变形菌门(Proteobacteria，30.15%～53.42%)、放线菌门(Actinobacteria，16.3%～24.73%)、酸杆菌门(Acidobacteria，5.66%～13.66%)、浮霉菌门(Planctomycetes，3.30%～19.75%)、绿弯菌门(Chloroflexi，3.81%～9.90%)，其中变形菌门相对丰度在 A、B、D 长度水平下表现出随施加量增长逐渐增大的趋势，各处理较 CK 均有提高。

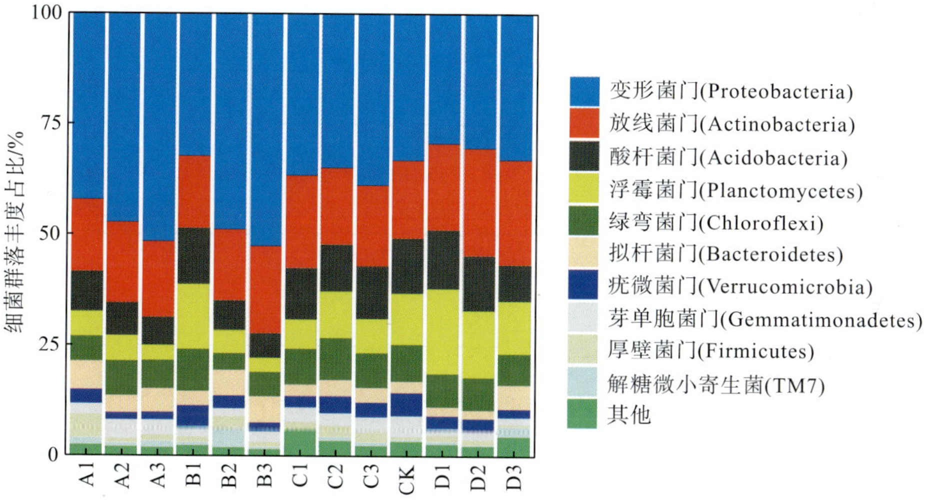

图 9-24　秸秆混掺下土壤细菌群落结构

2) 土壤微生物群落 α 多样性

土壤微生物群落 α 多样性主要反映环境内物种的丰富度和群落的多样性程度，其中物种丰富度(species richness)主要以 Chao1 指数体现，其数值越大代表物种丰富度越高；群落多样性(community diversity)主要以香农(Shannon)指数体现，其数值越大代表物种多样性越高、物种分布越均匀。与 CK 相比，秸秆混掺显著提升了 Chao1 指数及 Shannon 指数，其中 Chao1 指数中各处理大小表现为 A2、A3＞B3＞C3＞B2＞D2＞C2＞A1＞D1＞C1≈D3＞B1≈CK，其中 A 秸秆长度处理在施加量 2、3 时显著高于其余处理，且在施加量 3 水平时，A、B、C 秸秆长度处理大多高于其余处理，这表明 D 秸秆长度处理在施加量为 3 时相比其他处理未能显著提高群落多样性。处理内部 Shannon 指数差异不显著，仅 C1、C2、C3、A2、A3 处理显著高于其余处理，表明 C 秸秆长度处理下微生物群落物种多样性更高，在 A 秸秆长度水平时仅在施加量 2、3 处理下物种多样性显著高于其余处理。施加量对 Shannon 指数的影响多表现为先提高后降低的趋势，而秸秆长度处理下略有差异，但各处理中 C 秸秆长度水平下各处理 Shannon 指数变动范围为 10.15～10.34，显著高于 CK 及同施加量水平下的其他长度处理(表 9-19)。

表 9-19　不同秸秆混掺处理下苔藓土壤结皮细菌 α 多样性指标

试验处理	Chao1 指数	Shannon 指数
CK	1514.44±1.51h	8.91±0.01b
A1	2429.55±139.54ef	9.86±0.57ab
A2	3963.24±227.62a	10.21±0.59a
A3	4086.15±234.68a	10.1±0.58a
B1	1360.63±78.15h	9.56±0.55ab
B2	3339.36±191.79c	9.79±0.56ab
B3	3627.57±208.35b	9.74±0.56ab
C1	2014.37±115.69g	10.15±0.58a
C2	2679.89±153.92de	10.34±0.59a
C3	3496.56±200.82bc	10.34±0.59a
D1	2334.11±134.06f	9.9±0.57ab
D2	2791.77±160.34d	9.94±0.57ab
D3	2022.51±116.16g	9.93±0.57ab

注：不同小写字母表示不同处理下 Chaol 和 Shannon 指数的差异性(p<0.05)

3) 土壤微生物群落 β 多样性

主坐标分析(principal co-ordinates analysis，PCoA)是一种与主成分分析(PCA)类似的降维排序方法，二者均通过一系列的特征值和特征向量排序从多维数据中提取出最主要的元素和结构。区别在于 PCA 是基于样品的相似系数矩阵来寻找主坐标，而 PCoA 是基于距离矩阵来寻找主坐标，样品距离越接近，表示其物种组成越相似，因此群落结构相似度高的样品倾向于聚集在一起，群落差异很大的样品则会远远分开，结果如图 9-25 所示。

PCoA 处理下第一轴序 A1 和第二轴序 A2 分别代表了秸秆混掺处理下土壤细菌群落 β 多样性总变异的 47.37%和 12.66%，总解释度为 60.03%，依旧有 39.97%的群落变异不能解释，而 PCA 对样本间土壤细菌 β 多样性差异的解释度为 28.3%。可见秸秆混掺的不同处理显著影响土壤细菌群落的 β 多样性，而其中 D1、D2 处理在横坐标及纵坐标方向距离最近，这表明两处理的群落结构相似度更高。较 CK 的距离而言，B1 距离其最近，A3 距其最远，这表明 CK 较 B1 处理细菌群落较相似，而 A3 对比 CK 细菌群落结构差异最大。

通过对秸秆混掺下土壤微生物群落特征进行探讨，结果表明细菌在门水平上以变形菌门(Proteobacteria)、放线菌门(Actinobacteria)、酸杆菌门(Acidobacteria)、浮霉菌门

(Planctomycetes)、绿弯菌门(Chloroflexi)为主，其中变形菌门占据群落物种的 30.15%～53.42%，该门被认为最能适应多变的生态环境，变形菌门被发现作用于分解可降解植物体内的易降解部分，同样参与了秸秆腐解中纤维素的降解过程，而施加量增长提高了变形菌门所需的“食物”。处理组对比 CK 显著提高了 Chao1 指数及 Shannon 指数，群落内物种丰富度及物种多样性越高[282,283]。

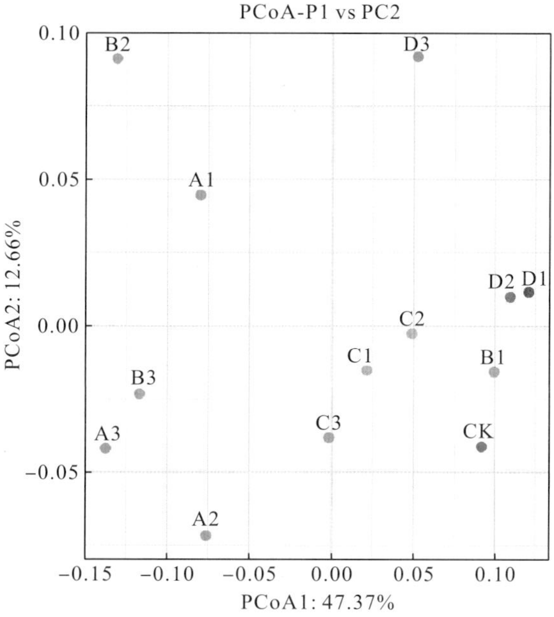

图 9-25　主坐标分析

9.4　小　　结

(1) 对于水分入渗过程，施加量与湿润锋运移距离及累积入渗量成反比，秸秆长度处理中，D 秸秆长度处理下对入渗的阻碍作用最为明显，各施加量下累积入渗量较 CK 最高降低 41.86%、51.11%、57.05%。Philip 入渗模型决定系数 R^2 均在 0.99 以上，拟合程度高，其中施加量与吸渗率多数成反比，秸秆长度对吸渗率的影响表现为随秸秆长度增加，吸渗率降低的趋势，其中施加量 3 下 A3、B3、D3 处理为同一水平。

(2) 各处理在湿润锋运移范围内，硝态氮含量大多随土层深度增加呈先降低后上升的趋势，处理组在 15cm 土层深度时较 CK 硝态氮含量出现增长，B、C、D 秸秆长度处理下 15cm 处土层硝态氮含量随施加量增长而增加，而 A 秸秆长度水平下施加量与各土层硝态氮含量均成反比，秸秆长度对硝态氮分布规律的影响各有差异，但 A、D 秸秆长度水平在不同施加量下较 CK 均提高了土层中部 15cm 处的硝态氮含量。各处理有效磷含量大都随土层深度增加表现为逐渐降低的趋势，秸秆混掺处理较 CK 提高了土壤 15cm 处有效磷含量，施加量的增长使得这一现象更明显。在 B、C、D 秸秆长度水平下，施加量 3 下的土壤有效磷含量高于同长度的施加量 1 处理且高于 CK，而 A 秸秆长度处理则截然相反。秸秆长度对土壤有效磷含量影响各有差异，但其中 D 长度处理较秸秆长度 B、C 处理在各施加量下均表现为提高。秸秆混掺各处理对土壤速效钾含量较 CK 有所提升，在施加量 1 时各长度处理下较 CK 差异不大，但随施加量提升土壤速效钾含量则随之增长。秸秆长度对土壤速效钾含量影响在不同施加量下均有差异，但在施加量 1 水平时仅 D1 处理表现出提高速效钾含量的趋势，随施加量增加 D 长度处理均表现出提高速效钾含量的趋势，且大多高于其余长度处理的速效钾含量。

(3) 秸秆混掺处理在淋溶试验下，各处理均表现为随土层深度增加硝态氮含量逐渐增加的趋势，施加量的增长显著提高了 A、B、C、D 秸秆长度水平内硝态氮的含量。在施加量 3 水平下各处理不同土层硝态氮含量均高于 CK 处理。长度处理对硝态氮含量影响各异，但 D 秸秆长度处理在不同施加量下不同土层深度中大都高于其他处理且较 CK 均有提升。淋溶试验下，土壤有效磷含量大都表现为随土层深度增加逐渐降低的趋势。施加量对 B、C、D 秸秆长度处理下有效磷含量的影响表现为施加量 3 处理较施加量 1 处理在各土层有效磷含量均有提高。且施加量 3 处理下所有长度处理较 CK 各土层有效磷含量均有提升，而 A 秸秆长度处理则随施加量增长各土层有效磷含量降低。秸秆长度处理对其影响各异，但 A、D 秸秆长度处理在不同施加量下各土层有效磷含量较 CK 均有提升，其中 A1 处理在土层深度 5cm 处，对比 CK 增长 22.44mg/kg，为所有秸秆混掺处理中最高。秸秆混掺处理对土壤速效钾含量较 CK 均有提高，施加量与各土层速效钾含量成正比。长度处理下各长度在不同秸秆施加量下有所差异，但 D 秸秆长度处理在各施加量下均高于其他处理，而 B 秸秆长度处理则大多数情况下均低于其他处理。总而言之，秸秆混掺处理较 CK 在淋溶下土壤速效养分含量有所提高，这一现象大多随施加量增长而加剧，秸秆长度则各有其独特的变化规律，但 D 秸秆长度处理对土层速效养分含量提升效果显著，不同施加量下土壤硝态氮、有效磷、速效钾含量较 CK 均有提升，这与秸秆的加入改变土壤孔隙度有关，过高的施加量及过大体积的秸秆长度处理都会提升土壤容重，降低土壤孔隙，阻碍淋溶发生。

(4) 秸秆混掺处理提高了土壤饱和持水量，各处理对比 CK 均有提升，而秸秆混掺处理下仅 B2、B3 处理累积蒸发量显著高于 CK。与此同时，仅 A2、B2、B3、C1、C2 处理苔藓密度高于 CK 处理，A1、A2、B1、B2、B3、C1、C2 处理苔藓盖度高于 CK 处理。施加量处理对苔藓密度和盖度的影响表现为随施加量增长，各处理苔藓密度及盖度先升高后降低。不同秸秆长度处理对苔藓生长影响均有差异，但 B 秸秆长度处理对苔藓生长促进效果明显，B 秸秆长度处理下除施加量 1 外，其苔藓密度均显著高于其余处理。且在各长度水平下其苔藓盖度均高于 CK 处理。结合其高于 CK 的累积蒸发量不难得出，土壤蒸发量提高对苔藓生长更有利，因为苔藓植物没有真正的根不能主动从土壤中吸取水分，空气中的水分是其水分的来源，蒸发量的增长提高了空气中水分含量，故饱和持水量对苔藓生长影响不明显，但累积蒸发量与苔藓生长极度契合。

(5) 秸秆混掺处理较 CK 提高了土壤全氮含量，随施加量增长土壤全氮含量增长，长度处理对其影响不显著，而秸秆混掺对土壤硝态氮含量影响表现为：在施加量 1 时高于 CK，在施加量 3 时低于 CK，其中 A、B、C 秸秆长度水平下随施加量增长硝态氮含量逐渐降低，D 秸秆长度处理下土壤硝态氮含量表现为随施加量增长而逐渐上升，在 D3 处理下达到最大值。秸秆混掺处理下，土壤全磷及有效磷含量较 CK 均有提高，施加量处理对土壤全磷含量的影响大多表现为随施加量增长土壤全磷含量增长，而在 A、B、C 秸秆长度处理下，有效磷含量与施加量成正比，D 秸秆长度处理下有效磷含量则与施加量成反比，且同水平下均高于 CK 处理。长度处理在不同施加量水平下均有差异，但在施加量 1、施加量 2 处理水平下均表现为 B＞C＞A＞D 的趋势，在施加量 3 时发生变动但 D 处理依旧高于 C、B 长度处理。秸秆混掺处理下，土壤全钾含量大多低于 CK 处理，但施加量及秸秆长度对其影响均不显著，而土壤中速效钾含量较 CK 则多有提高，A、B、C、D 秸秆长度处理下，均表现为随施加量增长土壤速效钾含量增加的趋势。秸秆施加量的增长在不同处理下均能提高土壤有机质含量，且大都表现为随施加量增长有机质含量提高。秸秆混掺处理下各处理对比 CK 大都降低了土壤 pH，使得 pH 逐渐向中性靠拢，但均保持在中性附近。

(6)秸秆混掺下土壤细菌微生物群落在门水平上以变形菌门(Proteobacteria)，放线菌门(Actinobacteria)、酸杆菌门(Acidobacteria)、浮霉菌门(Planctomycetes)、绿弯菌门(Chloroflexi)为主，其中变形菌门占据群落物种的 30.15%～53.42%。处理组对比 CK 显著提高了物种丰富度及群落多样性，D1 与 D2，CK 与 B1 两两间细菌群落结构相似，而 A3 对比 CK 群落结构差异最大。

通过室内一维土柱入渗、淋溶试验，结果表明秸秆混掺对石漠化地区土壤本身具有提高肥液中速效养分积累量，抑制有效养分流失的作用。而通过苔藓培育试验，结果表明秸秆混掺对苔藓生长的影响主要体现在提高土壤蒸发来提高表层空气中的水汽含量从而促进盖度及密度的提高。此外，秸秆混掺在苔藓培育过程中对土壤本身全氮、有机质、全磷、有效磷、速效钾的含量均有提高，对 pH 则表现为随施加量增长逐渐向 pH=7 靠拢。

综上所述，秸秆混掺可以在前期减缓养分自下部漏失，提高土壤速效养分积累量，其对土体强度的影响亦可在植被群落未建立时抵御冲刷侵蚀。秸秆腐解后可提高部分土壤养分，产生的通道为植物根系延伸提供了通道。而苔藓发育过程中下部土壤在秸秆混掺处理下部分养分及土壤有机质含量显著提升，截至 2022 年，已有研究提出基于苔藓植生技术的喷护坡面生态修复技术[284]，即对苔藓生长基质进行改良，结合苔藓本身，完成了既能抵御雨水冲刷又能促进苔藓生长的成功案例。而秸秆混掺加苔藓的修复方式亦可通过喷播的方式，快速地在不同立地条件下建立以苔藓植物为先锋植物，秸秆混掺做水土保持技术的综合治理模式，为后续草本植被创造适宜生境。故本试验中秸秆混掺结合苔藓培育对于石漠化地区修复治理，可以起到积极的修复治理作用。

参考文献

[1] 袁道先, 蔡桂鸿. 岩溶环境学[M]. 重庆: 重庆出版社, 1988.

[2] 袁道先. 岩溶石漠化问题的全球视野和我国的治理对策与经验[J]. 草业科学, 2008, 25(9): 19-25.

[3] 王世杰, 李阳兵, 李瑞玲. 喀斯特石漠化的形成背景、演化与治理[J]. 第四纪研究, 2003, 23(6): 657-666.

[4] 陈洪松, 岳跃民, 王克林. 西南喀斯特地区石漠化综合治理: 成效、问题与对策[J]. 中国岩溶, 2018, 37(1): 37-42.

[5] 穆洪晓. 西南喀斯特地区石漠化综合治理效益评价及典型案例研究[D]. 北京: 北京林业大学, 2019.

[6] 张军以, 王腊春, 苏维词, 等. 岩溶地区人类活动的水文效应研究现状及展望[J]. 地理科学进展, 2014, 33(8): 1125-1135.

[7] 中华人民共和国国家发展和改革委员会. 关于印发《岩溶地区石漠化综合治理工程“十三五”建设规划》的通知[EB/OL]. https://www.ndrc.gov.cn/xxgk/zcfb/ghwb/201604/t20160422_962180.html, 2016-04-22.

[8] 中华人民共和国国民经济和社会发展第十四个五年规划和 2035 年远景目标纲要[EB/OL]. https://www.gov.cn/xinwen/2021-03/13/content_5592681.htm, 2021-03-13.

[9] 国务院. 关于支持贵州在新时代西部大开发上闯新路的意见[EB/OL]. https://www.gov.cn/zhengce/content/2022-01/26/content_5670527.htm, 2022-01-26.

[10] Bu C F, Li R X, Wang C, et al. Successful field cultivation of moss biocrusts on disturbed soil surfaces in the short term[J]. Plant and Soil, 2018, 429(1): 227-240.

[11] Condon L A, Pyke D A. Filling the interspace-restoring arid land mosses: source populations, organic matter, and overwintering govern success[J]. Ecology and Evolution, 2016, 6(21): 7623-7632.

[12] Zhao J C, Zheng Y P, Zhang B C, et al. Progress in the study of algae and mosses in biological soil crusts[J]. Frontiers of Biology in China, 2009, 4(2): 143-150.

[13] Liu R, Shen J C, Zhang Z H. Sudy on th sinifanccof ecological restoration of four bryophytes in karst rocky desertification arca[J]. Soil Water Conserv, 2018, 32(6): 141-148.

[14] Cong C L, Liu T L, Kon X Y, et al. Flora and species diver-sity of epilithic mosses on rock desertification in the Puding karst area[J]. Carsologica Sinica, 2017, 36(2): 179-186.

[15] Zhang T, Jia R L, Yu L Y. Diversity and distribution of soil fungal communities associated with biological soil crusts in the southeastern Tengger Desert (China) as revealed by 454 pyrosequencing[J]. Fungal Ecology, 2016, 23: 156-163.

[16] Xiao H, Xiong K N, Zhang H, et al. Rescarch progress for karst rocky desertification control models[J]. China Popul, esour Environ, 2014, 24(3): 330-334.

[17] 熊康宁, 李晋, 龙明忠. 典型喀斯特石漠化治理区水土流失特征与关键问题[J]. 地理学报, 2012, 67(7): 878-888.

[18] 李生, 任华东, 姚小华, 等. 典型石漠化地区不同植被类型地表水土流失特征研究[J]. 水土保持学报, 2009, 23(2): 1-6.

[19] 彭恒, 桂富荣, 李正跃, 等. 白茅对紫茎泽兰的竞争效应[J]. 生态学杂志, 2010, 29(10): 1931-1936.

[20] 段华超, 郑鑫华, 李世民, 等. 云南石漠化地区植被恢复模式及优化建议[J/OL]. 中国岩溶, 2021, 1-13. https://kns.cnki.net/kcms/detail/45.1157.P.20210413.1323.002.html, 2021-04-13.

[21] 刘树西. 基于天空地一体化的石漠化治理特色林产业效益监测评价研究[D]. 贵阳: 贵州师范大学, 2021.

[22] 王茜, 赵筱青, 普军伟, 等. 滇东南喀斯特区域生态脆弱性的时空演变及其影响因素[J]. 应用生态学报, 2021, 32(6): 2180-2190.

[23] 王钰. 贵州省石漠化综合治理试点工程效益评价[J]. 中国水土保持, 2015, 36(4): 57-59.

[24] 杨世凡, 王朝军, 孙泉忠, 等. 贵州省石漠化综合治理成效及对策分析[J]. 中国水土保持, 2021, 42(6): 8-11.

[25] 季传泽. 喀斯特石漠化治理林灌草修复与高效特色林产业生态效益监测评价[D]. 贵阳: 贵州师范大学. 2020.

[26] 张俞. 喀斯特石漠化乔灌草修复机制与高效特色林产业模式研究[D]. 贵阳: 贵州师范大学. 2020.

[27] Piché N, Kelting D L. Recovery of soil productivity with forest succession on abandoned agricultural land[J]. Restoration Ecology, 2015, 23(5): 645-654.

[28] Puttaso A, Vityakon P, Saenjan P, et al. Relationship between residue quality, decomposition patterns, and soil organic matter accumulation in a tropical sandy soil after 13 years[J]. Nutrient Cycling in Agroecosystems, 2011, 89(2): 159-174.

[29] 田秀玲, 倪健. 西南喀斯特山区石漠化治理的原则、途径与问题[J]. 干旱区地理, 2010, 33(4): 532-539.

[30] Chamizo S, Cantón Y, Lázaro R, et al. Crust composition and disturbance drive infiltration through biological soil crusts in semiarid ecosystems[J]. Ecosystems, 2012, 15(1): 148-161.

[31] Porada P, Van Stan J T, Kleidon A. Significant contribution of non-vascular vegetation to global rainfall interception[J]. Nature Geoscience, 2018, 11(8): 563-567.

[32] 刘文耀, 刘伦辉, 郑征. 滇中不同群落结构云南松林的水文作用[J]. 北京林业大学学报, 1992, 14(2): 38-45.

[33] Pan D L, Yang S W, Song Y Q, et al. The tradeoff between soil erosion protection and water consumption in revegetation: Evaluation of new indicators and influencing factors[J]. Geoderma, 2019, 347: 32-39.

[34] 陈双双, 朱宁华, 周光益, 等. 不同等级石漠化环境下人工乔木林的植被与土壤物理特征[J]. 生态环境学报, 2022, 31(1): 52-61.

[35] Muradian R, Arsel M, Pellegrini L, et al. Payments for ecosystem services and the fatal attraction of win-win solutions[J]. Conservation Letters, 2013, 6(4): 274-279.

[36] Zhang W, Zhao J, Pan F J, et al. Changes in nitrogen and phosphorus limitation during secondary succession in a karst region in Southwest China[J]. Plant and Soil, 2015, 391(1): 77-91.

[37] Berthrong S T, Jobbágy E G, Jackson R B. A global meta-analysis of soil exchangeable cations, pH, carbon, and nitrogen with afforestation[J]. Ecological Applications, 2009, 19(8): 2228-2241.

[38] Mahaney W M, Smemo K A, Yavitt J B. Impacts of Lythrum salicaria invasion on plant community and soil properties in two wetlands in central New York, USA[J]. Canadian Journal of Botany, 2006, 84(3): 477-484.

[39] Lozano Y M, Hortal S, Armas C, et al. Interactions among soil, plants, and microorganisms drive secondary succession in a dry environment[J]. Soil Biology and Biochemistry, 2014, 78: 298-306.

[40] Zhu H H, He X Y, Wang K L, et al. Interactions of vegetation succession, soil bio-chemical properties and microbial communities in a Karst ecosystem[J]. European Journal of Soil Biology, 2012, 51: 1-7.

[41] 郭柯, 刘长成, 董鸣. 我国西南喀斯特植物生态适应性与石漠化治理[J]. 植物生态学报, 2011, 35(10): 991-999.

[42] 吴林坤, 林向民, 林文雄. 根系分泌物介导下植物-土壤-微生物互作关系研究进展与展望[J]. 植物生态学报, 2014, 38(3): 298-310.

[43] 王吉高, 汪依妮, 陈超, 等. 岩溶地区不同石漠化程度下草地细根对土壤养分的贡献[J]. 生态学报, 2022, 42(1): 313-321.

[44] Sardans J, Peñuelas J. Drought changes phosphorus and potassium accumulation patterns in an evergreen Mediterranean forest[J]. Functional Ecology, 2007, 21(2): 191-201.

[45] Tsonkova P, Böhm C, Quinkenstein A, et al. Ecological benefits provided by alley cropping systems for production of woody biomass in the temperate region: a review[J]. Agroforestry Systems, 2012, 85(1): 133-152.

[46] 聂碧娟, 林敬兰, 赵会贞. 水土保持综合治理效益评价研究进展[J]. 亚热带水土保持, 2009, 21(3): 39-41.

[47] Kvaratskhelia M, Wardleworth B N, Bond C S, et al. Holliday junction resolution is modulated by archaeal chromatin components in vitro[J]. Journal of Biological Chemistry, 2002, 277(4): 2992-2996.

[48] 杜文鹏, 闫慧敏, 甄霖, 等. 西南岩溶地区石漠化综合治理研究[J]. 生态学报, 2018, 39(16): 5798-5808.

[49] 高渐飞, 熊康宁. 喀斯特石漠化生态系统服务价值对生态治理的响应: 以贵州花江峡谷石漠化治理示范区为例[J]. 中国生态农业学报, 2015, 23(6): 775-784.

[50] 袁江, 李瑞, 舒栋才, 等. 基于 SWAT 模型的喀斯特流域产流特征对石漠化治理措施的响应[J]. 水土保持学报, 2021, 35(6): 151-160.

[51] Piper F I, Cavieres L A, Reyes-Díaz M, et al. Carbon sink limitation and frost tolerance control performance of the tree *Kageneckia angustifolia* D. Don (Rosaceae) at the treeline in central Chile[J]. Plant Ecology, 2006, 185(1): 29-39.

[52] Vincent A G, Turner B L, Tanner E V J. Soil organic phosphorus dynamics following perturbation of litter cycling in a tropical moist forest[J]. European Journal of Soil Science, 2010, 61(1): 48-57.

[53] Waldrop M P, Zak D R, Sinsabaugh R L. Microbial community response to nitrogen deposition in northern forest ecosystems[J]. Soil Biology and Biochemistry, 2004, 36(9): 1443-1451.

[54] 刘彦伶, 李渝, 张萌, 等. 基于文献计量的贵州喀斯特地区石漠化等级土壤养分状况分析[J]. 中国土壤与肥料, 2019, (2): 171-180.

[55] 胡杨. 浅谈云南石漠化现状及植被恢复措施[J]. 林业建设, 2008, (3): 17-19.

[56] Downing A, Peacock R, Ramsay H. Some new and noteworthy bryophytes from Antarctic Beech (*Nothofagus moorei*) forests of north-eastern New South Wales[J]. Telopea, 2014, 17: 239-250.

[57] 梁晓谦, 李建平, 张翼, 等. 荒漠草原植被及土壤生态化学计量对降水的响应[J]. 草业科学, 2022, 39(5): 864-875.

[58] Chamizo S, Stevens A, Cantón Y, et al. Cantón, et al. Discriminating soil crust type, development stage and degree of disturbance in semiarid environments from their spectral characteristics[J]. European Journal of Soil Science, 2012, 63(1): 42-53.

[59] 李国庆, 刘长成, 刘玉国, 等. 物种分布模型理论研究进展[J]. 生态学报, 2013, 33(16): 4827-4835.

[60] Cortina J, Martín N, Maestre F T, et al. Disturbance of the biological soil crusts and performance of Stipa tenacissima in a semi-arid Mediterranean steppe[J]. Plant and Soil, 2010, 334(1): 311-322.

[61] Hines J, Pabst S, Mueller K E, et al. Soil-mediated effects of global change on plant communities depend on plant growth form[J]. Ecosphere, 2017, 8(11): e01996.

[62] Vassilev N, Vassileva M, Fenice M, et al. Immobilized cell technology applied in solubilization of insoluble inorganic (rock) phosphates and P plant acquisition[J]. Bioresource Technology, 2001, 79(3): 263-271.

[63] Domachowska I, Heitmann C, Deutsch R, et al. Approach-motivated positive affect reduces breadth of attention: Registered replication report of Gable and Harmon-Jones (2008)[J]. Journal of Experimental Social Psychology, 2016, 67: 50-56.

[64] Cairns D M. Patterns of winter desiccation in krummholz forms of Abies lasiocarpa at treeline sites in Glacier National Park, Montana, USA[J]. Geografiska Annaler, 2001, 83(3): 157-168.

[65] 詹瑾, 韩丹, 杨红玲, 等. 科尔沁沙地植被恢复过程中群落组成及多样性演变特征[J]. 中国沙漠, 2022, 42(2): 194-206.

[66] 申家琛. 贵阳喀斯特公园石漠化区域植物多样性、溶蚀作用和土壤化学性质研究[D]. 贵阳: 贵州师范大学. 2018.

[67] Fenton N J, Bergeron Y. Does time or habitat make old-growth forests species rich? Bryophyte richness in boreal *Picea mariana* forests[J]. Biological Conservation, 2008, 141(5): 1389-1399.

[68] 张朝晖，彭涛，李晓娜，等. 中国昆明地区岩溶洞穴洞口带苔藓植物研究(摘要)(英文)[J]. 中国岩溶，2004，23(3): 229-233.

[69] 李军峰，王智慧，张朝晖. 喀斯特石漠化山区苔藓多样性及水土保持研究[J]. 环境科学研究, 2013, 26(7): 759-764.

[70] 徐海清，刘文耀，沈有信，等. 云南石林喀斯特地区半湿润常绿阔叶林附生植物的初步研究[J]. 广西植物，2006，26(1): 43-48, 96.

[71] 李晓娜，张朝晖，龙明忠. 云南罗平多依河景区苔藓植物区系研究[J]. 热带亚热带植物学报, 2015, 23(1): 89-98.

[72] 代玉，张天汉，王智慧，等. 黔滇石漠区苔藓植物物种多样性及其水土保持作用[J]. 江苏农业科学, 2015, 43(4): 332-337.

[73] 于宁宁. 冻不坏的极地勇士：南极的苔藓植物[J]. 生命世界, 2022, 49(10): 26-29.

[74] 莫惠芝，骆华容，刘建华，等. 不同光照条件对三种苔藓植物光合特性的影响[J]. 北方园艺, 2018, (15): 85-91.

[75] 石山丹，田桂泉，赵燕. 相同环境下 4 种藓类植物光合色素含量的比较[J]. 内蒙古科技与经济, 2017, (4): 68-70.

[76] 程慧，陶靖文，张慧，等. 安徽省岳西县苔藓植物区系特征[J]. 植物资源与环境学报, 2022, 31(5): 81-91.

[77] 胡浩，王娟. 干旱胁迫及复水对 3 种苔藓植物生理指标的影响[J]. 贵州农业科学, 2020, 48(9): 11-15

[78] 丽丽. 毛乌素沙地苔藓植物分类与环境适应性研究[D]. 呼和浩特：内蒙古师范大学. 2021

[79] 曹弈璘，曾春菡，刘小波，等. PEG 模拟干旱胁迫下 4 种苔藓植物的生理指标变化及其耐旱性评价[J]. 西北林学院学报, 2014, 29(4): 33-39.

[80] 陈文佳. 细叶小羽藓(*Haplocladium microphyllum*)快繁体系及对逆境的生理响应研究[D]. 杭州：浙江农林大学. 2012.

[81] 杜宝明. 大灰藓(*Hypnum plumaeforme*)的栽培和抗旱性研究[D]. 杭州：浙江农林大学. 2011.

[82] 丁华娇，莫亚鹰. 4 种苔藓植物对干旱的适应能力研究[J]. 北京农业, 2011, (12): 59-61.

[83] 张萍，白学良，钟秀丽. 苔藓植物耐旱机制研究进展[J]. 植物学通报, 2005, 22(1): 107-114.

[84] 张萍，白学良. 耐旱苔藓植物生理学及分子生物学研究进展[J]. 内蒙古大学学报(自然科学版), 2004, 35(2): 227-233.

[85] 吴玉环，程佳强，冯虎元，等. 耐旱藓类的抗旱生理及其机理研究[J]. 中国沙漠, 2004, 24(1): 25-29

[86] 孙杰，何欣，王东博，等. 苔藓植物光合作用的研究进展[J]. 现代园艺, 2022, 45(15): 58-59, 62.

[87] 冷廷娇. 喀斯特区典型石生苔藓对岩面生境的影响[D]. 贵阳：贵州大学. 2022.

[88] Bruun H H, Moen J, Virtanen R, et al. Effects of altitude and topography on species richness of vascular plants, bryophytes and lichens in alpine communities[J]. Journal of Vegetation Science, 2006, 17(1): 37.

[89] 张伟，高雪笛，丁晓璐，等. 六种叶状体苔藓植物叶绿素含量和光合效率研究[J]. 亚热带植物科学, 2018, 47(4): 312-316.

[90] Maestre F T, Martín N, Díez B, et al. Watering, fertilization, and slurry inoculation promote recovery of biological crust function in degraded soils[J]. Microbial Ecology, 2006, 52(3): 365-377.

[91] Bates S T, Garcia-Pichel F. A culture-independent study of free-living fungi in biological soil crusts of the Colorado Plateau: their diversity and relative contribution to microbial biomass[J]. Environmental Microbiology, 2009, 11(1): 56-67.

[92] Nagy M L, Pérez A, Garcia-Pichel F. The prokaryotic diversity of biological soil crusts in the Sonoran Desert (Organ Pipe *Cactus* National Monument, AZ)[J]. FEMS Microbiology Ecology, 2005, 54(2): 233-245.

[93] Garcia-Pichel F, Felde V J, Drahorad S, et al. Microstructure and weathering processes within biological soil crusts[M]//. Weber B, Büdel B, BelnapJ. Biological soil crusts: an organizing principle in drylands. Cham: Springer, 2016, 237-255.

[94] Yeager C M, Kornosky J L, Housman D C, et al. Diazotrophic community structure and function in two successional stages of biological soil crusts from the Colorado Plateau and Chihuahuan Desert[J]. Applied and Environmental Microbiology, 2004, 70(2): 973-983.

[95] Rosentreter R, Eldridge D J, Westberg M, et al. Structure, composition, and function of biocrust lichen communities[M]//Weber B, Büdel B, Belnap J. Biological soil crusts: an organizing principle in drylands. Cham: Springer, 2016, 121-138.

[96] 高丽倩, 赵允格, 秦宁强, 等. 黄土丘陵区生物结皮对土壤物理属性的影响[J]. 自然资源学报, 2012, 27(8): 1316-1326.

[97] 宁远英. 科尔沁沙地生物结皮中土壤微生物、土壤酶活性的变化及其与土壤因子的关系[D]. 呼和浩特: 内蒙古师范大学, 2010.

[98] 边丹丹. 黄土丘陵区不同植被状况下土壤生物结皮对土壤生物学性质的影响[D]. 杨凌: 西北农林科技大学, 2011.

[99] 刘润, 申家琛, 张朝晖. 4 种苔藓植物在喀斯特石漠化地区的生态修复意义[J]. 水土保持学报, 2018, 32(6): 141-148.

[100] 李守中, 肖洪浪, 罗芳, 等. 沙坡头植被固沙区生物结皮对土壤水文过程的调控作用[J]. 中国沙漠, 2005, 25(2): 228-233.

[101] Drahorad S L, Steckenmesser D, Felix-Henningsen P, et al. Felix-Henningsen, et al. Ongoing succession of biological soil crusts increases water repellency—a case study on Arenosols in Sekule, Slovakia[J]. Biologia, 2013, 68(6): 1089-1093

[102] Bowker M A, Belnap J., Bala Chaudhary V, et al. Revisiting classic water erosion models in drylands: the strong impact of biological soil crusts[J]. Soil Biology and Biochemistry, 2008, 40(9): 2309-2316.

[103] Bowker M A, Maestre F T, Escolar C. Escolar. Biological crusts as a model system for examining the biodiversity - ecosystem function relationship in soils[J]. Soil Biology and Biochemistry, 2010, 42(3): 405-417.

[104] Halilou O, Hissene H M, Clavijo Michelangeli J A, et al. Determination of coefficient defining leaf area development in different genotypes, plant types and planting densities in peanut (*Arachis hypogeae* L.) [J]. Field Crops Research, 2016, 199: 42-51.

[105] 冉茂勇, 赵允格, 陈彦芹. 黄土丘陵水蚀区生物结皮土壤抗冲性试验研究[J]. 西北林学院学报, 2009, 24(3): 37-40, 62.

[106] 高丽倩. 生物结皮对土壤可蚀性的影响及机理[D]. 北京: 中国科学院研究生院, 2012.

[107] Pascolini-Campbell M, Reager J T, Chandanpurkar H A, et al. A 10 per cent increase in global land evapotranspiration from 2003 to 2019[J]. Nature, 2021, 593(7860): 543-547.

[108] Rodriguez-Caballero E, Stanelle T, Egerer S, et al. Global cycling and climate effects of aeolian dust controlled by biological soil crusts[J]. Nature Geoscience, 2022, 15(6): 458-463.

[109] 翟翠霞, 马健, 李彦. 古尔班通古特沙漠风沙土土壤蒸发特征[J]. 干旱区地理, 2007, 30(6): 805-811.

[110] Rodríguez-Caballero E, Cantón Y, Chamizo S, et al. Effects of biological soil crusts on surface roughness and implications for runoff and erosion[J]. Geomorphology, 2012, 145: 81-89.

[111] Langhans T M, Storm C, Schwabe A. Biological soil crusts and their microenvironment: impact on emergence, survival and establishment of seedlings[J]. Flora - Morphology, Distribution, Functional Ecology of Plants, 2009, 204(2): 157-168.

[112] 杨立文, 石清峰, 李昌哲, 等. 北京西山灌木林小流域暴雨径流研究[J]. 林业科学研究, 1994, 7(5): 506-511.

[113] Chamizo S, Rodríguez-Caballero E, Cantón Y, et al. Penetration resistance of biological soil crusts and its dynamics after crust removal: relationships with runoff and soil detachment[J]. Catena, 2015, 126: 164-172.

[114] 李继文, 尹本丰, 索菲娅, 等. 荒漠结皮层藓类植物死亡对表层土壤水分蒸发和入渗的影响[J]. 生态学报, 2021, 41(16): 6533-6541.

[115] Chamizo S, Rodríguez-Caballero E, Román J R, et al. Effects of biocrust on soil erosion and organic carbon losses under natural rainfall[J]. Catena, 2017, 148: 117-125.

[116] Kidron G J, Benenson I. Biocrusts serve as biomarkers for the upper 30cm soil water content[J]. Journal of Hydrology, 2014, 509: 398-405.

[117] Peter G, Leder C V, Funk F A. Effects of biological soil crust and water availability on seedlings of three perennial Patagonian species[J]. Journal of Arid Environments, 2016, 125: 122-126.

[118] 王国鹏, 肖波, 李胜龙, 等. 黄土高原藓结皮覆盖土壤的穿透阻力特征及其影响因素[J]. 土壤, 2021, 53(1): 173-182.

[119] 岳艳鹏, 成龙, 孙迎涛, 等. 毛乌素沙地生物结皮覆盖区土壤水分收支变化特征[J]. 应用生态学报, 2022, 33(7): 1861-1870.

[120] Serpe M D, Roberts E, Eldridge D J, et al. *Bromus tectorum* litter alters photosynthetic characteristics of biological soil crusts from a semiarid shrubland[J]. Soil Biology and Biochemistry, 2013, 60: 220-230.

[121] 黎锁平. 水土保持综合治理效益的灰色系统评价[J]. 水土保持通报, 1994, 14(5): 13-18.

[122] 字淑慧, 段青松, 吴伯志. 混播草带防治坡耕地水土流失效应的研究[J]. 农业工程学报, 2006, 22(5): 61-65.

[123] 杨小青, 胡宝清, 曹少英. 喀斯特山区石漠化生态治理效益模糊综合评价: 以广西都安瑶族自治县为例[J]. 生态与农村环境学报, 2008, 24(2): 22-26.

[124] 周晨霓, 魏虹, 尹文青. 喀斯特退化山地生态系统不同恢复模式生态经济效益综合评价[J]. 亚热带水土保持, 2009, 21(3): 21-25.

[125] 左兴俊, 左太安, 徐树建. 贵州省典型喀斯特石漠化治理模式效益评价研究[J]. 安徽农业科学, 2010, 38(28): 15792-15795.

[126] 张辉, 赵秋红. 基于主成分分析基本原理的经济指标的筛选方法[J]. 山东财经大学学报, 2013, 25(2): 52-61.

[127] 杨洋. 基于层次分析法的绿道景观评价模型的构建与应用[D]. 广州: 华南农业大学, 2016.

[128] 聂兵其, 汤明高, 邵山, 等. 基于灰色关联法的涉水边坡稳定性影响因素敏感性分析[J]. 长江科学院院报, 2019, 36(1): 123-126.

[129] 王以鹏, 计勇, 刘星辰, 等. 基于灰色关联法的南昌市城市湖泊沿岸水质评价[J]. 南昌工程学院学报, 2020, 39(6): 24-29.

[130] 雷江群, 黄强, 王义民, 等. 基于可变模糊评价法的渭河流域综合干旱分区研究[J]. 水利学报, 2014, 45(5): 574-584.

[131] 王兆卫. 基于模糊评价法的城市洪涝灾害评估研究[D]. 南京: 东南大学, 2017.

[132] 苏本跃, 陈晓慧, 童星慧, 等. 两类函数型数据主成分分析方法及其应用[J]. 统计与决策, 2015, 31(17): 24-28.

[133] 解素雯. 基于主成分分析与因子分析数学模型的应用研究[D]. 淄博: 山东理工大学, 2016.

[134] 蒋严波, 凌忠, 韦献东, 等. 基于主成分分析法的枫香耐铅性及土壤修复潜力研究[J]. 水土保持学报, 2021, 35(2): 369-376.

[135] 刘文方, 李红梅. 基于熵权理论的斜坡地质灾害链综合评判[J]. 灾害学, 2014, 29(1): 8-11.

[136] 欧阳林寒, 马义中, 汪建均, 等. 基于熵权理论和双响应曲面的稳健设计[J]. 管理工程学报, 2014, 28(2): 191-195, 190.

[137] Buck W R, Goffinet B, Shaw A J. Testing morphological concepts of orders of pleurocarpous mosses (bryophyta) using phylogenetic reconstructions based on TRNL-TRNF and RPS4 sequences[J]. Molecular Phylogenetics and Evolution, 2000, 16(2): 180-198.

[138] Liu Y, Yan H F, Cao T, et al. Evaluation of 10 plant barcodes in Bryophyta (Mosses)[J]. Journal of Systematics and Evolution, 2010, 48(1): 36-46.

[139] 庞嘉鹏, 王智慧, 张朝晖. 喀斯特白云岩石漠化区域不同生境条件下苔藓植物群落特征及演替模式研究[J]. 生态科学, 2018, 37(3): 59-66.

[140] Pickett S T, Cadenasso M L. Landscape ecology: spatial heterogeneity in ecological systems[J]. Science, 1995, 269(5222): 331-334.

[141] Meng Z Q, Liu M, Gao C C, et al. Greening and browning of the coastal areas in mainland China: spatial heterogeneity, seasonal variation and its influential factors[J]. Ecological Indicators, 2020, 110: 105888.

[142] 袁祯燕, 石岩磊, 刘兵, 等. 天山一号冰川冰缘区 4 种生境苔藓植物群落的生态位分析[J]. 植物资源与环境学报, 2022, 31(3): 26-34.

[143] Pharo E J, Lindenmayer D B, Taws N. The effects of large-scale fragmentation on bryophytes in temperate forests[J]. Journal of Applied Ecology, 2004, 41(5): 910-921.

[144] Shen Y X, Yu Y, Lucas-Borja M E, et al. Change of soil K, N and P following forest restoration in rock outcrop rich karst area[J]. Catena, 2020, 186: 104395

[145] 涂成龙, 林昌虎, 何腾兵, 等. 黔中石漠化地区生态恢复过程中土壤养分变异特征[J]. 水土保持通报, 2004, 24(6): 22-25, 89.

[146] Alfaro M A, Gregory P J, Jarvis S C. Dynamics of potassium leaching on a hillslope grassland soil[J]. Journal of Environmental Quality, 2004, 33(1): 192-200.

[147] 刘效东, 张卫强, 冯英杰, 等. 森林生态系统水源涵养功能研究进展与展望[J]. 生态学杂志, 2022, 41(4): 784-791.

[148] 曹明, 李俊生, 王伟, 等. 基于 InVEST 与倾向评分匹配模型评估秦岭国家级自然保护区水源涵养服务保护成效[J]. 生物多样性, 2021, 29(5): 617-628.

[149] Bai J Y, Zong M M, Li S Y, et al. Nitrogen, water content, phosphorus and active iron jointly regulate soil organic carbon in tropical acid red soil forest[J]. European Journal of Soil Science, 2021, 72(1): 446-459.

[150] Zheng S M, Xia Y H, Hu Y J, et al. Stoichiometry of carbon, nitrogen, and phosphorus in soil: effects of agricultural land use and climate at a continental scale[J]. Soil and Tillage Research, 2021, 209: 104903.

[151] 冯婵莹, 郑成洋, 田地. 氮添加对森林植物磷含量的影响及其机制[J]. 植物生态学报, 2019, 43(3): 185-196.

[152] 袁国迪, 刘文耀, 石贤萌, 等. 哀牢山湿性常绿阔叶林树干 4 种附生苔藓植物的水分变化对光合、荧光参数的影响[J]. 植物科学学报, 2018, 36(4): 603-611.

[153] 赵德先, 王成, 孙振凯, 等. 树附生苔藓植物多样性及其影响因素[J]. 生态学报, 2020, 40(8): 2523-2532.

[154] 吴虹玥, 包维楷, 王安. 苔藓植物的化学元素含量及其特点[J]. 生态学杂志, 2005, 24(1): 58-64.

[155] Welsh A K, Burke D J, Hamerlynck E P, et al. Seasonal analyses of arbuscular mycorrhizae, nitrogen-fixing bacteria and growth performance of the salt marsh grass Spartina patens[J]. Plant and Soil, 2010, 330(1): 251-266.

[156] Vitt D H, Crandall-Stotler B A. Bryophytes: survival in a dry world through tolerance and avoidance[M]//Rajakaruna N, Boyd R S, Harris T B. Plant ecology and evolution in harsh environments. New York, NY: Nova Publishers, 2014, 267-295.

[157] Gómez D A, Carpena R O. Effect of 1-naphthaleneacetic acid on organic acid exudation by the roots of white lupin plants grown under phosphorus-deficient conditions[J]. Journal of Plant Physiology, 2014, 171(15): 1354-1361.

[158] 周冰谦, 卢恒, 刘峰, 等. 不同温度胁迫对金银花细胞膜透性、活性氧代谢及其有效物质积累的影响[J]. 中国中药杂志, 2019, 44(18): 3935-3941,

[159] 梁青兰. 黑杨派无性系苗期抗旱耐盐性研究[D]. 泰安: 山东农业大学, 2022.

[160] 范厚旭, 段钰, 陈鸿. 盐胁迫对迎春花生理指标的影响[J]. 安徽农学通报, 2022, 28(3): 21-23.

[161] 宋凤斌, 徐世昌. 玉米抗旱性鉴定指标的研究[J]. 中国生态农业学报, 2004, 12(1): 132-134.

[162] Farrant J M, Moore J P. Programming desiccation-tolerance: from plants to seeds to resurrection plants[J]. Current Opinion in Plant Biology, 2011, 14(3): 340-345.

[163] Mahajan S, Tuteja N. Cold, salinity and drought stresses: an overview[J]. Archives of Biochemistry and Biophysics, 2005, 444(2): 139-158.

[164] Qin L X, Zhang H Y, Li J, et al. Down-regulation of GhADF1 in cotton (*Gossypium hirsutum*) improves plant drought tolerance and increases fiber yield[J]. The Crop Journal, 2022, 10(4): 1037-1048.

[165] Chobot V, Kubicová L, Nabbout S, et al. Evaluation of antioxidant activity of some common mosses[J]. Zeitschrift für Naturforschung C, Journal of Biosciences, 2008, 63(7-8): 476-482.

[166] Nagao M, Oku K, Minami A, et al. Accumulation of theanderose in association with development of freezing tolerance in the moss *Physcomitrella patens*[J]. Phytochemistry, 2006, 67(7): 702-709.

[167] 吕铭. 不同品种水稻幼苗对短期盐胁迫的生理响应[D]. 扬州: 扬州大学, 2021.

[168] 张林, 陈翔, 吴宇, 等. 脯氨酸在植物抗逆中的研究进展[J]. 江汉大学学报(自然科学版), 2023, 51(1): 42-51.

[169] 吕朝燕, 高智席, 徐兴线, 等. 干旱胁迫及复水对桫椤生理特性的影响[J]. 林业资源管理, 2022, (5): 160-168.

[170] 王慧瑜, 张晓申, 赵海红, 等. 大叶冬青组培快繁技术研究[J]. 农业科技通讯, 2012, (10): 69-70.

[171] 韩蕊莲, 李丽霞, 梁宗锁, 等. 干旱胁迫下沙棘膜脂过氧化保护体系研究[J]. 西北林学院学报, 2002, 17(4): 1-5.

[172] 欧二绫, 班骞, 田方, 等. 干旱对高羊茅幼苗生长和内源激素影响的分析[J/OL]. 分子植物育种, 2023, 1-14. https://kns.cnki.net/kcms/detail/46.1068.S.20230403.1714.021.html, 2023-04-04.

[173] Li J H, Li X R, Chen C Y. Degradation and reorganization of thylakoid protein complexes of *Bryum argenteum* in response to dehydration and rehydration[J]. The Bryologist, 2014, 117(2): 110-118.

[174] Ajithkumar I P, Panneerselvam R. ROS scavenging system, osmotic maintenance, pigment and growth status of Panicum sumatrense roth. Under drought stress[J]. Cell Biochemistry and Biophysics, 2014, 68(3): 587-595.

[175] Chandra P, Wunnava A, Verma P, et al. Strategies to mitigate the adverse effect of drought stress on crop plants—influences of soil bacteria: a review[J]. Pedosphere, 2021, 31(3): 496-509.

[176] Proctor M C F, Smirnoff N. Ecophysiology of photosynthesis in bryophytes: major roles for oxygen photoreduction and non-photochemical quenching?[J]. Physiologia Plantarum, 2011, 41(2): 130-140.

[177] 孙颖, 孟儒, 臧帅彤, 等. 干旱胁迫下 3 种地被植物的生理响应及其抗旱性评价[J]. 分子植物育种, 2022, 20(12). 4121-4128.

[178] Aslam M M, Okal E J, Idris A L, et al. Rhizosphere microbiomes can regulate plant drought tolerance[J]. Pedosphere, 2022, 32(1): 61-74.

[179] Ma L, Zhang Z H, Yao B Q, et al. Effects of drought and heat on the productivity and photosynthetic characteristics of alpine meadow plants on the Qinghai-Tibetan Plateau[J]. Journal of Mountain Science, 2021, 18(8): 2079-2093.

[180] 潘越, 郭靖, 张浩, 等. 干旱环境下山葡萄光合和叶绿素荧光参数比较[J]. 西北农业学报, 2022, 31(11): 1435-1442.

[181] Huang L, Zhang Z S, Li X R. Carbon fixation and its influence factors of biological soil crusts in a revegetated area of the Tengger Desert, northern China[J]. Journal of Arid Land, 2014, 6(6): 725-734.

[182] 方必君, 卓定龙, 刘晓洲, 等. 干旱胁迫及复水对野牡丹光合和叶绿素荧光参数的影响[J]. 热带农业科学, 2023, 43(2): 44-49.

[183] 张庆华, 曾祥国, 向发云, 等. 干旱胁迫对草莓苗期叶片光合特性的影响[J]. 湖北农业科学, 2016, 55(23): 6147-6150.

[184] 李钰洁. 山西矿区紫花苜蓿（单/混种）对干旱胁迫的生态适应性研究[D]. 太原: 山西大学, 2015.

[185] 宋兴阳. 玉米干旱和复水效应及其光合关键点的临界叶片水分条件[D]. 南京: 南京信息工程大学, 2021.

[186] 魏清江, 冯芳芳, 马张正, 等. 干旱复水对柑橘幼苗叶片光合、叶绿素荧光和根系构型的影响[J]. 应用生态学报, 2018, 29(8): 2485-2492.

[187] 刘应迪, 朱杰英, 陈军, 等. 3 种藓类植物水分含量与光合作用、呼吸作用和水势的关系[J]. 武汉植物学研究, 2001, 19(2): 135-142.

[188] 路秉翰, 卓定龙, 刘晓洲, 等. 干旱胁迫对红玉姜黄光合和叶绿素荧光参数的影响[J]. 热带农业科学, 2022, 42(6): 11-16.

[189] 李倩. 几种观赏苔藓植物对水体环境的适应和组织培养研究[D]. 上海: 上海师范大学, 2013.

[190] Huang L, Zhang Z, Li X. The extrapolation of the leaf area-based transpiration of two xerophytic shrubs in a revegetated desert area in the Tengger Desert, China[J]. Hydrology Research, 2015, 46(3): 389-399.

[191] 徐燕云, 吴晓梅, 沈秋仙, 等. 铅胁迫对大灰藓几种生理指标的影响[J]. 武汉植物学研究, 2010, 28(5): 606-611.

[192] 李春蕊. 大气颗粒物对细叶小羽藓(*Haplocladium microphyllum*)和大灰藓(*Hypnum plumaeforme*)生理及叶表面微生物群落结构的影响[D]. 青岛: 青岛理工大学, 2018.

[193] 毛可红, 朱姝蕊. 不同基质容器栽培对大灰藓生长的影响[J]. 中国农业信息, 2016, 28(3): 129-130.

[194] 张永昌, 何林, 郭水良. 植物功能多样性及其在苔藓植物中应用的研究[J]. 上海师范大学学报(自然科学版), 2020, 49(1): 9-17.

[195] 陈勤, 孙冲, 方炎明. 苔藓植物的生态环境指示作用[J]. 世界林业研究, 2013, 26(2): 19-23.

[196] 杨贵森, 黄磊, 杨利贞, 等. 植物根系水力再分配量及影响因素分析[J]. 干旱区研究, 2021, 38(5): 1411-1419.

[197] 覃淼. 黄土区典型草被生长过程中根系对土壤抗冲性影响的实验研究[D]. 西安: 陕西师范大学. 2016.

[198] 刘瑞丰, 李新平, 李素俭, 等. 商洛地区土壤蔗糖酶及过氧化氢酶与土壤养分的关系研究[J]. 干旱地区农业研究, 2011, 29(5): 182-185.

[199] 郑智恒, 熊康宁, 容丽, 等. 两种等级喀斯特石漠化地区生物结皮对土壤养分恢复的影响[J]. 生态环境学报, 2021, 30(6): 1202-1212.

[200] 孟杰, 卜崇峰, 赵玉娇, 等. 陕北水蚀风蚀交错区生物结皮对土壤酶活性及养分含量的影响[J]. 自然资源学报, 2010, 25(11): 1864-1874.

[201] Escolar C, Martínez I, Bowker M A, et al. Warming reduces the growth and diversity of biological soil crusts in a semi-arid environment: implications for ecosystem structure and functioning[J]. Philosophical Transactions of the Royal Society B: Biological Sciences, 2012, 367(1606): 3087-3099.

[202] Sinzar-Sekulic J, Sabovljevic M, Stevanovic B. Comparison of desiccation tolerance among mosses from different habitats[J]. Archives of Biological Sciences, 2005, 57(3): 189-192.

[203] Li X R, Jia R L, Zhang Z S, et al. Hydrological response of biological soil crusts to global warming: a ten-year simulative study[J]. Global Change Biology, 2018, 24(10): 4960-4971.

[204] Keck H, Martin V J, Drahorad S L, et al. Biological soil crusts cause subcritical water repellency in a sand dune ecosystem located along a rainfall gradient in the NW Negev desert, Israel[J]. Journal of Hydrology and Hydromechanics, 2016, 64(2): 133-140.

[205] 郝振纯, 陈玺, 王加虎, 等. 淮北平原裸土潜水蒸发趋势及其影响因素分析[J]. 农业工程学报, 2011, 27(6): 73-78.

[206] 张显强, 龙华英, 刘天雷, 等. 贵州喀斯特地区 5 种石生藓类的持水性能及吸水特征比较[J]. 中国岩溶, 2018, 37(6): 835-841.

[207] Wagner S, Zotz G, Salazar Allen N, et al. Altitudinal changes in temperature responses of net photosynthesis and dark respiration in tropical bryophytes[J]. Annals of Botany, 2013, 111(3): 455-465.

[208] Ferrenberg S, Reed S C, Belnap J. Climate change and physical disturbance cause similar community shifts in biological soil crusts[J]. Proceedings of the National Academy of Sciences, 2015, 112(39): 12116-12121.

[209] 杨永胜. 毛乌素沙地生物结皮对土壤水分和风蚀的影响[D]. 咸阳: 西北农林科技大学, 2012.

[210] Belnap J. The potential roles of biological soil crusts in dryland hydrologic cycles[J]. Hydrological Processes, 2006, 20(15): 3159-3178.

[211] Xiao B, Wang H F, Fan J, et al. Biological soil crusts decrease soil temperature in summer and increase soil temperature in winter in semiarid environment[J]. Ecological Engineering, 2013, 58: 52-56.

[212] Weber B, Büdel B, Belnap J. Biological soil crusts: an organizing principle in drylands[M]. Berlin: Springer, 2016.

[213] 张鹜, 王振华, 王久龙, 等. 蒸发条件下地下水对土壤水盐分布的影响[J]. 干旱地区农业研究, 2015, 33(6): 229-233, 253.

[214] 张静, 张元明, 周晓兵, 等. 生物结皮影响下沙漠土壤表面凝结水的形成与变化特征[J]. 生态学报, 2009, 29(12): 6600-6608.

[215] 张思琪, 张科利, 曹梓豪, 等. 喀斯特坡面生物结皮发育特征及其对土壤水分入渗的影响[J]. 应用生态学报, 2021, 32(8): 2875-2885.

[216] 江嫚, 卜崇峰, 郭琦, 等. 不同降水条件下生物结皮覆盖对沙地土壤有机碳的影响[J]. 应用生态学报, 2022, 33(7): 1764-1772.

[217] 王一贺. 黄土丘陵区生物结皮—植被斑块格局及其径流的源—汇效应[D]. 北京: 中国科学院大学, 2015.

[218] 孟素云. 降雨条件下边坡非饱和入渗模型及生态加固机理研究[D]. 北京: 中国地质大学, 2019.

[219] Woodbury A D. Comment on "Entropy theory for derivation of infiltration equations" by Vijay P. Singh[J]. Water Resources Research, 2012, 48(8): e2012wr012157.

[220] Cruz de Carvalho R, Bernardes da Silva A, Branquinho C, et al. Influence of dehydration rate on cell sucrose and water relations parameters in an inducible desiccation tolerant aquatic bryophyte[J]. Environmental and Experimental Botany, 2015, 20: 18-22.

[221] Brunialti G, Frati L, Aleffi M, et al. Lichens and bryophytes as indicators of old - growth features in Mediterranean forests[J]. Plant Biosystems, 2010, 144(1): 221-233.

[222] 李金峰, 孟杰, 叶菁, 等. 陕北水蚀风蚀交错区生物结皮的形成过程与发育特征[J]. 自然资源学报, 2014, 29(1): 67-79.

[223] 李鑫浩, 曹文华, 牛勇, 等. 黄泛平原区风沙土物理结皮硬度和厚度特征及其影响因素[J]. 水土保持通报, 2022, 42(1): 63-68, 76.

[224] Chamizo S, Cantón Y, Miralles I, et al. Biological soil crust development affects physicochemical characteristics of soil surface in semiarid ecosystems[J]. Soil Biology and Biochemistry, 2012, 49: 96-105.

[225] 吴佩瑶, 秦富仓, 董晓宇, 等. 坡度影响下的砒砂岩区裸露坡面水分入渗特征及模拟[J]. 水土保持学报, 2022, 36(2): 64-69.

[226] Warren S D, Clair L L, Stark L R, et al. Reproduction and dispersal of biological soil crust organisms[J]. Frontiers in Ecology and Evolution, 2019, 7: 344.

[227] Sloan P, Moore I, Coltharp G B, et al. Modeling surface and subsurface stormflow on steeply-sloping forested watersheds[R]. Lexington, KY: Kentucky Water Resources Research Institute, 1983.

[228] Li B, Gao J R, Wang X R. Effects of biological soil crusts on water infiltration and evaporation Yanchi Ningxia, Maowusu Desert, China[J]. International Journal of Sediment Research, 2016, 31(4): 311-323.

[229] 余韵, 卫伟, 吴南生, 等. 黄土丘陵区不同土地利用类型下生物土壤结皮的入渗效应[J]. 环境科学研究, 2014, 27(4): 415-421.

[230] 何苗苗, 刘芝芹, 王克勤, 等. 滇池流域不同植被覆盖土壤的入渗特征及其影响因素[J]. 水土保持学报, 2022, 36(3): 181-187.

[231] 刘焕焕, 王改玲, 殷海善, 等. 红枣经济林不同植被覆盖土壤水分入渗特征[J]. 灌溉排水学报, 2020, 39(4): 52-58.

[232] 丰雪, 张阚, 李波, 等. 基于信息熵方法的土壤水分入渗方程试验研究[J]. 水土保持学报, 2017, 31(2): 57-60, 136.

[233] Singh V P. Entropy theory for derivation of infiltration equations[J]. Water Resources Research, 2010, 46(3): e2009wr008193.

[234] Zhang J, Li S P. Surface-positioned double-ring to improve traditional infiltrometer for measuring soil infiltration[J]. Soil Research, 2020, 58(3): 314.

[235] 雷文娟, 唐翔宇. 土壤水分入渗和再分布过程的信息熵演变特征[J]. 武汉大学学报(工学版), 2016, 49(1): 39-45, 136.

[236] 张侃侃, 卜崇峰, 高国雄. 黄土高原生物结皮对土壤水分入渗的影响[J]. 干旱区研究, 2011, 28(5): 808-812.

[237] 吕刚, 王婷, 王韫策, 等. 辽西低山丘陵区坡地砾石含量及粒径对土壤入渗性能的影响[J]. 水土保持学报, 2017, 31(4): 86-92.

[238] 范严伟, 赵文举, 王昱. 入渗水头对垂直一维入渗 Philip 模型参数的影响[J]. 兰州理工大学学报, 2015, 41(1): 65-70.

[239] 杜挺, 谢贤健, 梁海艳, 等. 基于熵权 TOPSIS 和 GIS 的重庆市县域经济综合评价及空间分析[J]. 经济地理, 2014, 34(6): 40-47.

[240] 杨瑾, 王忠伟, 庞燕. 基于熵权 TOPSIS 法的油茶产业发展绩效评价[J]. 中南林业科技大学学报, 2021, 41(12): 168-177.

[241] 左其亭, 张志卓, 吴滨滨. 基于组合权重 TOPSIS 模型的黄河流域九省区水资源承载力评价[J]. 水资源保护, 2020, 36(2): 1-7.

[242] 李保珍, 封胜杰. 基于用户选择的产品属性权重确定及对 TOPSIS 法的改进[J]. 运筹与管理, 2017, 26(3): 54-62.

[243] 陈思博. TOPSIS 综合评价方法的逆序问题及其改进研究: 基于空间信息的视角[D]. 杭州: 浙江财经大学, 2018.

[244] 周亚. 多属性决策中的 TOPSIS 法研究[D]. 武汉: 武汉理工大学, 2009.

[245 Adugna G. A review on impact of compost on soil properties, water use and crop productivity[J]. Academic Research Journal of Agricultural Science and Research, 2016, 4(3): 93-104.

[246] Ma L, Qiao G, Liu S Z. A combined doppler scale estimation scheme for underwater acoustic OFDM system[J]. Journal of Computational Acoustics, 2015, 23(4): 1540004.

[247] Belnap J, Lange O L. Biological soil crusts: structure, function, and management[M]. Berlin: Springer, 2001.

[248] 郑智恒. 喀斯特石漠化生物结皮对土壤理化性质影响及培育技术研究[D]. 贵阳: 贵州师范大学, 2021.

[249] 李国栋, 张元明. 生物土壤结皮与种子附属物对 4 种荒漠植物种子萌发的交互影响[J]. 中国沙漠, 2014, 34(3): 725-731.

[250] 王显蓉. 培养基对耐旱藓结皮生长发育的影响[D]. 咸阳: 西北农林科技大学, 2014.

[251] 刘伟才. 药用苔藓植物配子体培育研究[D]. 贵阳: 贵州大学, 2009.

[252] 罗为群, 蒋忠诚, 欧阳然, 等. 典型岩溶峰丛洼地水土保持技术研究[J]. 中国水土保持, 2013, (1): 37-41。

[253] 许山晶. 我国农村秸秆资源利用的综合效应评价[D]. 北京: 中国社会科学院研究生院, 2020.

[254] 李新荣. 荒漠生物土壤结皮生态与水文学研究[M]. 北京: 高等教育出版社, 2012.

[255] 张元明, 曹同, 潘伯荣. 干旱半干旱地区苔藓植物生态学研究综述[J]. 生态学报, 2002, 22(7): 1129-1134.

[256] 陈俊松, 赵磊磊, 朱仕荣, 等. 云南石林县石漠化综合治理分区及治理方向[J]. 亚热带水土保持, 2018, 30(1): 20-22, 28.

[257] 王全九, 来剑斌, 李毅. Green-Ampt 模型与 Philip 入渗模型的对比分析[J]. 农业工程学报, 2002, 18(2): 13-16.

[258] Bo J. Evaluation of sustainable development of eco-economic system based on energy analysis[J]. Agro Food Industry Hi-Tech, 2017, 28(1): 471-474.

[259] Pierson F B, Jason Williams C, Hardegree S P, et al. Hydrologic and erosion responses of sagebrush steppe following juniper encroachment, wildfire, and tree cutting[J]. Rangeland Ecology & Management, 2013, 66(3): 274-289.

[260] 齐江涛, 田辛亮, 刘凯, 等. 黑土区覆混耕作中玉米秸秆还田对土壤水分入渗性能的影响[J]. 农业工程学报, 2021, 37(1): 141-147.

[261] 王全九, 来剑斌, 李毅. Green-Ampt 模型与 Philip 入渗模型的对比分析[J]. 农业工程学报, 2002, 18(2): 13-16.

[262] 吴军虎, 陶汪海, 王海洋, 等. 羧甲基纤维素钠对土壤团粒结构及水分运动特性的影响[J]. 农业工程学报, 2015, 31(2): 117-123.

[263] 王珍, 冯浩. 秸秆不同还田方式对土壤入渗特性及持水能力的影响[J]. 农业工程学报, 2010, 26(4): 75-80.

[264] D. 希勒尔. 土壤和水物理原理和过程[M]. 北京: 农业出版社, 1981.

[265] 王珍, 冯浩, 吴淑芳. 秸秆不同还田方式对土壤低吸力段持水能力及蒸发特性的影响[J]. 土壤学报, 2011, 48(3): 533-539.

[266] 费良军, 傅渝亮, 何振嘉, 等. 涌泉根灌肥液入渗水氮运移特性研究[J]. 农业机械学报, 2015, 46(6): 121-129.

[267] Bouhicha M, Aouissi F, Kenai S. Performance of composite soil reinforced with barley straw[J]. Cement and Concrete Composites, 2004, 27(5): 617-621.

[268] 李映廷, 刘双营, 赵秀兰, 等. 秸秆-膨润土-聚丙烯酰胺对砂质土壤吸附氮素的影响[J]. 农业工程学报, 2012, 28(7): 111-116.

[269] 周晓飞, 解玉红, 裴宇航, 等. 添加秸秆粉对盐碱土壤理化性质的影响[J]. 湖北农业科学, 2011, 50(23): 4806-4808.

[270] 吴杉, 王克勤, 宋娅丽, 等. 秸秆堆沤还田对红壤烤烟农田生态系统磷素盈亏的影响[J]. 南方农业学报, 2022, 53(6): 1595-1603.

[271] 梁晶晶, 王淑真, 丘伟娟, 等. 红壤侵蚀区不同植被类型土壤磷垂直分布特征及影响因素研究[J]. 水土保持学报, 2023, 37(3): 208-217.

[272] 陈怀满. 环境土壤学[J]. 地球科学进展, 1991, (2): 49-50.

[273] 王雷涛, 郑路, 尹林克, 等. 覆土及微生物菌剂对荒漠区人工林凋落叶分解及养分动态的影响[J]. 干旱区研究, 2010, 27(5): 726-733.

[274] Beckett R, Murphy D, Tadjiki S, et al. Determination of thickness, aspect ratio and size distributions for platey particles using sedimentation field-flow fractionation and electron microscopy[J]. Colloids and Surfaces A: Physicochemical and Engineering Aspects, 1997, 120(1-3): 17-26.

[275] Silvola J. Moisture dependence of CO_2 exchange and its recovery after drying in certain boreal forest and peat mosses[J]. Lindbergia, 1991, 17(1): 5-10

[276] Zhang L, Wang J, Pang H C, et al. Effects of pelletized straw on soil nutrient properties in relation to crop yield[J]. Soil Use and Management, 2018, 34(4): 479-489.

[277] Zhang Z M, Zhang Z Y, Lu P R, et al. Soil water-salt dynamics and maize growth as affected by cutting length of topsoil incorporation straw under brackish water irrigation[J]. Agronomy, 2020, 10(2): 246.

[278] 孙力扬, 徐明岗, 王晋峰, 等. 北方地区土壤速效养分及容重对秸秆还田的响应[J]. 中国农学通报, 2023, 39(5): 100-108.

[279] 郭佳瑶, 龙健, 廖洪凯, 等. 不同秸秆还田对黄色石灰土土壤理化特性及番茄生长的影响[J]. 四川农业大学学报, 2022, 40(5): 728-737.

[280] 范庭, 刘娜, 张霞, 等. 不同配料颗粒秸秆施用对土壤速效养分及小麦生长的影响[J]. 干旱地区农业研究, 2020, 38(06): 84-90, 120.

[281] 蔡丽君, 赵桂范, 刘婧琦, 等. 玉米不同部位秸秆腐解特征及其影响因素研究[J]. 玉米科学, 2019, 27(2): 113-119.

[282] 杨盼, 翟亚萍, 赵祥, 等. 丛枝菌根真菌和根瘤菌互作对苜蓿根际土壤细菌群落结构的影响及PICRUSt功能预测分析[J]. 微生物学通报, 2020, 47(11): 3868-3879.

[283] 王晓玥, 孙波. 植物残体分解过程中微生物群落变化影响因素研究进展[J]. 土壤, 2012, 44(3): 353-359.

[284] Qiu Q Y, Wu L F, Ouyang Z, et al. Priming effect of maize residue and urea N on soil organic matter changes with time[J]. Applied Soil Ecology, 2016, 100: 65-74.

附　　录

附录一　广西壮族自治区石漠化区域植被修复相关文献

序号	作者	题名	发表年/文献类型/提取土壤数据
1	但新球，喻甦，吴协保，等	我国石漠化区域划分及造林树种选择探讨	2003[J]
2	韦娇媚	广西石漠化地区主要造林树种苗期对干旱胁迫的响应	2011[D]
3	庞世龙，黄宝珍，黄宏珊，等	广西石漠化治理植被恢复典型模式	2013[J]
4	杨承伶	广西凤山县石漠化植被恢复模式的生态效应研究	2013[D]
5	司彬	典型喀斯特石漠化地区植被恢复模式及其特征研究	2007[D]
6	卢立华	岩溶区植被恢复与模式构建技术与实践	2015[C]
7	蒋忠诚，李先琨，曾馥平，等	岩溶峰丛山地脆弱生态系统重建技术研究	2009[J]
8	李先琨，吕仕洪，蒋忠诚，等	喀斯特峰丛区复合农林系统优化与植被恢复试验	2005[J]
9	庞世龙，欧芷阳，申文辉，等	广西喀斯特地区不同植被恢复模式土壤质量综合评价	2016[J]
10	潘发光，孙建飞，王爱华	广西天等县喀斯特石漠化地区植被恢复：以驮堪小流域为例	2021[J]
11	杨胜广，梁超，黄莹	广西喀斯特石漠化地区植被恢复模式和效应：以桂林市阳朔县杨堤乡为例	2016[J]
12	覃勇荣，曾艳兰，蒋光敏，等	不同植被恢复模式凋落物水分涵养能力比较研究：以桂西北喀斯特石漠化地区为例	2008[J]
13	檀迪	喀斯特石漠化地区特色经林果标准化种植与衍生产业技术初步研究：以核桃和花椒为例	2016[D]
14	张彧娜	马山岩溶区不同植被修复模式对植物,土壤及微生物的影响	2021[D]
15	张俊鹏，陈远荣，王晓慧，等	广西岩溶区土壤修复对策研究：以桂林奶牛场为例	2007[J]
16	农友，卢立华，贾宏炎，等	桂西南岩溶区不同恢复模式群落生物量及林下植物多样性	2017[J]
17	吕诗	广西凤山县两种石漠化治理模式综合效益比较研究	2013[D]
18	覃勇荣，韦丹妮，黄健，等	不同植被恢复模式对石漠化地区土壤多酚氧化酶的影响	2007[J]
19	庞世龙，凌福诚，侯远瑞，等	基于熵权灰色关联分析的喀斯特石漠化地区植被恢复效应评价	2019[J]
20	杨承伶，梁宏温，潘丽琴，等	凤山县石漠化不同植被恢复模式生态效应	2014[J]
21	卢立华，农友，李华，等	植被恢复模式对石漠化生态系统碳储量的影响	2019[J]
22	曾馥平，王克林	桂西北喀斯特地区 6 种退耕还林(草)模式的效应	2005[J]
23	刘旭辉，覃勇荣，邹振旺，等	广西石漠化地区不同植被恢复样地的土壤微生物量比较	2009[J]
24	刘旭辉，覃勇荣，邹振旺，等	不同植被对广西石漠化地区土壤有机质的影响	2009[J]
25	李萌，谭许脉，肖纳，等	引种降香黄檀和顶果木对石漠化山区土壤磷素转化及其有效性的影响	2022[J]

续表

序号	作者	题名	发表年/文献类型/提取土壤数据
26	覃勇荣，岑忠用，刘旭辉，等	桂西北石漠化地区不同植被恢复模式土壤性状的初步研究	2006[J]
27	吕文强，唐金刚，罗时琴，等	4 种植被恢复模式对贵州石漠化地区表层土壤有机碳氮的影响研究	2016[J]
28	梁毅，杨慧，李亮，等	桂林新寨花岗岩地区 4 种植被下土壤有机碳分解速率研究	2013[J]
29	杨怡，欧阳运东，陈浩，等	西南喀斯特区植被恢复对土壤氮素转化通路的影响	2018[J]
30	林立文	喀斯特区植被恢复对土壤有机质组分及团聚体稳定性的影响	2021[D]
31	李隽宜	不同石漠化治理模式的林分生长,植物多样性及土壤肥力比较	2016[D]
32	覃勇荣，梁文忠，陈贵常，等	不同植被对桂西北石漠化地区土壤生化作用强度的影响	2013[J]
33	张伟，陈洪松，王克林，等	典型喀斯特峰丛洼地坡面土壤养分空间变异性研究	2008[J]
34	朱育锋，吴玲，李舒惠，等	广西桉树碳氮磷分配格局及其生态化学计量特征	2019[J]
35	李恩香	广西岩溶植被演替过程中主要生态因子的特征	2002[D]
36	曾昭霞，王克林，刘孝利，等	桂西北喀斯特区原生林与次生林鲜叶和凋落叶化学计量特征	2016[J]
37	欧芷阳，申文辉，庞世龙，等	平果喀斯特山地不同植物群落的土壤质量评价	2015[J]
38	仝金辉，胡业翠，李英	土地利用变化对土壤养分及土壤质量的影响：以广西移民迁入区为例	2017[J]
39	李生，任华东，姚小华	土地利用方式对桂西北石漠化地区土壤理化性质的影响	2013[J]
40	谭秋锦，宋同清，曾馥平，等	峡谷型喀斯特不同生态系统土壤养分及其生态化学计量特征	2014[J]
41	谭秋锦	峡谷型喀斯特不同生态系统植被与土壤的耦合关系	2014[D]
42	梁月明，李强，潘复静	岩溶区不同恢复阶段檵木根际土壤生态化学计量学特征	2017[J]
43	杨承伶，梁宏温，韦龙斌	凤山县石漠化不同植被恢复模式对土壤理化性质的影响	2015[J]
44	王淑彬，徐慧芳，宋同清，等	广西森林土壤主要养分的空间异质性	2014[J]
45	覃勇荣，潘振兴，黄江滨，等	桂西北岩溶地区 11 种常见桑科植物生理特性比较	2012[J]
46	宋同清，彭晚霞，曾馥平，等	喀斯特峰丛洼地退耕还林还草的土壤生态效应	2011[J]
47	彭晚霞，宋同清，曾馥平，等	喀斯特峰丛洼地退耕还林还草工程的植被土壤耦合协调度模型	2011[J]
48	邓艳，蒋忠诚，罗为群，等	典型岩溶区植被恢复对土壤养分的影响	2010[J]
49	宋同清，彭晚霞，曾馥平，等	桂西北喀斯特人为干扰区植被的演替规律与更新策略	2008[J]
50	Qin Y，Sheng S U，Huang X，et al.	Effects of different vegetation on soil microbial quantity in karst rocky desertification areas	2016[J]
51	Liu L，Song T，Peng W，et al.	Spatial heterogeneity of soil microbial biomass in Mulun National Nature Reserve in Karst area	2012[J]
52	Yang C L，Liang H W，Wei L B	Effects of Different Vegetation Restoration Patterns on Soil Physical-chemical Properties in Rocky Desertification Area of Fengshan County	2015[J]
53	Qin Y，Liang W，Chen G，et al.	Effects on Biochemical Activities Intensity of Soil Microorganisms under Different Vegetation Restoration in Karst Areas of Northwest Guangxi	2013[J]
54	Qin Y R，Liu X H，Liang Y H，et al.	The changes of soil invertase activity affected by different vegetation in karst areas northwest Guangxi	2008[J]

续表

序号	作者	题名	发表年/文献类型/提取土壤数据
55	Liu S，Zhang W，Wang K，et al.	Soil urease activity during different vegetation successions in karst peak-cluster depression area of northwest Guangxi, China	2011[J]
56	Du H，Peng W X，Song T Q，et al.	Spatial pattern of woody plants and their environmental interpretation in the karst forest of southwest China	2013[J]
57	Zhang M，Wang K，Liu H，et al.	How ecological restoration alters ecosystem services: an analysis of vegetation carbon sequestration in the karst area of northwest Guangxi, China	2015[J]
58	Qin Y，Yan W，Liu X，et al.	Influence of pinus massoniana on soil organic matter content of the karst rocky desertification area,north-west of Guangxi Province	2009[J]
59	Qin Y R，Liu X H，Zeng Z L，et al.	Comparative study on phosphorus contents of soil in karst rocky desertification area during eco-restoration process in Guangxi Province	2008[J]
60	Ou Z，Pang S，He Q，et al.	Effects of vegetation restoration and environmental factors on understory vascular plants in a typical karst ecosystem in southern China	2020[J]
61	Xie J S，Yang Y S，Chen G S，et al.	Effects of vegetation restoration on water stability and organic carbon distribution in aggregates of degraded red soil in subtropics of China	2008[J]
62	Qin Y R，Rong Z，Zhang K，et al.	Comparison study on soil urease activity during process of ecological restoration in the karst rocky desertification region of Guangxi Province	2009[J]
63	Liu X H，Qin Y R，Zou Z W，et al.	Comparative study on soil microbial biomass of different vegetation restoration pattern fields in karst rocky desertification area of Guangxi Province	2014[J]
64	Liang S，Hu D，Fu P Z，et al.	Soil and fine roots ecological stoichiometry in different vegetation restoration stages in a karst area, southwest China – ScienceDirect	2019[J]
65	Qin Y，Wang W，Li，et al.	Comparison of antioxidant enzyme activity of pioneer plants in karst areas of the Guangxi	2020[J]
66	Du H，Song T，Peng W，et al.	Spatial heterogeneity of mineral compositions in surface soil in Mulun National Nature Reserve karst areas	2011[J]
67	刘璐，曾馥平，宋同清	喀斯特木论自然保护区土壤养分的空间变异特征	2010[J] /提取土壤数据
68	孙英杰，何成新，徐广平，等	广西十万大山地区不同植被类型土壤微生物特征	2015[J] /提取土壤数据
69	汪明冲，张新长，李辉霞，等	喀斯特石漠化生态恢复过程中土壤质量变化分析：以古周生态恢复重建区为例	2016[J] /提取土壤数据
70	廖赤眉，胡宝清，苏广实，等	喀斯特石漠化区植被演替过程中土壤质量研究：以广西都安澄江小流域为例	2009[J] /提取土壤数据
71	杨小青，胡宝清	喀斯特石漠化生态系统恢复演替过程中土壤质量特性研究：以广西都安县澄江小流域为例	2009[J] /提取土壤数据
72	韩畅	喀斯特峰丛洼地不同退耕还林还草模式生态效应动态变化	2017[D] /提取土壤数据
73	张耀华	喀斯特峰丛洼地不同退耕类型土壤肥力评价研究	2016[D] /提取土壤数据
74	胡芳，杜虎，曾馥平，等	典型喀斯特峰丛洼地不同植被恢复对土壤养分含量和微生物多样性的影响	2018[J] /提取土壤数据

续表

序号	作者	题名	发表年/文献类型/提取土壤数据
75	曾昭霞，王克林，刘孝利，等	桂西北喀斯特森林植物-凋落物-土壤生态化学计量特征	2016[J] /提取土壤数据
76	于扬，杜虎，宋同清，等	喀斯特峰丛洼地不同生态系统的土壤肥力变化特征	2013[J] /提取土壤数据
77	王苗苗，陈洪松，付同刚，等	典型喀斯特小流域不同植被类型间土壤养分的差异性及其空间预测方法	2016[J] /提取土壤数据
78	何加林，曹洪麟，张燕婷，等	广西木论喀斯特森林土壤养分水平与植被及地形的关系	2009[J] /提取土壤数据
79	何斌，贾黎明，金大刚，等	广西南宁马占相思人工林土壤肥力变化的研究	2007[J] /提取土壤数据
80	俞月凤，彭晚霞，宋同清，等	喀斯特峰丛洼地不同森林类型植物和土壤 C、N、P 化学计量特征	2014[J] /提取土壤数据
81	张伟，陈洪松，王克林，等	喀斯特峰丛洼地土壤养分空间分异特征及影响因子分析	2006[J] /提取土壤数据

附录二　贵州省石漠化区域植被修复相关文献

序号	作者	题名	发表年/文献类型/提取土壤数据
1	但新球，喻甦，吴协保，等	我国石漠化区域划分及造林树种选择探讨	2003[J]
2	戴晓勇，杨成华，王进，等	贵州石漠化地区主要人工造林树种调查分析	2008[J]
3	王桂萍，韩堂松，朱华，等	贵阳地区石漠化植被恢复造林树种的筛选	2012[J]
4	张仁波，何林，窦全丽，等	黔北岩生种子植物种类及其在石漠化治理中的应用	2012[J]
5	蔡发江	织金县石漠化治理植被恢复模式初探	2011[J]
6	余绍亮，司彬，肖承江	水城县石漠化现状与植被恢复技术初探	2009[J]
7	司彬	典型喀斯特石漠化地区植被恢复模式及其特征研究	2007[D]
8	李永荷，蔡曦，肖萧，等	贵州毕节市岩溶山区石漠化治理项目实践及植被恢复技术	2020[J]
9	杨先义，李永荷，罗永猛，等	贵州岩溶山区植被恢复技术研究	2015[J]
10	田秀玲，吕娜，朱飞鸽，等	贵州省喀斯特山区植被恢复的物种选择现状分析	2012[J]
11	田大伦，王新凯，方晰，等	喀斯特地区不同植被恢复模式幼林生态系统碳储量及其空间分布	2011[J]
12	张显松，方升佐，杨德超，等	喀斯特地区植被恢复模式与应用	2008[J]
13	戴礼洪，闫立金，周莉	贵州喀斯特生态脆弱区植被退化对土壤质量的影响及生态环境评价	2008[J]
14	林长松，潘莎	贵州喀斯特生态脆弱区农林复合模式初探	2007[J]
15	李于会	黔北喀斯特山地农林复合生态建设模式初探：以思南县为例	2010[J]
16	赵洋毅，周运超，段旭，等	黔中喀斯特地区不同植被土壤抗蚀性研究	2007[J]
17	廖小锋，赵晓朋，谢元贵	贵州喀斯特地区五种植被恢复模式碳储量异质性研究	2015[J]
18	容丽	贵州喀斯特植被退化地区先锋植物的人工群落模式研究	2002[D]

续表

序号	作者	题名	发表年/文献类型/提取土壤数据
19	封誉辉	贵州喀斯特土石山区水土保持生态经济型植被恢复模式研究	2018[J]
20	胡培雷	桂西北喀斯特山区不同植被恢复模式对土壤碳氮固持的影响	2019[D]
21	王明云，陈波，容丽	普定喀斯特石漠化地区森林植被恢复示范研究	2010[J]
22	王进，刘子琦，张国，等	喀斯特石漠化治理不同恢复模式土壤养分分布特征：以贵州花江示范区为例	2019[J]
23	杜维娜	关岭石灰岩地区植被恢复技术初探：以国家林业科技推广示范项目"黔中关岭石灰岩地区植被恢复技术示范"为例	2011[J]
24	吕文强，唐金刚，罗时琴，等	4 种植被恢复模式对贵州石漠化地区表层土壤有机碳氮的影响研究	2016[J]
25	万青	贵州省金沙县石漠化生态治理模式初探	2012[J]
26	殷建强	贵州省石漠化生态恢复主要治理模式总结与探索	2005[J]
27	阮玺睿，莫本田，马培杰，等	云贵高原植被资源分布现状及其对石漠化进程研究进展	2017[J]
28	鲍乾	几种生态经济型植物经营模式的土壤生态功能效应研究	2017[D]
29	鲍乾，杨瑞，聂朝俊，等	贵州喀斯特高原花江峡谷区不同恢复模式的土壤养分特征	2017[J]
30	黄明芝，蓝家程，文柳茜，等	喀斯特石漠化地区土壤质量对生态修复的响应	2021[J]
31	孙建，刘子琦，朱大运，等	石漠化治理区不同生态恢复模式土壤质量评价	2019[J]
32	周政贤，毛志忠，喻理飞，等	贵州石漠化退化土地及植被恢复模式	2002[J]
33	宋林，殷天卉	贵州省石漠化治理植被恢复效益监测点布局研究：以晴隆县为例	2011[J]
34	梅再美，熊康宁，孙建昌，等	贵州喀斯特石漠化土地的植被恢复技术研究	2004[J]
35	李干蓉，杨晓武	贵州岩溶山区的植被恢复策略	2013[J]
36	梅再美，王代懿，熊康宁，等	不同强度等级石漠化土地植被恢复技术初步研究：以贵州花江试验示范区查尔岩试验小区为例	2004[J]
37	陈志霞，喻阳华，吴银菇	黔中石漠化区大理石矿山不同植被恢复对土壤养分及化学计量的影响	2021[J]
38	鲍乾，梁建发，王棋，等	花江喀斯特石漠化区不同经济型植物的土壤蓄水特征	2017[J]
39	陈静	石漠化区人工林草植被恢复下土壤团聚体稳定性及其影响因素研究	2021[D]
40	王佩将，戴全厚，丁贵杰，等	喀斯特地区植被恢复过程中土壤渗透性能及其影响因素	2012[J]
41	郭菁	贵州省石漠化治理工程不同农林复合经营模式下的水土保持效益研究	2019[D]
42	张喜，连宾，尹洁，等	不同土地利用方式对高原喀斯特洼地土壤主要特性的影响	2010[J]
43	贺祥，熊康宁，周文龙，等	岩溶山区石漠化生态治理的生态效应研究	2011[J]
44	刘方，王世杰，刘元生，等	喀斯特石漠化过程土壤质量变化及生态环境影响评价	2005[J]
45	田涟祎，周忠发，闫利会	人为干预下喀斯特峡谷区不同土地利用类型对土壤理化性质的影响	2015[J]
46	田涟祎	石漠化地区土壤性质对不同土地利用方式的响应研究	2016[D]

续表

序号	作者	题名	发表年/文献类型/提取土壤数据
47	吴鹏	茂兰喀斯特森林自然恢复过程中植物叶片-凋落物-土壤生态化学计量特征研究	2017[D]
48	胡忠良，潘根兴，李恋卿，等	贵州喀斯特山区不同植被下土壤 C、N、P 含量和空间异质性	2009[J]
49	刘成刚，吴永波，薛建辉，等	刺槐滇柏混交林及纯林土壤酶与养分相关性研究	2012[J]
50	张亚冰，吕文强，周传艳	贵州月亮山 5 个优势树种叶片与土壤生态化学计量特征	2017[J]
51	秦仕忆，喻阳华，邢容容	喀斯特高原山地区水源涵养林土壤及凋落物的生态化学计量特征	2017[J]
52	王璐，喻阳华，邢容容，等	喀斯特高寒干旱区不同经济树种的碳氮磷钾生态化学计量特征	2018[J]
53	吴鹏，崔迎春，赵文君，等	喀斯特森林植被自然恢复过程中土壤化学计量特征	2019[J]
54	周涛，戴全厚，吴秀芹，等	喀斯特山区退耕还林地土壤养分效应及评价	2011[J]
55	杨皓，李婕羚，范明毅，等	喀斯特山区无籽刺梨种植基地土壤质量特性	2016[J]
56	崔晓晓，王圳，王纪杰，等	喀斯特峡谷区植被恢复过程中土壤性质变化	2011[J]
57	魏媛，喻理飞，张金池，等	退化喀斯特植被恢复过程中土壤生态肥力质量评价：以贵州花江喀斯特峡谷地区为例	2009[J]
58	张瑞，陈先刚，和学智，等	不同林龄退耕还林地森林土壤有机质和全氮变化	2015[J]
59	唐夫凯，周金星，崔明，等	典型岩溶区不同退耕还林地对土壤有机碳和氮素积累的影响	2014[J]
60	陈萍，周运超	高原喀斯特土壤养分容量及其林木持续性研究	2017[J]
61	喻阳华，王璐，钟欣平，等	贵州喀斯特山区不同海拔花椒人工林土壤质量评价	2018[J]
62	熊忠华，严敏，伍孝贤	华山松、响叶杨混交林的生长及土壤养分分析	2005[J]
63	张喜，朱军，崔迎春，等	火烧对黔中喀斯特山地马尾松林土壤理化性质的影响	2011[J]
64	贺祥，熊康宁，李晨，等	岩溶山区石漠化生态治理的土壤质量效应研究:以贵州省花江峡谷石漠化治理示范区为例	2011[J]
65	龙健，李娟，江新荣，等	喀斯特石漠化地区不同恢复和重建措施对土壤质量的影响	2006[J]
66	Yan Y，Dai Q，Hu G，et al.	Effects of vegetation type on the microbial characteristics of the fissure soil-plant systems in karst rocky desertification regions of SW China	2020[J]
67	Liu H Y，Liu F	Recovery dynamics of vegetation and soil properties in karst rocky desertification areas in Guizhou	2012[J]
68	Cao W，Xiong Y，Zhao D，et al.	Bryophytes and the symbiotic microorganisms, the pioneers of vegetation restoration in karst rocky desertification areas in southwestern China	2020J]
69	Jian L，Juan L I，Xin R J，et al.	Effects of different recover and restoration measures on soil quality in Karst Rocky Desertification Region	2006[J]
70	Liu Y，Liu Ch，Rubinato M	An assessment of soil's nutrient deficiencies and their influence on the restoration of degraded karst vegetation in Southwest China	2020[J]
71	Wang M Y，Chen B，Li R	Indicative research on restoration of the forest vegetation in rocky desertification-affected karst areas, Puding County,Guizhou Province	2010[J]

续表

序号	作者	题名	发表年/文献类型/提取土壤数据
72	Cui L，Xiong K，Guan Z，et al.	The model of karst land management based on plant diversity restoration and protection: examples from salaxi and huajiang areas of Guizhou	2016[J]
73	Cheng J，Lee X，Theng B，et al.	Biomass accumulation and carbon sequestration in an age-sequence of zanthoxylum bungeanum plantations under the grain for green program in karst regions, Guizhou province	2015[J]
74	Ni J，Luo D H，Xia J，et al.	Vegetation in karst terrain of southwestern China allocates more biomass to roots	2015[J]
75	Zhu S，Zhang A，Wei S，et al.	Preliminary study on the ecological agriculture development model of "pennisetum sinese roxb-Rocky desertification control-edible mushrooms" in Guizhou Province	2017[J]
76	Fang，Qin L，Su C，et al.	Improving soil fertility with different planting patterns in rocky desertification Areas	2020[J]
77	Wu Q L，Liang H，Xiong K N，et al.	Eco-benefits coupling of agroforestry and soil and water conservation under KRD environment: frontier theories and outlook	2019[J]
78	Ren J，Liu F，Luo Y，et al.	The pioneering role of bryophytes in ecological restoration of manganese waste residue areas, Southwestern China	2021[J]
79	李明军，喻理飞，杜明凤，等	不同林龄杉木人工林植物-凋落叶-土壤 C、N、P 化学计量特征及互作关系	2018[J] /提取土壤数据
80	蔡国俊，张丽敏，李安定，等	黔南喀斯特峰丛洼地土壤养分时空动态	2018[J] /提取土壤数据
81	李开萍，刘子琦，李渊，等	贵州毕节地区不同石漠化程度土壤理化性质特征	2017[J] /提取土壤数据
82	何秀，文小琴，舒英格，等	喀斯特石漠化区土地利用方式对土壤质量性状的影响	2017[J] /提取土壤数据
83	崔高仰，容丽，李晓东，等	喀斯特高原峡谷石漠化治理过程中土壤理化性质的变化	2017[J] /提取土壤数据
84	陈祖拥，刘方，王世杰，等	喀斯特山区植被退化过程中的土壤质量变化及评价	2016[J] /提取土壤数据
85	颜萍，熊康宁，王恒松，等	喀斯特地区不同等级石漠化对土壤性质的响应	2016[J] /提取土壤数据
86	路岑，张维勇，石磊，等	梵净山不同植被类型下土壤养分的差异	2016[J] /提取土壤数据
87	卢之遥，傅强，冯金朝，	贵州雷山县不同类型林地的土壤肥力	2015[J] /提取土壤数据
88	张家春，贺红早，张玉武，等	黔东南不同林地土壤物理性质及养分含量差异	2014[J] /提取土壤数据
89	张承琴，王普昶，龙翠玲，等	贵州喀斯特峰丛洼地不同石漠化等级土壤化学性质特征	2014[J] /提取土壤数据
90	王月容，卢琦，周金星，等	贵州省岩溶石漠化地区生态服务价值损失评估	2013[J] /提取土壤数据
91	龙健，廖洪凯，李娟，等	基于冗余分析的典型喀斯特山区土壤-石漠化关系研究	2012[J] /提取土壤数据
92	王金乐，林昌虎，何腾兵，等	贵州西部石漠化地区不同生态模式土壤理化指标的变异	2012[J] /提取土壤数据
93	彭熙，黄英了，车家骤，等	不同石漠化等级条件下土壤性状变化规律研究	2009[J] /提取土壤数据
94	莫彬，曹建华，徐祥明，等	岩溶山区不同土地利用方式对土壤活性有机碳动态的影响	2006[J] /提取土壤数据
95	龙健，李娟，汪境仁，等	贵州中部岩溶丘陵区不同土地利用和管理方式对土壤肥力的影响	2006[J] /提取土壤数据
96	龙健，邓启琼，江新荣，等	贵州喀斯特石漠化地区土地利用方式对土壤质量恢复能力的影响	2005[J] /提取土壤数据
97	李果	贵州喀斯特地区不同土地利用方式下土壤理化性质与土壤肥力评价	2017[D] /提取土壤数据
98	谭秋锦	峡谷型喀斯特不同生态系统植被与土壤的耦合关系	2014[D] /提取土壤数据

续表

序号	作者	题名	发表年/文献类型/提取土壤数据
99	马静	马尾松人工林施肥效应研究	2012[D] /提取土壤数据
100	谢添	不同退化程度喀斯特生态系统中根际土壤的养分变化特征	2011[D] /提取土壤数据
101	李孝良	贵州喀斯特石漠化演替阶段土壤质量属性变化特征	2011[D] /提取土壤数据
102	刘娟	喀斯特不同生态修复措施下植被与土壤特征研究	2017[D] /提取土壤数据
103	李生，张守攻，姚小华，等	黔中石漠化地区不同土地利用方式对土壤环境的影响	2008[J] /提取土壤数据
104	李瑞，王霖娇，盛茂银，等	喀斯特石漠化演替中植物多样性及其与土壤理化性质的关系	2016[J] /提取土壤数据
105	刘成刚，薛建辉	喀斯特石漠化山地不同类型人工林土壤的基本性质和综合评价	2011[J] /提取土壤数据
106	龙键，黄昌勇	喀斯特山区土地利用方式对土壤质量演变的影响	2002[J] /提取土壤数据
107	魏媛，吴长勇，孙云，等	不同树种配置模式对喀斯特山地土壤理化性质的影响	2014[J] /提取土壤数据
108	王璐，喻阳华，邢容容，等	喀斯特高原山地区主要人工林土壤生态化学计量特征	2017[J] /提取土壤数据
109	张家春，贺红早，刘盈盈，等	贵阳市乌当区不同用地方式下土壤肥力特征	2013[J] /提取土壤数据
110	李文刚，刘凡弟	马尾松幼林施肥对林地土壤肥力的影响	1996[J] /提取土壤数据

附录三　云南省石漠化区域植被修复相关文献

序号	作者	题名	发表年/文献类型/提取土壤数据
1	但新球，喻甦，吴协保，等	我国石漠化区域划分及造林树种选择探讨	2003[J]
2	万凤梅	建水县石漠化地区生态恢复重建探讨	2010[J]
3	赵敏慧，陆艳，王婷，等.	云南省砚山县石漠化区域植被修复的物种配置研究	2015[J]
4	司彬	典型喀斯特石漠化地区植被恢复模式及其特征研究	2007[D]
5	胡杨	浅谈云南石漠化现状及植被恢复措施	2008[J]
6	郑武扬，王艳霞，王月江，等	喀斯特石漠化区不同植被治理模式对土壤质量的影响	2020[J]
7	段新慧，徐驰，周自玮	喀斯特石漠化地区林草结合植被恢复模式研究	2007[J]
8	杨苏茂，熊康宁，喻阳华，等	我国喀斯特石漠化地区林草植被恢复模式的诊断与调整	2017[J]
9	孙永磊，周金星，庞丹波，等	喀斯特断陷盆地不同植被恢复模式土壤水分动态变化	2018[J]
10	常恩福，李娅，李品荣，等	岩溶山地不同植被恢复模式和年限土壤养分的变化	2018[J]
11	户红红，陈进豪，牟洋，等	滇东南岩溶山地不同恢复模式云南松水分利用策略的差异	2021[J]
12	李品荣，孟广涛，方向京	滇东南石漠化山地不同植被恢复模式下土壤地力变化和水土流失状况研究	2008[J]
13	张志宏	昆明市滇池流域石漠化及难造林地植被恢复技术初探	2016[J]
14	李坤，董丽，陈强，等	云南石漠化地区植被生态修复群落特征研究简	2017[J]
15	谷立立，王跃，张磊，等	云南石林喀斯特石漠化过程的植被演替	2013[J]
16	李宁，金海燕，金光银	嵩明县石漠化现状与植被恢复措施探讨	2013[J]
17	苏玥，何丙辉，姚小华，等	滇东喀斯特石漠化区不同植被恢复模式下土壤水分空间变异特征研究	2008[J]
18	黄春良，陈强	白刺花双月苗在半干旱石漠化地区植被恢复的应用	2014[J]

续表

序号	作者	题名	发表年/文献类型/提取土壤数据
19	陈光云	石漠化区植被恢复影响因素及树种选择的技术研究	2021[J]
20	徐贵生，吴小勇	退化岩溶生态地区植被恢复对土壤化学性质的影响：以石林地区为例	2009[J]
21	常恩福，李品荣，陈强，等	滇东南岩溶山区 4 个树种的造林试验结果分析	2001[J]
22	吴晋霞，王艳霞，陈奇伯，等	滇中高原不同林龄云南松林土壤理化性质研究	2014[J]
23	赵小社，毕玉芬，孙涛，等	金沙江流域退耕还草对土壤物理性质的影响	2007[J]
24	Zou Z，Zeng F，Wang K，et al.	Ke-lin evaluation and tradeoff analysis of ecosystem service for typical land-use patterns in the karst region of southwest China	2020[J]
25	Pang D，Wang G，Li G，et al.	Ecological stoichiometric characteristics of two typical plantations in the karst of south China	2018[J]
26	舒树淼，赵洋毅，胡慧蓉，等	基于结构方程的滇东石漠化地区土壤理化性质与酶活性研究	2016[J] /提取土壤数据
27	李品荣，孟广涛，方向京，等	滇中不同植被恢复模式下土壤肥力变化趋势研究	2012[J] /提取土壤数据
28	司彬，姚小华，任华东，等	滇东喀斯特植被恢复演替过程中土壤理化性质分析	2009[J] /提取土壤数据
29	李品荣，陈强，常恩福，等	滇东南石漠化山地不同退耕还林模式土壤地力变化初探	2007[J] /提取土壤数据
30	尹继清，范弢	滇东南峰林湖盆区土壤理化性质的空间异质性分析	2017[J] /提取土壤数据
31	张云，周跃华，常恩福，等	滇东南岩溶山地不同人工林配置模式对其林地土壤肥力的影响	2010[J] /提取土壤数据
32	李品荣，陈强，常恩福，等	滇东南石漠化山地不同土类地力变化研究	2006[J] /提取土壤数据
33	田昆，胡慧蓉，陆梅，等	土壤利用方式改变对滇东南岩溶区土壤特性的影响	2004[J]/提取土壤数据

附录四　湖南省石漠化区域植被修复相关文献

序号	作者	题名	发表年/文献类型/提取土壤数据
1	但新球，喻甦，吴协保，等	我国石漠化区域划分及造林树种选择探讨	2003[J]
2	彭兵，王丁伟	新宁县石漠化土地造林技术浅探	2005[J]
3	徐杰，邓湘雯，方晰，等	湘西南石漠化地区不同植被恢复模式的土壤有机碳研究	2012[J]
4	向志勇	邵阳县石漠化区不同植被恢复模式生物量及营养元素分布	2010[D]
5	景宜然，邓湘雯，魏辉	湘西南石漠化地区灌丛植物叶 N、P 化学计量特征	2017[J]
6	肖准	湖南省森林植被的演替研究	2012[D]
7	董旭杰，彭继庆，曹福祥	湘中、湘南石漠化地区植物多样性研究	2015[J]
8	向志勇，邓湘雯，田大伦，等	五种植被恢复模式对邵阳县石漠化土壤理化性质的影响	2010[J] /提取土壤数据
9	刘兴锋，刘思凡，蒋龙，等	湘西北石漠化区不同植被类型土壤 C、N、P 的化学计量特征	2019[J] /提取土壤数据
10	李艳琼，邓湘雯，易昌晏，等	湘西南喀斯特地区灌丛生态系统植物和土壤养分特征	2016[J] /提取土壤数据

续表

序号	作者	题名	发表年/文献类型/提取土壤数据
11	文仕知，贺希，刘迪钦，等	湘西南山地主要森林类型土壤养分研究	2011[J] /提取土壤数据
12	景宜然	湘西南石漠化地区常见植物及其对土壤高钙适应方式分析	2017[D] /提取土壤数据
13	郑茂	湘西北石漠化地区土壤理化特征及土壤质量评价	2016[D] /提取土壤数据
14	李艳琼	湘西南石漠化灌丛生物量及养分循环	2016[D] /提取土壤数据
15	吴林世	湘中湘南石灰岩区植被类型与土壤因子关系研究	2016[D] /提取土壤数据
16	Xie L W，Zhong J，Chen F F，et al.	Evaluation of soil fertility in the succession of karst rocky desertification using principal component analysis	2015[J] /提取土壤数据

附录五　重庆市石漠化区域植被修复相关文献

序号	作者	题名	发表年/文献类型/提取土壤数据
1	但新球，喻甦，吴协保，等	我国石漠化区域划分及造林树种选择探讨	2003[J]
2	王伟，蒋宣斌，何邦亮，等	重庆石漠化地区生态恢复与植被重建过程中造林树种适宜性评价	2015[C]
3	戴国富	山桐子在石漠化地区生态恢复与重建中的开发利用研究	2012[D]
4	马璐璐，陈晓德，何琴	重庆中梁山石漠化地区生态恢复重建模式初步研究	2010[J]
5	李勇	重庆石漠化地区生态恢复和特色农业模式研究：以南川区南平镇为例	2011[J]
6	周晨霓	重庆南川石漠化区不同生态恢复治理模式的效益研究	2010[D]
7	周晨霓，魏虹，尹文青	喀斯特退化山地生态系统不同恢复模式生态经济效益综合评价	2009[J]
8	胡宁，马志敏，蓝家程，等	石漠化山地植被恢复过程土壤团聚体氮分布及与氮素矿化关系研究	2015[J]
9	Hu N，Lan J C	Impact of vegetation restoration on soil organic carbon stocks and aggregates in a karst rocky desertification area in Southwest China	2020[J]
10	Qi D，Wieneke X，Tao J，et al.	Soil pH Is the Primary Factor Correlating With Soil Microbiome in Karst Rocky Desertification Regions in the Wushan County, Chongqing, China	2018[J] /提取土壤数据
11	胡宁，马志敏，蓝家程，等	石漠化区植被恢复过程凋落叶分解特征及其对土壤有机碳/氮的影响：以重庆中梁山为例	2016[J] /提取土壤数据
12	高建花，郭娜，孙正圆，等	石漠化区地埂桑根系分布特征及其与土壤养分的关系	2015[J] /提取土壤数据
13	任伟	岩溶山地典型植被恢复过程中土壤性质变化研究	2010[D] /提取土壤数据
14	李阳兵	重庆市典型岩溶山地生态退化机理研究	2002[D] /提取土壤数据
15	侯建筠	重庆市典型岩溶区的土壤肥力特征	2002[D]/提取土壤数据